Shuxue Kecheng Yu
Jiaocai Fenxi

数学课程

与教材分析

冯国平　彭燕伟　王三福／编著

U0313912

西南交通大学出版社
·成都·

图书在版编目（ＣＩＰ）数据

数学课程与教材分析 / 冯国平，彭燕伟，王三福编著. 一成都：西南交通大学出版社，2017.7
ISBN 978-7-5643-5527-2

Ⅰ. ①数… Ⅱ. ①冯… ②彭… ③王… Ⅲ. ①高等数学－教学研究－高等学校 Ⅳ. ①O13-42

中国版本图书馆 CIP 数据核字（2017）第 145863 号

数学课程与教材分析

冯国平　彭燕伟　王三福　编著

责 任 编 辑	张宝华
特 邀 编 辑	黄　芷
封 面 设 计	墨创文化
出 版 发 行	西南交通大学出版社 （四川省成都市二环路北一段 111 号 西南交通大学创新大厦 21 楼）
发行部电话	028-87600564　028-87600533
邮 政 编 码	610031
网　　　址	http://www.xnjdcbs.com
印　　　刷	成都蓉军广告印务有限责任公司
成 品 尺 寸	170 mm×230 mm
印　　　张	15.5
字　　　数	276 千
版　　　次	2017 年 7 月第 1 版
印　　　次	2017 年 7 月第 1 次
书　　　号	ISBN 978-7-5643-5527-2
定　　　价	38.00 元

前 言

《国家中长期教育改革和发展规划纲要（2010—2020）》明确提出："把教育放在优先发展的战略地位"，并强调要努力造就一支"高素质专业化教师队伍"．为了落实教育规划纲要提出的战略目标，2011年国务院学位委员会启动了"服务国家特殊需要人才培养项目"——学士学位授予单位培养硕士专业学位研究生工作．天水师范学院于2013年进入教育硕士的培养行列．

为了促进教育硕士教育教学水平的全面提升，天水师范学院设立了教育硕士课程建设项目，"数学课程与教材分析"就是该课程建设项目之一．本书是"数学课程与教材分析课程建设项目"的研究成果，也是天水师范学院2016年校级教学研究项目："翻转课堂背景下'数学课标解读及教材分析'课程体系的建设与实践"的研究成果．

本书由上、下两篇构成：上篇是数学课程标准研究，主要对数学课程标准进行了全面解读，内容包括数学与数学课程、义务教育数学课程标准研究、普通高中数学课程标准研究、普通高中数学课程内容解读和课程标准下的数学教学；下篇是数学教材分析研究，主要阐述了数学教材分析的内涵、意义、方法和类型，并以人教版初、高中数学教材为例进行了分析，内容包括数学教材概述、数学教材分析、初中数学教材分析和高中数学教材分析．

本书第1、2、3、4、7章由冯国平撰写，第6、8章由彭燕伟撰写，第5、9章由王三福撰写，全书统稿由冯国平完成．

本书可作为学科教学（数学）教育硕士及数学与应用数学专业本科生相关课程的教材，也可作为中学数学教师及相关人员提高数学教育素养的参考书．

本书的出版得到了天水师范学院教育硕士课程建设项目和教研项目的资助，在此表示衷心的感谢．

由于编者水平有限，书中缺点和不足之处在所难免，敬请读者批评指正．

冯国平

2017年2月于天水

目 录

上篇　数学课程标准研究

下篇　数学教材分析研究

上篇 数学课程标准研究

1 数学与数学课程

数学是历史最悠久而又始终充满活力的人类知识领域，数学课程是每个受教育的人需要学习的重要课程．正确认识数学和数学课程，对于提高数学教学质量、全面实现教育目标具有重要意义．

1.1 数学的研究对象

数学本身是一个历史的概念，它的研究对象随着时代的变化而变化．纵观数学的历史发展，人们认识到：尽管经过自古至今的漫长发展，现代数学已是一个分支众多的庞大的知识系统，但整个数学始终是围绕着"数"与"形"这两个基本概念的抽象、提炼而发展的，数学在各个领域中千变万化的应用也是通过这两个基本概念而进行的．因此，《义务教育数学课程标准（2011年版）》阐明："数学是研究数量关系和空间形式的科学．"这是对数学研究对象的一种表述．这里所说的数量关系与空间形式，既可以是来源于现实世界的内容，也可以是数学自身逻辑的产物．对什么是数学的这一陈述，蕴含了数学发展至今所经历的深刻变化．

从根本上说，数学的发展与人类的生产实践和社会需求密切相关．对自然和社会的探索是数学研究最丰富的源泉，而几乎所有数学分支中那些最初和最基本的问题都是由现实世界产生的．但是，数学的发展对于现实世界又表现出相对的独立性．一门数学分支或一种数学理论一经建立，人们便可在不受外部影响的情况下，仅靠逻辑思维将它向前推进，并由此导致了新概念与新理论的产生（例如虚数、群论、非欧几何等）．当然这些基于数学内在逻辑需要而产生的数学理论最终将回归现实，在现实世界的应用中接受检验，并从现实世界获取进一步发展的动力．现实世界与数学内部之间这种反复呈现的相互作用，在现代数学的发展中愈显突出，并赋予现代数学不同于一般自然科学的特征．

1.2　数学的特点

准确理解和把握数学的特点，对于全面理解数学及其教育价值，做好数学教学工作具有重要意义．从数学教育的角度来讲，数学具有如下特点：

1.2.1　抽象性

任何学科都具有抽象性，但数学与其他学科相比，抽象程度更高．

第一，数学学科是借助于抽象建立起来并借助抽象而发展的．一方面，数学的每一个概念，不论是原始概念，还是被定义的概念，都是抽象的结果．许多数学概念是在已有概念基础上再一次抽象而来的．由此可见，数学概念具有多层次抽象的特点，每一次抽象都是理性思维的结果．数学的原理（包括定理、法则）反映着数学概念与概念之间的关系，也是抽象的产物．概念间的这种关系，往往不是自明的，需要对概念的各个特征进行分析，以发现两者实质性的"联合"．同时，数学中的同一对象，它的抽象不一定是一次完成的．如，点的概念，在现代数学中可以是欧氏空间的"没有部分的东西"，也可以是"函数"空间中的一个函数；而在希尔伯特系统中，点只是受公理系统约束的名称或术语而已．又如，曲线的概念、函数的概念、连续概念、空间概念，以及与它们有关的数学原理，等等，都经历了一个不断抽象的过程．总之，数学的全部对象，皆为抽象思维的产物或结果．另一方面，数学方法的使用，只有借助于抽象才能实现．这里所说的数学方法，不仅有处理数学自身对象的方法，如分析、证明及数学成果的扩展等，而且还有为解决实际问题而构造数学模型的方法以及数学的变换方法、公理方法、对称方法、结构方法、无穷小方法等．这些方法是人们在处理数学自身问题和运用数学知识解决实际问题的过程中提炼出来的，这种提炼本身就是一种抽象．同时，这些方法的运用一般都要经历一个变化或转换的过程，这也涉及抽象．特别是现代数学，普遍采用公理化的方法，公理的选择本身就是一种抽象．如布尔巴基（Bourbaki）学派的数学"结构"观点就是典型代表．总之，从数学对象、数学方法对数学抽象的依赖可以看出，数学抽象在数学学科的发展中起着非常重要的作用，它不仅使数学自身不断分化、精确，同时又使数学实现高层次下的统一.

第二，数学抽象的多层次性和数学方法的逻辑性，导致了数学语言的符号化和形式化，而且这种符号化和形式化的程度，任何一门学科都不能与之相比. 也正因为数学语言具有符号化和形式化等特点，从而给人们探索、发现数学新问题提供了很大的"自由".

第三，我们再从当今数学研究对象的内涵的深层意义上理解数学的抽象性特征. 数学是关于量的科学，数学抽象的本质就是关于量的方面、量的属性和量与量关系的抽象. 这是数学抽象性有别于其他学科抽象性的实质方面，也是数学上述抽象性特征的内在根源.

综上所述，数学抽象，就其本质而言，是抽取事物量的属性和量与量的关系；就其形式来讲，表现为多层次化、符号化、形式化，这就构成了数学抽象性有别于其他学科抽象性的特征.

1.2.2　严谨性

数学的严谨性主要表现为：推理的逻辑性、公理化方法和结论的准确确定性. 首先，建立数学理论要靠严密的逻辑推理，每个数学分支都是以逻辑为链条的演绎系统. 不论数学成果是以逻辑思维还是直觉思维获得的，它作为一项数学结论被确立下来，不是取决于实验、验证，而是必须经受逻辑证明的检验. 其次，数学思维中对事物主要基本属性的把握，本质上源于公理化方法. 用公理化方法和逻辑推理得到的数量关系的规定性是事物客观规律的反映，它确保数学结论不会因为推广、发展而被推翻. 因为数学中没有伪科学，数学家不能作伪，数学的品格始终站在正确的一边. 因此，数学具有培养人忠诚、正直、追求真理的教育功能，它不仅有助于提高全人类的科学文化素养，也是培养学生意志、毅力、科学态度及自信心的好素材.

现代数学的发展，使得数学的研究对象已不仅是客观现实的数量关系和空间形式，也包括逻辑上可能的关系和形式，数学已成为广义的研究量的科学. 数学抽象程度的不断提高，使得数学的发展与客观现实的距离越来越远，很难找到具有直观意义的现实原型，许多数学结果，往往是在理想的情况下研究的. 但作为一门科学，它所反映的内涵必须是服从客观规律的，不仅形式，而且内容都应是对现实世界量的属性、量的关系的正确反映，即使一时找不到现实原型用于检验. 为了确保数学科学的真理性，就迫使数学的发展必须具备高度的严谨，依靠严谨来保证数学演绎、数学证明、数学推理、数学理论体系等的真正传递. 同时，现代数学的形式公理化，对数学严谨性提出了更高的要求，数学基础理论研究的深入，就是这种要求迫切性的体现.

1.2.3　应用的广泛性

数学已经越来越渗透到各个领域，成为各种科学、技术、生产建设和日常生活所不可缺少的有力武器.

现代国防建设和生产，要求对资源、设备、人力和各种条件进行统筹规划和合理使用，需要广泛地应用统筹学、优选法、规划论等数学学科；现代化大工业、航天技术都有大量和复杂的计算问题，更需要广泛地应用电子计算机和数学理论；现代科学技术不借助数学，就不能达到应用的精确性与可靠性；在天文学方面，1846 年海王星的发现是建立在数学计算基础之上的；牛顿以欧氏几何为工具，建立了力学体系；爱因斯坦利用非欧几何，将狭义相对论发展为广义相对论，对物理学的发展产生了重大的影响；在量子化学研究中，可以运用群论的方法来帮助研究分子的全部对称性；在分子生物中，要发现脱氧核糖核酸为双螺旋结构的 X 射线结构分析法，就需要应用数学分析的傅里叶变换公式，以衍射像算出被检物体的真正像来；在研究生态学中，可以应用控制论来研究生态系统的调节和管理以及动物个体行为的飞行定向，同时还可以应用集合论和模糊集合论来描述生态环境的分类；等等. 总之，随着社会的不断发展，数学的应用程度越来越高，范围越来越广，而且这种应用反过来又推动和促进数学本身的发展. 这种推动和促进，往往是在解决实际问题的过程中，发现了某些背景后面存在的尚未被发现的量、量的属性和量的关系，从而产生新的数学成果. 而数学在发展与完善自身的同时，将更多地渗透并运用于其他科学领域.

1.2.4　辩证性

数学中充满着辩证关系，包含着丰富的辩证因素.

第一，数学内容具有辩证性. 我们知道，数学中充满着矛盾，存在着许许多多的对立关系. 如正与负、数与形、常量与变量、近似与精确、微分与积分、有限与无限、离散与连续、收敛与发散、抽象与具体等，它们在一定的条件下相互依存，又在一定的条件下相互转化.

第二，数学方法具有辩证性. 由于数学研究的对象充满了矛盾性和辩证性，因此，要揭示这些矛盾，促使矛盾的转化，从而达到解决数学问题的目的，所使用的数学方法就必须具有辩证性．如：归纳与演绎交互借用的过程就是"否定之否定"的过程；函数求导的过程就是量变与质变、有限与无限的矛盾转化过程；在求积分的整个过程中利用"直"与"曲"的对立统一及其相互转化规律，实现了"直"与"曲"的矛盾转化；数学变换方法实际上是利用变换与其逆变换经过迂回曲折的过程来实现未知与已知的矛盾转化；等等．这些都是"否定之否定"与矛盾转化等辩证思想在数学中的具体体现．

第三，数学的发展充满了辩证性．数学发展的历史告诉我们，数学发展的动力是社会生产实践、科学技术的需要和数学本身的逻辑三个方面相互作用的结果，这种相互作用的发展过程充满了辩证性．如由数学内部矛盾引起的三次数学危机，尽管在一定的时期内使数学基础发生了动摇，但也促使数学家通过认真分析产生危机的原因，并提出解决方案，从而不仅化解了危机，而且更加深入地促进了数学的发展．由此可见，矛盾是推动数学发展的动力之一．再如，从算术到代数的发展、从综合几何到解析几何的发展、从常量数学到变量数学的发展、从标准分析到非标准分析的发展过程中，辩证思维都起了巨大的推动作用．

1.2.5　优美性

数学从表面上看好像是枯燥的，然而它却具有一种隐蔽的、深邃的美，一种理性的美．数学从表现形式到内容、方法都充满了美．

第一，数学就其表现形式而言具有形式简洁美．美学理论中将形式美概括为：整齐一律、平衡对称、符合规律、和谐．数学的形式美就是这些类型的典型表现．直线、正方体、数列等都是整齐一律的；对称多项式、二项式展开的系数关系，在表现形式上具有平衡对称美；所有的轴对称图形和中心对称图形都散发着平衡对称美；函数的几何表示、数学问题几何化等是各种因素的协调一致，富有内在的规律性．

第二，数学就其内涵而言具有内在美．数学的内在美主要表现在：对称性、简单性、统一性和奇异性．如：加法与减法、函数与反函数、微分与积分、分析与综合、归纳与演绎等都是对称美的体现；利用对数方法可以将较复杂的乘法运算转化成简单的加法运算以及公理具有简洁、自明、独立之特征等都体现了对简单美的追求；在直角三角形中，尽管可能形状各异，但都统一于勾股定理；无理数的发现、哥德尔不完备定理、高斯对素数分布的猜想等都堪称数学奇异性的典范．

第三，数学具有方法美．首先，数学方法为其他科学研究提供了一种简明精确的形式化语言；其次，数学推理必须遵守逻辑的基本规则，而且这种规则足以保证从确定的概念、公理出发推导出的结论具有逻辑上的必然性和可靠性．因此，数学方法具有得天独厚的符号形式结构和精确的演绎推理形式，所得结论正确可靠、应用广泛等特征，这些特征决定了数学方法的独特性．

第四，数学美的追求是推动数学发展的动力．数学美的价值不仅仅在于它给人以美的享受、美的熏陶，而且在于它给人们以美的启迪，为数学理论的发展与完善提供了一条"美化"的途径．纵观数学发展的历程，对数学美的追求往往意味着数学的巨大进步．如：微分算子就是莱布尼兹追求乘法形式美的结果；在欧氏平面上点和直线是不对称的，而为了追求对称美，法国数学家笛沙格大胆提出了无穷远点的设想，实现了点与直线的对称，发展了射影几何理论；由于射影几何中"对偶原理"研究的不再是一般数学对象之间的关系，而是数学定理之间的关系，因此它的重要价值就远远超过了一般定理，渗透了一种新的数学思想，即"证明论"的观点；等等．这充分体现了对数学美的追求对数学发展的影响．

1.2.6　语言性

数学之所以重要还在于它的通用、精确、简明的科学语言．作为知识体系的科学，必须用语言来表达．最初是日常使用的生活语言；后来，为了精确和清晰，使用符号语言（如化学符号和化学方程式）、图形语言（如工程设计中的图纸）．但是，这些语言都只能在各自领域中发生作用，唯有数学语言才是一切科学都使用的语言．一门学科使用的数学语言越多，表明这门学科越成熟．

早在 400 年前，享有"近代自然科学之父"尊称的伽利略就指出："展现在我们眼前的宇宙像一本用数学语言写成的大书，不掌握数学的符号语言，就什么也认识不清."事实也确实如此，在自然科学的研究中，正因为使用了明白而简洁的数学语言，才使得自然科学的理论研究有可能走得很远．在自然科学研究中，特别是在一些所谓"精密科学"的领域，不熟悉数学语言，就无法深入这些学科领域．

数学语言具有如下特征：

第一，数学语言具有发展性．数学语言伴随着数学的产生而产生、发展而发展，凝结着人类的智慧．数学语言的发展大致包括如下几个方面：由各种记数法发展成为国际通用的记数法；阿拉伯人发明的代数术语言；牛顿和莱布尼茨创立微积分使用的极限语言；19 世纪中期出现的 $\varepsilon-N$、$\varepsilon-\sigma$ 语言

（标志着数学推理的算术语言）；20 世纪以来康托儿创立的集合论语言以及数理逻辑语言；20 世纪纯粹数学处理高维空间图形所采用的同伦与同调等基本语言；以计算机程序化为特征的机器语言.

第二，数学语言具有优越性. 数学语言符号系统的优越性在于它的精确化与简约性. 人们在进行科学交往中需要用最少量的明确语言传达最大量、最准确的信息，数学语言没有含糊不清或者产生歧义的缺点. 量子力学创始人波尔指出："数学语言的精确化，给普通语言补充了适当的工具来表述一些关系，对这些关系用普通的语句是不精确的或者过于纠缠的." 实际上，如果没有数学语言，对于牛顿力学的运动规律、牛顿万有引力定律、电磁场原理、统计力学原理、狭义相对论原理、广义相对论原理、量子力学定律、电子的相对论波动原理、规范场论等的表述是不可想象的.

第三，数学语言具有通用性. 数学语言是各种科学的通用语言. 虽然各种科学都要使用一定的、具有学科特点的符号表达系统，但其中所使用的数学语言是通用的. 在今天，不仅物理学、化学、生物学等自然科学要运用数学语言，而且社会科学和人文科学也加入到运用数学语言的行列. 科学数学化、社会数学化的过程，乃是数学语言的运用过程. 这种各门科学对数学语言的运用，并不只是把数学语言作为研究的工具，更是把数学语言作为表述自身科学理论的语言. 可以说，如果没有数学这样一种科学的语言，就不可能有自然科学与社会科学的现代成就，也就不可能有对自然现象与社会现象的深入认识.

此外，数学语言还是世界各民族的通用语言. 世界各国各地区都有自己的语言系统，甚至同一个地区的不同地域也都有自己独特的语言表达方式. 但是，数学语言对于所有民族都是通用的，只要一看到数学符号，大家都知道是什么意义，而无需再翻译. 正因为如此，世界各国一般都把"母语""外语"和"数学"作为主要课程，这三门课程实际上都是关于语言的，前两种属于日常用语，而数学则是科学用语.

1.2.7　文化性

数学与其他科学活动相比，既有共性，也有不容忽视的个性. 数学为我们展示了作为自然产物和社会产物的人所具有的认识世界的能力. 它把理想与现实、精神与物质、主观与客观的两极对偶打破，并赋予其不同层次的新的实在性. 数学向我们展示的不仅是一门知识体系、一种科学语言、一种技术工具，而且还是一种思想方法、一种理性化的思维范式和认识模式、一种具有新的美学维度的精神空间、一种充满人类创造力和想象力的文化境界和一幅饱含人类理想和夙愿的世界图式. 这种由数学和其他人类文化所建立的新的实在，是人类对世界的能动性的体现，是人不屈服于单纯地、被动地、消极地作为自然客体地位，进而寻求人的主体性、主动性的探索活动，是人的理性、情感、意志、愿望与世界相交融的结果，是人类献给抚育自己生存的大自然的一曲颂歌.

数学作为一种文化，它的特殊性主要表现在：

（1）数学是传播人类思想的一种重要方式. 数学作为一种文化植根于人类丰富思想的沃土之中，是人类智慧和创造的结晶. 数学史家的研究表明，古代数学在不同历史时期内的发展，不同民族之间的数学交流在很大程度上都受到了文化传播的影响. 由于数学语言系统在其发展过程中呈现出统一的趋势，使得数学逐步成为一种世界语言. 这一特点能使数学文化超越某些文化的局限性，达到广泛和直接传播的效果.

（2）数学语言是一种高级形式的语言. 语言是一个社会中最重要的符号体系，它在明确和传递主观意义上的能力比任何其他符号体系都要强. 数学语言源于人类自然语言，但随着数学抽象性和严密性的发展，逐步演变成相对独立的语言系统. 数学语言符号化、精确化程度高，它能区别日常用语中容易引起的混乱与歧义，同时数学语言又是简洁的. 数学语言具有如绘画与音乐那样的全球性，甚至有人猜测它可能具有超越地球文化的广度，所以在探索是否有外星人存在时，发往宇宙的呼唤信息当中，就有意发出了数学符号和公式，企图求得知音. 由于数学是表述宇宙的语言，若真有外星人，或许他们能听懂这种数学语言. 因此数学语言是人类所创造的语言的高级形式.

（3）数学具有相对的稳定性和延续性. 由于数学文化是一种延续的、积极的、不断进步的整体，因而其基本成分在某一特定时期内具有相对不变的意义. 数学有其特殊的价值标准和发展规律，相对于整个文化环境而言，数学的发展具有一定的独立性. 数学文化一经产生，便获得了其相对独立于人的意志的生命力. 尽管战争、灾害等因素会在某种程度上影响它的进程，但却无法改变它的方向. 一个有利的社会环境、有效的科学组织却能加速其发展. 由此可以看到，数学文化与整个人类文化在总体上的一致性与和谐性. 数学文化是人类文化的一个子系统.

（4）数学具有高度的渗透性和无限的发展可能性. 数学文化的渗透性具有内在和外显两种方式. 其内在方式表现在数学的理性精神对人类思维的深刻渗透力. 凭借着这种精神，人们试图回答有关人类自身存在的有关问题. 数学中每一次重大的发现都给予人类思想丰富的启迪. 如非欧几何改变了长期以来人们关于欧氏几何来自于人类先验综合判断的固有观念. 其外显方式表现为数学应用范围的日益扩大，特别是自计算机和信息科学给数学的概念和方法注入了新的活力以来，开辟了许多新的研究和应用领域. 数学文化发展的无限性还体现在：尽管有些数学家不时地宣称，他们的课题已经近乎"彻底解决了"，所有基本的结果都已得到，剩下的工作只是填补细节的问题，但事实正相反，数学问题的解决只具有相对的意义. 20 世纪初关于数学基础的争论所导致的结果支持了这种看法，即数学作为整个人类文化的子系统具有无限的发展可能性.

数学作为一种文化，除了具有文化的某些普通特征外，还有以上独有的特征，这是其区别于其他文化形态的主要方面，也是对其本质的进一步揭示.

1.3　数学的价值

数学对于推动人类进步与社会发展，形成人类的理性思维，促进个体智能发展等方面具有重要的作用. 数学的价值内涵也随着时代的发展呈现出不断丰富的过程.

1.3.1　数学为人们探索自然现象与社会现象的基本规律提供了通用语言

一个公式胜过一打文字说明. 数学语言的高度简约性与概括性，能够消除交往过程中的冗余信息，当之无愧地成为了一种世界语言. 人们甚至认为，数学语言应该是有智慧的生物的共同语言，甚至有人建议把勾股定理 $a^2+b^2=c^2$ 作为星际生物间通讯的媒介语言.

社会要求人们学会并使用数学语言. 数学语言（符号系统）现在已成为通用的语言，在现代社会中，许多事物均用数学来表征. 从基本的度量（如长度、面积、容积、质量）到门牌号码、电话号码、邮政编码、体格检查（如体温、血压、肝功能、血脂、白细胞），等等，无一不用数学来表示. 各个民族都有自己的语言，有些语言为多个民族所共用，但仅有数学的"语言"为世界各民族所共用.

数学语言是一种科学的语言. 科学数学化、社会数学化的过程，乃是数学语言的运用过程. 一切数学的应用，都是以数学语言为其表征的. 数学语言已成为人类社会中交流和贮存信息的重要手段，因此，数学语言是每个人都必须学习使用的语言. 使用数学语言可以使人在表达思想时做到清晰、准确、简洁，在处理问题时能够将问题中各种因素之间的复杂关系表述得条理清楚、结构分明.

1.3.2 数学为人们探索自然现象与社会现象的基本规律提供了有力工具

数学从萌芽之日起，就为人们解决各种实际问题提供了工具，只不过现代数学的巨大发展所带来的多样化成果极大地丰富了数学的"工具库"，拓展了数学的用武之地. 数学不仅为人们日常生活中各种问题的解决提供常规数学工具，也为现代科学技术的发展甚至是新技术领域的开辟提供专用工具，更为各门学科中形形色色问题的解决以及理论基础的建构提供特有的工具.

在科学史上，利用数学作为工具探索自然现象的例子屡见不鲜. 仅以天文学的发展就能窥其一斑. 哥白尼在提出日心说时，并没有多少观测证据，甚至有些结果还不如地心说准确，而他依据数学的理论、运用数学的方法建立了新的天文学理论；开普勒则进一步在天文学上应用数学，通过大量的计算和数学分析工作，建立起新的行星运行理论，从而最终抛弃了从古希腊人开始就一直认为行星具有圆形轨道的观点；到了伽利略和笛卡儿，数学就成了一般的科学方法.

在众多人文学科中，运用数学最早、迄今最为成功、成果也最为显著的是经济学. 经济学中研究商品的价格、供给、需求、利润等诸多问题，无不借助数学工具来定量刻画. 数学在经济学中的成功运用，不仅解决了若干重大经济问题，而且也推动了数理经济学的发展，特别是计量经济学的建立与发展. 现代社会，运用数学工具对经济指标进行统计分析，确定各种经济要素之间的函数关系，以及对生产组织和资源分配进行优化配置，已经成为经济学家和经济管理人员寻求经济规律、降低成本、创造财富的常用手段.

即使在一些过去看来与数学难以"亲密接触"的人文学科，例如历史学、考古学，也成功地运用数学工具改变了人们的认识. 计量史学运用数理统计方法，分析人类历史上的人口、户籍、生产量、进出口贸易额等数据，建立数学模型进行解释，进而作出预测；而数量考古学利用碳 14 断代技术测定出土文物、古迹化石的年代，从而为后续的科学判断提供依据.

电子计算机的发明与使用是第二次世界大战以来对人类文明影响最为深刻的科技成就之一. 电子计算机是数学与工程技术相结合的产物，而在其发展的每一个历史关头，数学都起到了关键的作用.

更为主要的是，计算机的出现与发展给数学研究与发展带来了重大变化，比如望远镜、显微镜给天文学、生物学带来的影响更加广泛和深刻．人们看到的是，借助计算机技术，数学的工具价值更是如虎添翼．数学在计算机时代愈加充满活力，焕发出青春．首先，计算机强大的计算能力极大地改变了传统的计算方式，极大地改变了数学工具运用的有效性．它使得过去由于太复杂、需要大量重复运算而只能"纸上谈兵"的问题都可以实现．其次，由于计算机技术与数学的"完美联姻"，在传统的逻辑演绎与实验研究之间产生了一种新的数学认识方法，这就是数学实验．当代对天文学中超新星的爆炸过程，地质学中地壳运动以及人口控制、人身健康、战争结果等，都无法在实验室对其本身进行实验，却可以借助计算机通过数学模型的模拟来对各种理论解释进行实际检验．

毫无疑问，在数学的未来发展历程中，计算机将继续发挥它巨大的威力，并不断地拓展数学的使用范畴，数学的工具价值必将在现代社会生活的各个领域得到淋漓尽致的展现．

1.3.3　数学为人们探索自然现象与社会现象基本规律提供了一种技术

把数学视为一种技术，是现代数学发展到今天人们对它形成的另一个新的认识．

首先，数学具有技术的品质是数学发展的结果．数学技术品质的凸显是现代数学发展的必然结果．它表明社会经济、科学技术的发展与竞争已经不满足于数学只是通过为其他学科提供辅助性工具间接地为其服务，而是需要数学直接为社会增长财富．同时，它也表明社会对数学的倚重与需求都得以增强．实际上，数学在早期的发展也表现出一种实用的技术，广泛应用到解决处理人类生活与社会活动中的各种实际问题．例如，食物、牲畜、劳动工具以及生产资料的分配与交换，房屋、仓库等的建造，丈量土地，兴修水利，编制历法等．近代以来，随着数学的发展与社会文明的进步，数学逐渐深入到更一般的技术领域、科学领域以及人文社会科学领域，并在当代使得各门科学的数学化程度成为一种强大的趋势．

其次，数学具有技术的品质是数学应用的结果．人类从蛮荒时代的结绳计数，到如今用电子计算机指挥宇宙航行，无时无刻不受到数学的恩泽．今天，数学正以崭新的面貌与姿态活跃在现实世界和人们的生活之中．数学在当代社会中的许多出乎意料的应用，越来越彰显出数学的技术品质．在当代，高新技术的基础是应用数学，而应用数学的基础是数学，这也越来越成为不可否认的现实．尤其是随着计算机科学的迅猛发展，数学兼有了科学与技术的双重身份，现代科学技术也越来越表现为一种数学技术．当代高新技术的高精度、高速度、高自动、高质量、高效益等特点，无一不是借助数学模型与数学方法并通过计算机的控制来实现的．同时，由于运用计算机技术与手段，数学理论和数学模型借助计算机的强大功能直接"物化"为科技产品的核心部分．可以毫不夸张地说，今日的数学已经不甘于站在台后，而是大踏步地从科学技术的幕后走向了前台，直接参与创造生产价值．现代数学与计算机结合所产生的威力无穷的"数学技术"，已经广泛渗透到与人类生存息息相关的各个领域，并成为一个国家综合实力的重要组成部分．

总而言之，数学的广泛应用使得数学科学自身已经成为现代社会中一种普遍适用的技术．数学具有技术的品质标志着数学的应用达到了一个崭新的阶段，也标志着数学在现代社会中的地位得到了进一步提高．

1.3.4　数学为人类进步与社会发展提供了重要的思想

数学思想应包括两个部分：论证的思想和公理化的思想．论证的思想是逻辑的论证，而不是一般的归纳，对于归纳出来而没有加以证明的结论只能作为猜想．公理化思想是对一些在实践中或理论中得到的一些零散的、不系统的思想和方法进行分析，找出一些不证自明的前提（公理），从这些前提出发，进行逻辑的论证，形成严密的体系．论证的思想和公理化思想是数学最重要的特点之一．古希腊的欧几里得对从古巴比伦、古埃及在实践和理论证明中得到的零散的、不系统的数学思想和方法进行分析，找出一些不证自明的前提（公理），然后从这些前提出发，逻辑地演绎出严密的几何公理体系．现代分析数学体系从牛顿不太严密的微积分开始，在经历了欧拉等一大批伟大的数学家发现分析数学的丰富结论和方法之后，形成了一个逻辑严密的数学分析体系．其他的大部分数学分支也都大致上经历了这样的过程．这种思维模式不仅对于数学的发展，而且对于科学的发展和人类思想的进步都起了重要作用．西方的科学家和思想家常常以这种思维模式来思考和研究科学、社会、经济以至政治问题．从柏拉图、培根、伽利略、笛卡儿、牛顿、莱布尼茨一直到近代的很多思想家常常遵循这种思维模式．例如，牛顿从他发现的力学三大定律（他称之为"公理或运动定律"）出发，逻辑地建立了经典力学系统．美国的独立宣言是又一个例子，它的作者试图借助公理化的模式使人们对其确实性深信不疑．"我们认为这些真理是不证自明的……"，不仅所有的直角相等，而且"所有的人生来平等"．马克思从商品出发，一步步演绎出资本主义经济发展的过程和重要结论，这个过程也受到了公理化思想的影响．

欧几里得公理化的思想受到了某种哲学思想的影响．古希腊时代，占主流的知识分子大都认为自然界是按照数学规律运行的，所以非常重视数学，才由此形成对数学的整理、系统化，出现了欧几里得几何．后来，笛卡儿的思想、希尔伯特统一的思想、罗素主义等，都受着某种哲学思想的指导，他们不仅仅研究纯粹数学，而且还描述了自然界．而我国古代社会和文化传统对于数学直至科学技术并不重视，只是作为编纂历书、工程、运输、管理等方面的计算方法．在这种背景下，我国古代可以提出一些很好的算法或朴素的概念和思想，如位值制、负数、无理数、极限的思想，但没有上升到理论体系，在文化传统中不占主流地位．我国近代的数学主要是向西方逐步学习的，而且并没有研究（至少没有认真研究）数学在思想方面的作用，数学仍然没有融入我国的文化传统．

因此，数学教学应该特别重视数学思想在人类进步和社会发展中的重要作用．要让人们知道：如果不从数学在思维方面所起的作用来了解它，不学习运用数学思维方法，那么我们就不可能完全理解人文科学、自然科学、人的所有创造和人类世界，从而为人类社会的发展做出更大的贡献．

1.3.5　数学为人类认识世界与改造世界提供了有效的方法

从方法论的角度看，数学作为人类认识世界与改造世界的方法是独特的．这种独特性集中体现在两个方面：数量分析与模式抽象．

第一，数学方法强调数量分析．从毕达哥拉斯学派的"万物皆数"的信念开始，数学方法就以数量关系的把握作为打开一切问题和科学大门的钥匙．时至今日，从定性分析入手到做出定量分析，使得数学方法已成为人们心目中可靠性程度最高的方法．因为数量分析所舍弃的是事物或对象的物理特性，保留下来的是事物或对象的本质特征．许多不同学科领域的不同问题，表面看起来是完全不相同的，但是经过数量分析后却可以用同样的方式来表达，反映出它们之间所具有的共同性质，即它们的本质．例如，$\dfrac{\mathrm{d}x}{\mathrm{d}y} = ky$ 是一个最简单的一阶微分方程．这个微分方程可以用来描述放射性同位素的衰变过程（化学），可以用来描述某种细菌的繁殖过程（生物），可以用来描述某种条件下的热传导过程（物理），也可以用来描述某地区的人口变化过程（社会学），等等．从数量关系的角度反映各种不同领域诸多问题的本质联系，体现了数学方法的普遍适用性．

数学这部交响曲大体上由精确数学、随机数学、模糊数学和突变数学四部分组成，其发展过程经历了初等数学、高等数学、现代数学三个阶段．作为数学研究对象的数和形，在这三个阶段的含义是很不同的．初等数学阶段的数是常量，形是孤立的、简单的几何形体；高等数学阶段的数是变量，形是曲线和曲面；而现代数学研究的对象是一般的集合、各种空间和流形，已很难区分数和形的具体范畴了．可以说，现代数学所具有的公理化、结构化、统一化、泛函性、抽象性、应用性、非线性、不确定性等特点，已经极大地扩充了数学的研究对象，远远超出了原先理解的数量关系和空间形式的范围．也就是说，现代数学所研究的各种结构可由非数量的关系产生，而且可以导致不同于通常理解的空间形式．这也从另一个侧面极大地丰富了现代数学方法在数量分析上的多样性、广泛性．

第二，数学方法强调模式抽象．由于数学对象是抽象的形式化的思想材料，这就决定了数学研究活动是人类抽象的思想活动．模式抽象形成了当今普遍运用的数学模型方法．数学模型提供了人类看世界、看社会、看形形色色问题的特有"框架"．更重要的是，数学模型方法不仅能以适当的模式或模型去刻画现实对象，更能运用模型自身所具有的推理运算功能解决所提出的问题．也正因为如此，数学方法的有效性得到了公认．

对于数学模型，有的可以用现成的数学理论加以解决，而有的则没有现成的数学成果可以利用，这就为数学家们提供了新的研究课题，由此也形成新的数学理论，从而达到问题的解决．

应该强调的是，一些数学方法事实上已经超越了数学学科本身的范畴而上升为一般的科学方法．仔细分析一下数学学科，会发现它们都和某个哲学范畴或某对基本矛盾相联系．例如，微积分方法处理运动与静止，概率方法研究偶然与必然，数理逻辑方法处理原因与结果，拓扑方法研究局部和整体，计算数学方法讨论近似与精确，控制论方法处理可能与现实，等等．一般来说，重大的数学思想方法，都会反映某个哲学范畴或基本矛盾的数量方面．

1.4　数学教育的价值

数学教育是学校教育的重要组成部分，是基础教育的核心要素．因此，认识数学教育的价值，对于基础教育的发展具有重要意义．

1.4.1　数学教育为学生提供了进一步学习以及终身发展所需的数学基础知识

数学知识的产生与发展，在一定程度上就是数学发展的一个缩影．数学知识的发展，其内在的一个特点就是新知识总是在原有知识基础之上的进一步拓展与深化，在知识的"抽象度"上越来越高，知识的应用范围越来越广. 而知识与知识之间具有内在的逻辑关联，若干有关的知识点形成了"知识块"，若干"知识块"构成知识网络. 数学的知识体系随着人类认识的不断深化而不断拓展、不断完善、不断精致. 在数学的知识体系中，其基本的构成细胞就是数学的基础知识. 学校数学的基础知识，特别是那些经过精心挑选与组织的数学知识（如初等数学的基本事实、概念、定义、定理、公式、法则与性质等），是数学几千年发展所积淀的宝贵的精神财富，它们不仅是数学发展的"原始胚胎"，也是学生进一步学习高级数学的基石与阶梯，它们所承载的基础性与发展性，对于现代社会公民的数学素养而言都是有价值的、必要的和必需的. 因此，掌握数学的基础知识对学生的终身发展具有奠基性的作用.

数学的基础知识不仅包括结果是什么，还包括过程是什么，即问题是怎样提出的，概念是怎样形成的，结论是怎样探索和猜测到的，以及证明的思路和计算的想法是怎样形成的. 而且在有了结论以后，还应该理解结论的作用和意义等. 因此，学生要掌握必要的数学基础知识，就要理解知识的来龙去脉，"知其然，也知其所以然". 只有学会分析想法，分析思考的脉络，又能理解来龙去脉，才能真正理解数学知识的本质，才能使学生在需要应用所学的知识时能够比较自如地应用它.

1.4.2　数学教育有助于学生逐步提高思维水平

由于数学的研究对象比实际的自然现象和社会现象要简单得多，是经过抽象和简化的，所以用数学思维方式思考问题比较容易，也易看出前后联系；数学形成的系统比实际系统简单，更容易被学生接受；数学中对错分明，容易训练人辨别是非的能力，养成严谨正确的思维习惯. 因此，数学成为了学校教育中训练学生思维能力的基本课程.

众所周知，通过数学学习能够发展学生的逻辑思维，这是因为数学在表达上需要确切，结论的正确性需要靠逻辑的演绎证明，但仅强调数学的严格思维训练和逻辑思维培养是不够的. 事实上，人们在数学学习的过程中，除经常用到逻辑思维外，重要的还有从具体现象到数学的一般抽象以及将一般结论应用到具体情境的思维过程. 这是一种更为重要的数学思维方式，数学教学能够培养这种思维能力. 为此，我们要高度重视，因为这种思维能力的发展，不仅能使学生获得更为扎实的数学知识，而且能够使学生在处理日常生活、未来工作和进行科学研究时，提高工作效率，使他们既不会在思维方式上犯浮夸和刻板的毛病，又能够准确地抓住事物的本质，得出符合实际的有创见的结论．因此，数学学习对提高学生的思维水平具有重要作用．

1.4.3 数学教育有助于学生积累基本的数学活动经验，发展创新意识

基本活动经验是指学生亲自或间接经历了活动过程而获得的经验．从培养创新型人才的角度来说，教学不仅要教给学生知识，更要帮助学生形成智慧．知识的主要载体是书本，智慧形成于学生应用知识解决实际问题的各种教育教学实践活动中．通过这些活动，让学生亲身感悟解决问题、应对困难的思想和方法，就可以逐渐形成正确思考与实践的经验．

发现问题、提出问题、分析问题、解决问题是推进数学发展的一条主要途径．学好数学的有效途径是"做数学"．培养学生利用所学的数学知识分析问题并解决问题的能力，无疑是合适的，但是，分析问题与解决问题涉及的是已知，而发现问题与提出问题涉及的是未知，发现问题与提出问题比分析问题与解决问题更重要，教育意义更大．对中小学生来说，发现问题更多的是指发现了书本上不曾教过的新方法、新观点、新途径以及知道了以前不曾知道的新东西．这种发现对于教师可能是微不足道的，但是对于学生却是难得的．因为这是一种自我超越，是获得成功的体验，是积累创造的经验，这种体验和经验可以培养学生学习的兴趣，可以树立学生进步的信心．因此，数学教育可为学生提供各种各样的机会去做数学，让学生在发现问题、提出问题、分析问题和解决问题的各种过程中，不断积累基本的数学活动经验，促进创新意识的不断提高．

1.4.4 数学教育有助于学生领会、掌握基本的数学思想

数学思想体现出对数学知识的本质认识，是从某些具体的数学内容及其认识过程中提炼出来的数学观点．它在认识活动中被反复运用，并带有普遍的指导意义．学生只有掌握了数学的基本思想，才能真正获得数学学习的自主与自由，才能举一反三、触类旁通、无师自通．

实际上，人们在工作中真正需要用到的知识并不多，学校里学过的一大堆数学知识很多都派不上什么用场，但所受的数学训练，所领会的数学思想，却无时无刻不在发挥着积极的作用，成为取得成功的最重要因素．因此，如果仅仅将数学作为知识来学习，而忽略数学思想的熏陶以及数学素质的提高，就失去了（至少是部分地）开设数学课程的意义；如果将数学教学仅仅看成一般数学知识的传授（特别是那种照本宣科式的传授），那么即使包罗了再多

的定理和公式，可能仍免不了沦为一堆僵死的教条，难以发挥作用；如果掌握了数学的基本思想和精神实质，就可以由不多的几个公式演绎出千变万化的生动结论，显示出数学无穷无尽的威力.

要使学生真正领会并掌握数学的基本思想，就应该在具体数学内容的教学过程中，充分揭示数学是实验归纳与逻辑演绎的统一体，充分揭示数学知识之间的内在联系，以及数学与其他学科和实际生活的广泛联系.

1.4.5 数学教育有助于学生增进一般科学素养,提高社会文化修养

一般科学素养通常是指：能合理地进行思考，能清楚地表达思想，能有条不紊地工作；具备一般科学常识，具有一定的辨伪能力；具有归纳的科学态度，具有仔细、认真的品质，尊重和热爱科学；等等.

社会文化修养是指：具有正确的思想观点，具有起码的逻辑常识，讲道理，能遵守正确的行为规范，善于与人合作；具有正确的价值观；具有高尚的道德情操、审美意识和法治观念；等等.

具有一定的一般科学素养、社会文化修养是现代社会公民必备的品质. 而数学的特点就决定了数学内容的学习对于发展学生的一般科学素养、社会文化修养具有独特的作用.

1.5　社会发展对数学的需求

数学和数学课程的发展与社会的发展进步息息相关. 在当代，数学已经广泛地渗透到人类社会活动的所有领域，成为推动人类文明的不可或缺的重要力量，从而，社会也不断地对学校数学课程提出新的要求.

1.5.1 普通大众在生活中需要数学

现代社会发展的根本标志在于定量化和定量思维，而定量化和定量思维的实质（至少核心部分）是数学思维和数学的应用. 数学在天文、地质、工业、农业、经济、军事、国防、医学等社会各行各业的渗透和应用，不仅要求从事科学研究和技术开发的人必须掌握高深的数学理论，也要求每一个公民都必须掌握更多的、有用的数学知识，并能有效地运用和使用数学的知识、思想和方法. 换句话说，更多的人应该掌握数学，这是一种社会的需要.

在现代生活中，浏览网页、阅读报纸、看电视、听广播几乎是日常生活

中不可或缺的活动，然而只要稍加留意这些媒介传播的有关信息或数据，就会发现一则报道、一条新闻甚至一个故事很可能就是一个数学问题，涉及相关的数学知识．大众媒体以及日常交流中也用到越来越多的数学概念．如：每日天气预报中用到的降水概率、穿衣指数以及表示空气污染程度的百分数；比例、经度、纬度、统计图、统计表、变化率等也频繁见于报端．因此，人们应当具有一定的数学知识以适应现代生活．

市场经济需要人们掌握更多的数学，而掌握与市场经济活动相关的数学知识、思想和方法（诸如比和比例、利息与利率、统计与分析、预算与决策等），是一个公民素质必不可少的重要组成部分．

时代的迅速发展，要求人们具有更高的数学素养．信息化的实质是数学化，人们只有借助数学才能对现代社会纷繁复杂的信息进行选择、收集、整理、统计、分析，并做出有效的判断．这种对信息的感知、识别与处理的能力也已经成为现代社会公民必须具备的数学能力的重要组成部分．

1.5.2 数学与社会生活具有广泛联系

数学在社会生活中具有广泛的应用，数学课程应该体现出数学与社会生活之间的密切联系．数学课程呈现的内容只有是现实的、生活化的，并贴近学生的生活实际，才有助于提高学生学习数学的兴趣，才有助于学生体会数学与社会之间的关系，认识数学的价值，增进对数学的理解和应用数学的信心．

数学来源于生活．数学课程只有将数学抽象的内容附着在现实的背景中，才能让学生去学习从现实生活中产生、发展的数学，并把所学到的数学理论知识再应用于解决实际问题的过程之中．数学建模就提供了这样的机会．实际上，在建立模型、形成新的数学知识以及解释应用的过程中，学生能体验从实际情境中发展数学的过程、体会数学"再创造"的过程，学生能更加体会到数学与社会生活之间的天然联系．数学课程应该帮助学生贴近生活、观察生活，并从中收集数学素材，从而引导学生主动地去发现、体会、理解生活中的数学，用所学的知识解决生活中的实际问题．

社会生活中包含着丰富的数学．数学课程只有把这样丰富的内容展现在学生的面前，才能避免数学与生活格格不入，才能让学生真正理解数学、认识数学、运用数学并为自己和社会服务．这是数学课程改革的重要任务．

1.5.3 数学素养是一种基本的文化素养

随着现代科学技术的迅猛发展，数学的应用领域得到了极大的拓展，各行各业对数学的需求也与日俱增，数学已成为公民必需的文化素养，数学教育大众化成为时代的要求．人们普遍认识到：国家的繁荣富强，关键在于高新科技和高效率的经济管理，而高新技术的基础是应用科学，应用科学的基础是数学．数学科学不仅帮助人们在经营中获利，而且还能给予人们能力，包括直观思维、逻辑思维、精确计算以及对于结论的准确表达等．

在日常生活和工作中，凡是涉及数量关系和空间形式方面的问题都要用到数学．不仅如此，数学在培养人的思维能力、发展智力方面具有不可或缺的突出作用．加里宁曾说："数学是锻炼思维的体操．"数学思维不仅有生动活泼的探究过程，其中包括想象、类比、联想、直觉、顿悟等方面，而且有严谨理性的证明过程，通过数学学习培养学生的逻辑思维能力是最好和最经济的方法．在学习数学知识及运用数学知识、思维和方法解决问题的过程中，能培养学生的辩证唯物主义世界观，能培养学生实事求是、严谨认真和勇于创新等良好的个性品质．这对于人的身心发展，无疑将起重大作用．

数学对现代社会已产生了深远的影响．数学对社会发展的影响，一方面说明了数学在社会发展中的地位和作用，另一方面也说明社会对于人的数学基本知识和素养的要求越来越高．人们普遍认识到：数学素养是一种文化素养，没有现代数学就不会有现代文化，没有现代数学的文化是注定要衰落的．基础教育中数学课程的基本目标就是要提高学生的数学素养．

1.6　数学课程简述

1.6.1　数学课程的内涵

将数学概念、命题、公式及符号的集合或将数学教材视为数学课程是狭隘的．对课程内涵的认识有多种观点，可以将其归纳成这样几个维度：第一，学科、知识维度．将课程看作所讲授的学科，强调学科知识的组织、累积与保存．第二，目标、计划维度．将课程视为教学要达到的目标、教学的预设计划或预期结果．第三，经验、体验维度．将课程视为学生在教师指导下或自主学习中所获得的经验或体验．第四，活动维度．认为课程是人的各种自主活动的总和，学习者通过与活动对象的相互作用而实现自身各方面的发展．显然，用任何单一的维度来看今天的数学课程都是片面的．

综合上述几个维度，可以将数学课程的内涵表述为：在特定目标、计划制约下的数学学科及数学学习活动．课程标准是对数学课程的具体设计，体现了数学课程的规定性．

1.6.2 影响数学课程的主要因素

数学课程的制定与设计看起来是制定者自身的行为，但这一行为不是制定者主观的、随意的行为. 数学课程要服从于教育培养目标的总体要求，并受其制约和影响，这是就课程运行内部而言的. 从根本上看，数学课程必然要受到社会、数学、学生、教师四要素的影响. 在《课程标准（2011 年版）》的前言中，这些因素往往作为文字表述的逻辑起点，成为理念、目标、内容等确定的基础. 如："数学素养是现代社会每一个公民应该具备的基本素养""课程内容要反映社会的需要、数学的特点，要符合学生的认知规律"等.

1.6.2.1 社会需求因素

社会的发展与需求对数学课程具有决定性的影响作用：

首先，社会的需求直接或间接地决定着数学课程所应具有的时代标准和价值取向，成为制定数学课程目标，选择课程内容、方法、评价方式的依据. 仅仅片面强调数学教育的实用性目的或思维训练性目的，已难以达到现代社会的要求，数学课程应该在培养人的数学素质上体现符合时代要求的教育价值. 因此，"数学素养是现代社会每一个公民应该具备的基本素养. 作为促进学生全面发展教育的重要组成部分，数学教育既要使学生掌握现代生活和学习中所需要的数学知识与技能，更要发挥数学在培养人的思维能力和创新能力方面的不可替代的作用".

其次，社会需求的决定作用还反映在数学课程应通过自身的改革主动适应社会的变化，主动服务于社会.《课程标准（实验稿）》的研制者曾就社会生活变化对数学课程的影响做过专题研究，得到很多有启示意义的结论. 比如：数学的定量化特征越来越多地表现在当今社会人们的日常生活中；大数和百分数以相当高的比例出现在政治、经济、科技、生活的新闻及广告中；图形图表，尤其是各种各样的统计图、统计表（如直方图、扇形统计图以及一些形象的统计图）被人们广泛地使用；等等. 这些结论对数学课程内容如何适应社会生活变化提供了一定的依据. 当今社会所形成的信息化、学习化等时代特征，也需要我们在数学课程中，重视培养学生收集信息、处理信息的能力，并致力于改善学生数学学习方式以适应未来终身化学习，进而体现出数学课程对社会需求的主动适应.

1.6.2.2 数学发展因素

尽管作为课程的数学并不完全等同于作为科学的数学，数学的现代发展方向和最新成果似乎不会给它带来多少变化，但数学与学校数学课程之间从来都是紧密关联的.

20 世纪中叶以来, 数学的发展突显出一些新特征. 如: 数学更多地从幕后走到台前, 直接对生产过程、经营管理、科技工艺发挥作用; 由于计算机的加盟, 数学越来越被赋予一种技术的秉性, 成为科学技术中的重要基础; 数学的手段、活动方式也日益多样化, 这使得数学应用环境得到极大拓展; 作为最能体现数字化时代特征的数学, 其特有的文化形态已经融入到现代生活的各个层面、各个角落, 数学文化及数学思维方式与现代公民的日常生活已联系得更加紧密. 数学的这些发展变化对数学课程改革产生了重要影响.

第一, 对数学的对象、特点及教育价值的全面认识直接影响着数学课程与教学. 当今的数学, 其科学形态和文化形态交相辉映, 展现出越来越多样化的特征, 如工具、语言、思想、方法、活动、问题、模式、文化等, 数学课程应该引导学生去全面地感悟如此丰富多彩的数学, 并在这样的数学学习中获得全面发展.

第二, 数学的发展直接关系着数学课程的价值取向和目标制定. 比如, 应用数学发展要求数学课程必须重视培养学生的数学应用意识. 反思我们的数学教育, 在这方面是极为薄弱的. 所以, 注重数学与学生日常生活的联系, 鼓励学生用数学的眼光看世界, 用数学方法去解决现实问题应该成为数学课程的重要目标.

第三, 数学的发展会对数学课程内容的选择施加影响, 并为课程内容的选择、组织提供依据. 数学为数学课程提供的 "素材", 不仅指那些分属于各数学分支的对学生适用的静态的基础知识, 也包括丰富的数学思想、方法及数学活动经验.

1.6.2.3　学生身心发展因素

课程的直接服务对象是学生, 学生主要是通过数学教材来获取知识的, 因此, 学生也是影响课程设置的重要因素. 从课程设计的角度来说, 学生因素包括以下四个方面:

第一, 已有的知识水平. 影响学习的最重要因素是学生已经知道的东西, 所以在设计课程时, 需要仔细考虑学习者所具有的与新的学习任务相切合的概念和技能. 也就是说, 学习的顺利进行受背景知识的影响较强烈, 即学生的知识水平影响着课程的设置.

第二, 学生的思维水平 (能力水平). 课程教材是学生学习的依据, 因此, 在安排数学课程时, 应考虑各年龄段学生的思维发展水平, 既不能超出学生的思维发展水平, 又不能迁就学生的接受能力. 把教材知识体系安排得过于抽象化和形式化, 就超出了学生的思维发展水平, 这样的课程是达不到教学目的的. 同样，课程内容过于简单、容易，也难以达到教学目的.

第三，学生的学习兴趣. 如果学生对学习内容不感兴趣，就很难做出持久的努力去学习数学. 因此，要让学生学好数学，首先要激发学生的学习兴趣. 激发学生学习兴趣的最有效办法就是让学生对学习材料本身感兴趣，因此，在课程的设置中要加强学习内容的趣味性，以激发学生学习数学的兴趣.

第四，学生的认知特点. 教育活动的本质就是适应人的发展需求的活动，所以实施学校教育的数学课程就要关注学生身心发展的规律. 因此，要科学地处理数学知识体系与学生心理发展之间的关系. 数学课程受学生身心发展的影响和制约表现在以下两个方面：① 数学课程要适应学生的心理，数学课程目标的确定、内容的选择与体系的安排，都应考虑学生已有的心理发展水平和认知特征；② 数学课程要能够促进学生心理的全面发展.

1.6.2.4 教师因素

教师是把课程内容转化为学生个体的知识经验的直接指导者. 因此，教师只有清晰地、深刻地理解数学课程，才能做到更好地实施数学课程，加强教学的主动性. 如果教师不能理解课程的理念，驾驭不了教材，就会影响数学课程理念的贯彻实施和实际的教学效果. 因此，教师的水平同样也影响着数学课程的设置. 具体来说，教师的水平主要包括两方面：教师的知识水平和教师的教学水平.

第一，教师的知识水平. 教师要从事数学教育，其知识水平必须达到一定的要求. "新数学"运动失败的原因之一就是师资水平跟不上，即教师在知识水平上有缺陷，这说明要进行课程改革，必须要和教师的知识水平相适应，否则课程改革就会落空.

第二，教师的教学水平. 课程设置中，不仅要根据教师的知识水平相应地选择课程内容，而且要根据教师的教学水平在课程体系的安排上作适当的调整. 一般来说，教师的教学体系（经过处理后的知识体系）不同于课程教材中的知识体系. 教师的教学水平高，就善于处理教材，把教材体系转化成教学体系；教师的教学水平低，处理教材时就有困难，难以形成教学体系. 因此，在课程设计时应当考虑教师的教学水平，使得课程、教材有利于教师理解、处理，有利于教学.

1.6.3 数学课程的性质

1.6.3.1 义务教育阶段数学课程的性质

《义务教育数学课程标准（2011 年版）》指出："义务教育阶段的数学课程

是培养公民素质的基础课程，具有基础性、普及性和发展性."它指明了义务教育阶段数学课程的基本属性.

首先，义务教育的性质决定了义务教育阶段数学课程的性质. 2006 年颁布的《中华人民共和国义务教育法》明确规定："义务教育是国家统一实施的所有适龄儿童、少年必须接受的教育，是国家必须予以保障的公益性事业."所有适龄儿童"依法享有平等接受义务教育的权利，并履行接受义务教育的义务."这是我们认识义务教育阶段数学课程属性的法律依据，也是在制定课程标准、实施数学课程中应自觉遵循的准则. 2010 年颁布的《教育规划纲要》也强调指出："义务教育是国家依法统一实施，所有适龄儿童、少年必须接受的教育，具有强制性、免费性和普及性，是教育工作的重中之重."

其次，义务教育阶段数学课程的阶段性特征决定了义务教育阶段数学课程的性质. 义务教育阶段是一个人接受学校教育的起始阶段，也是任何一个公民接受系统教育极其重要的奠基阶段."九年影响一生"，数学课程作为这一阶段的主要课程，就必然具有基础性、普及性和发展性的属性特征. 认识和理解这些属性的立脚点是基于特定年龄阶段下的学生发展——数学课程应当为所有适龄儿童提供最为基本的，并能促进学生继续发展的数学教育.

1.6.3.2　高中数学课程的性质

普通高中教育的性质以及数学学科的特点决定了高中数学课程的性质. 因此，《普通高中数学课程标准（实验）》明确指出：

高中数学课程是义务教育后普通高级中学的一门主要课程，它包含了数学中最基本的内容，是培养公民素质的基础课程.

高中数学课程对于认识数学与自然界、数学与人类社会的关系，认识数学的科学价值、文化价值，提高提出问题、分析和解决问题的能力，形成理性思维，发展智力和创新意识具有基础性的作用.

高中数学课程有助于学生认识数学的应用价值，增强应用意识，形成解决简单实际问题的能力.

高中数学课程是学习高中物理、化学、技术等课程和进一步学习的基础. 同时，它为学生的终身发展，形成科学的世界观、价值观奠定基础，对提高全民族素质具有重要意义.

1.6.4　数学课程内容的选择与组织

1.6.4.1　对数学课程内容及选择的正确认识

长期以来，我们在数学内容的选择上，往往更关注具体的、客观的数学结论，而相对忽视形成这些结论的数学活动过程；更关注处于显形态的数学事实，而相对忽视处于潜形态的数学思想及方法；更关注遵循数学知识的逻辑关系与结构，而相对忽视如何有利于学生的理解，为学生主动地从事观察、实验、猜测、推理与交流等数学活动提供适宜的学习素材．这些都是数学课程内容改革中要解决的问题．因此，《义务教育课程标准（2011 年版）》指出数学课程内容"不仅包括数学的结果，也包括数学结果的形成过程和蕴涵的数学思想方法．课程内容的选择要贴近学生的实际，有利于学生体验与理解、思考与探索"．这才是对数学课程内容及选择的正确认识．

1.6.4.2　数学课程内容的组织需处理好几个关系

课程内容的组织要重视过程，合理地处理过程与结果的关系；要重视直观，处理好直观与抽象的关系；要重视直接经验，处理好直接经验与间接经验的关系．之所以提出要处理好上述关系，是因为它反映出数学课程内容在选择与组织上的基本矛盾问题，无论是数学课程设计或是实施，都回避不了这些问题．

第一，关于过程与结果．数学教学是数学活动过程的教学．通过数学活动过程，学生不仅能获得知识与技能，而且能体会到这些知识的产生与发展，感悟其中所蕴含的数学思想、方法，积累起一定的数学活动经验．同时，通过这一过程也可以使学生掌握一定的学习方法，养成良好的学习习惯，从整体上促进自己数学素养的提高．因此，数学课程内容的组织与呈现应该重视过程．正是因为如此，过程本身就成为数学课程的目标，而不只是达到知识技能目标的辅助性手段．当然，我们强调过程，不等于忽视结果．在课程内容的组织上，要注意过程与结果的有机关联，还要根据素材的具体情况、学生的实际状况，并考虑到课时的有效利用，恰当处理过程的节奏性、阶段性与结果的关系．

第二，关于直观与抽象．符号、公式以及必要的形式化处理等成为数学内容组织呈现的基本方式，也是数学课程内容不同于其他学科课程内容的特点所在．但是，作为课程的数学内容在充分展示它独有的抽象性特征的同时，还要考虑到学生学习数学的可接受性和心理适应性，因此，必须采用恰当的直观性手段．其实就数学而言，直观与抽象不是对立的．在很多数学家的研究生涯中，借助直观作出重大发现，然后通过逻辑推理证明结论的事例比比皆是．数学的发展过程也表明，再抽象的数学结论总能找到相对直观的表征和解释．运用直观手段本身就是数学研究的重要方式，它更应成为处理和组织课堂内容的重要方式．比如，充分利用图形所具有的几何直观，将复杂的数学对象简明化；恰当地构造数学问题的现实情境，将抽象的数学关系具体化；通过直观调动学生的直觉思维以获得数学的猜想；通过数形结合的方法来实现抽象与具体之间的转变；等等．数学知识的形成依赖于直观，数学知识的确立依赖于推理，因此，在重视直观的同时，更要发展学生的数学抽象思维．

第三，关于直接经验与间接经验．学生的数学学习是以教材和教师的讲授为中介，来获得前人已经形成的数学知识，即学生学习主要是以一种间接的方式来获取和形成数学经验．从这个意义上说，数学课程内容主要是间接经验．数学课程内容的这种存在方式给数学带来两方面的影响．一方面，它使学生能在特定的计划、目标下，通过教师的组织教学，在有限的学习时间内系统地学习到人类长期积累下来的数学知识；另一方面，由于教师讲授是保证间接经验为学生所接受和理解的最重要的条件（这在数学上表现得尤为突出），它客观上就容易形成以教师、课堂为中心的局面，也容易忽视学生个体的直接经验在学习中的存在．当然，在数学课程中，直接经验和间接经验不是对立的，而是相互关联、相互协调的．一方面，学生的数学认识不是被动地接受而建立的，而是通过自己的经验主动地构建起来的，表现为书本知识的数学间接经验只有通过学生联系自己的生活实际，在多样化的数学活动中积累自己的经验才能真正理解其数学意义；另一方面，在学习数学间接经验的同时，学生也在发展自己的直接经验，特别是通过打好知识基础，掌握学习方法，学生具有了主动面对生活和社会去拓展自我直接经验的能力，这正是数学学习的发展性所要求的目标．所以，我们强调重视直接经验，不仅指它有利于间接经验的学习，也在于它本身就应成为课程的重要目标．正如《课程改革纲要》所指出的，要改变课程内容"过于注重书本知识的现状，加强课程内容与学生生活以及现代社会和科技发展的联系，关注学生的学习兴趣和经验"．它表明重视课程内容中的直接经验也是课程内容改革的目标．在数学课程内容组织的具体形式中，要注意这一目标的落实．比如：应强调课程和教材中的学生学习活动设计；强调他们在活动中的数学经验积累；数学观察、操作实验、综合实践等应该成为重要的课程内容形式．

1.6.5　我国数学课程发展的历史简介

我国的数学教育有着悠久的历史，数学课程与教学早在奴隶社会就开始萌芽．周代的学校教学科目有"六艺——礼、乐、射、御、书、数，"数即指数学．春秋战国时期，诸子百家带徒讲学也都或多或少地包含着数学知识内容，如《庄子》中的"一尺之棰，日取其半，万世不竭"就生动地体现了早期极限思想．秦汉时期相继出现了《周髀算经》和《九章算术》《九章算术》

的完成标志着我国初等数学体系已经开始形成，它也成为其后一千多年我国数学教学的主要教科书.

1606 年，意大利传教士利玛窦和中国科学家徐光启合译了欧几里得的《几何原本》前六卷，这是我国翻译西方数学书籍的开始. 1840 年鸦片战争以后，西方数学逐渐成为数学课程的主修内容，数学课程普遍采用从西方翻译过来的代数、几何、三角、微积分等教科书. 20 世纪 20 年代以后，我国数学课程主要引进英、美的教科书，其中影响较大的有《范式大代数》《三 S 平面几何》《三 S 立体几何》等.

中华人民共和国的成立给我国数学教育事业带来了新的生机和起点. 1952 年，教育部以苏联中小学数学教学大纲为基础，制定了我国中小学数学教学大纲和教学计划. 大纲中明确规定了数学教学的目的，从而奠定了我国中小学数学课程与教学体系的基础.

20 世纪 50 年代末期，受"大跃进"和国际数学教育现代化运动的影响，全国掀起了群众性的教育革命热潮，对数学教育的目的、任务、课程、教材、教学等问题展开了热烈的讨论，积极进行了各种数学课程和教学改革试验. 1960 年 2 月在上海举行的中国数学会第二次代表大会的中心议题之一就是根本改革各级各类学校的数学课程与教学的问题. 这一时期，纠正了全盘照搬苏联的做法，批判了教材陈旧落后、脱离实际、孤立割裂的现象，在建立新的数学课程体系方面做了有益的尝试. 但是由于急躁冒进思潮的影响，一些做法违背了教育规律，如：对传统内容（几何）否定过多，削弱了知识的系统性；过分强调生产劳动，削弱了课堂教学；新的内容增加过多，学生难以掌握等，致使教学质量有所下降，改革未能获得成功.

1961 年和 1963 年，在中央"调整、巩固、充实、提高"的方针指引下，教育部先后两次修订了中小学数学教学大纲，强调学校以教学为主，重视双基. 大纲第一次明确提出"培养学生正确而迅速的运算能力、逻辑思维能力和空间想象能力"的教学要求. 人民教育出版社根据这个大纲编写的教材增加了平面解析几何的内容，并适当拓宽、加深了数学各科的内容. 大纲同时还要求加强教学研究，积累教学经验，稳步提高教学质量. 这一时期，数学教学质量逐渐达到了较高的水平.

"文化大革命"期间，虽然各省市组织编写了一些教材，但实用主义严重，大大削弱了基础知识和基本技能的培养，数学教学质量降到中华人民共和国成立以来最低水平.

1978 年，按照"精简、增加、渗透"的六字方针，教育部制订了《全日制十年制中小学数学教学大纲》，删去了传统教学中用处不大的内容，增加了微积分、概率统计、逻辑代数等初步知识，渗透集合、对应等思想．进入 90 年代，随着学制的调整和数学教育改革的进一步深入，国家教委于 1993 年颁布了《九年义务教育数学教学大纲》，1996 年颁布了《普通高中数学教学大纲》，进一步明确了数学教学目的，调整了部分内容和要求，以适应改革开放以来社会发展对于中小学数学教学的需要．在这一时期，数学课程与教学的研究开始走上学术研究的道路．数学课程和教学的理念不断更新，初步形成了以数学课程理论、数学教学理论和数学学习理论为支撑的数学教育理论体系．许多地方开展了以提高教学质量为目标的教学改革试验，如"尝试指导、效果回授"教学法（上海青浦），"数学开放题"教学模式，"提高课堂效率（GX）"初中数学教改实验等．数学教育理论和数学教学实践得到了更好地结合，数学教育事业也获得了蓬勃发展．

进入 21 世纪以来，随着技术革命的加快，人才竞争的加剧，以及经济全球化的推进，世界各国都在积极推进数学课程和教学改革．2001 年和 2003 年，教育部分别颁布《全日制义务教育数学课程标准（实验稿）》和《普通高中数学课程标准（实验）》，拉开了新一轮数学课程和教学改革的大幕．2011 年教育部又颁布《义务教育数学课程标准（2011 年版）》，数学课程和教学改革走上了新的发展阶段．

在《义务教育数学课程标准（2011 年版）》中，安排了"数与代数""图形与几何""统计与概率""综合与实践"四个领域的内容．相比传统教学内容，加强了统计与概率、图形变换、综合实践等．在"以人为本""促进学生全面发展"的课程理念下，明确将"数学思考、问题解决、情感态度"与"知识技能"一起作为课程与教学的具体目标，并做出了详细的阐释．这些目标的整体实现，是学生受到良好数学教育的标志，它对学生的全面、持续、和谐发展，有着重要的意义．

《普通高中数学课程标准》将数学课程分为必修课程、选修Ⅰ课程和选修Ⅱ课程，全面突出函数、几何与代数、统计与概率三条内容主线，并设置"数学建模活动与数学探究活动"的主题，把"数学文化"融入课程内容．

1.7　数学课程标准

1.7.1　数学课程标准及其功能

数学课程标准是数学教材编写、教学、评价和考试命题的依据，是国家管理和评价数学课程的基础. 数学课程标准体现了国家对不同阶段的学生在数学知识与技能、过程与方法、情感态度与价值观等方面的基本要求，规定了数学学科的性质、课程目标、内容框架，提出教学建议和评价建议.

面对 21 世纪科学技术的迅猛发展和经济的全球化，为培养在新时期具有良好素质和竞争力的新一代，数学课程标准首先规定了国家对未来国民在数学素养的基本要求. 数学课程标准主要具有以下功能：

（1）数学课程标准体现了国家培养人才的基本要求. 国家利用学校培养人才的要求是通过课程实现的，国家规定的人才标准由各门课程分散到各个学科. 数学课程标准就是通过数学课程总目标与分目标对这些要求从知识与技能、过程与方法、情感态度与价值观等方面进行落实.

（2）数学课程标准规定了数学学科的性质、价值和基本理念. 学科性质指学科在整个课程结构中所处位置和所起的作用. 学科价值是该学科在学生成长发展方面所能起到的作用. 基本理念过去称为指导方针或基本原则，指该学科教学应该遵循的基本思想. 它是对学科历史发展的高度概括与总结，是学科教学的基本规律，是必须要遵守的. 学科基本理念一般从学科与学生的关系、学科实施途径、学科与社会、学科评价等方面进行原则规定. 如，义务教育阶段数学课程的性质是培养公民素质的基础课程，具有基础性、普及性和发展性. 义务教育阶段数学课程的价值是"数学课程能使学生掌握必备的基础知识和基本技能，培养学生的抽象思维和推理能力，培养学生的创新意识和实践能力，促进学生在情感、态度与价值观等方面的发展". 高中数学课程的基本理念是"构建共同基础，提供发展平台；提供多样课程，适应个性选择；倡导积极主动、勇于探索的学习方式；注重提高学生的数学思维能力；发展学生的数学应用意识；与时俱进地认识双基；强调本质、注意适度的形式化；体现数学的文化价值；注重信息技术与数学课程的整合；建立合理、科学的评价体系".

（3）数学课程标准规定了数学学科内容的基本框架. 数学课程标准对数学学科教学内容的基本框架做了明确规定. 如，义务教育阶段数学课程的内容包括数与代数、图形与几何、统计与概率、综合与实践. 内容框架不仅明确了数学内容方面的深广度，而且在过程与方法、情感态度价值观方面也提出了相应的要求.

（4）数学课程标准提出教学建议和评价建议. 由于课程标准规定的是国家对国民在数学领域基本素质的要求，因此，课程标准对数学教材、教学和评价具有重要的指导意义，是数学教材、教学和评价的出发点和归宿. 可以说，课程标准中规定的基本素质要求是教材、教学和评价的灵魂，也是整个基础教育的灵魂. 因为无论教材还是教学, 都是为这些方面或领域的基本素质的培养服务的, 而评价则是重点评价学生在这些方面或领域的表现如何, 是否达到国家的基本要求. 因此, 无论教材、教学还是评价, 出发点都是为了课程标准中所规定的那些素质的培养, 最终的落脚点也都是这些基本的素质要求.

（5）数学课程标准提出课程资源开发的原则和方向. 这次课程改革明确提出了课程资源的概念, 这是因为越来越多的人认识到, 没有课程资源的广泛支持, 再美好的课程改革设想也很难变成中小学的实际教育成果, 课程资源的丰富性和适应性程度决定着课程目标的实现范围和实现水平. 对于学校教育而言, 不仅校本课程的开发需要大量课程资源的支持, 而且实施国家课程和地方课程也离不开广泛的课程资源的支持. 特别是综合实践活动, 虽然是国家规定课程名称和课时、制定综合实践活动指导纲要, 但具体实施的内容和形式则完全要由学校来决定, 是在实践过程中动态生成的, 这就需要对课程资源有充分的认识和便捷的获取途径, 否则, 课程改革的许多目标就会落空.

1.7.2　数学课程标准的结构

数学课程标准由前言、课程目标、内容标准、实施建议、附录五部分构成.

前言, 说明数学课程的性质、基本理念和课程标准设计的思路.

课程目标, 包括数学知识与技能、过程与方法、情感态度与价值观三个维度的目标.

内容标准, 包括学习领域、目标及行为目标.

实施建议, 包括教学建议、评价建议、教材编写建议和课程资源开发与利用建议.

附录, 包括术语解释和案例.

数学课程标准是国家对数学教材、教学和评价所提出的统一要求和具体规范, 有了课程标准就能加强教学的计划性, 保证数学教学的质量.

1.7.3　数学课程标准与教材的关系

课程标准是编写数学教材的依据, 教材内容的选择应符合课程标准的要求. 课程标准与教材具有如下的关系:

（1）教材编写必须依据课程标准. 课程标准是教材的编写指南和评价依

据，教材又是课程标准最主要的载体．教材编写者必须领会和掌握数学课程标准的基本思想和各部分的内容，并在教材中予以充分的体现．教材编写的思路、框架、内容不能违背课程标准的基本精神和要求．教材的内容要达到课程标准的基本要求，同时又不能无限制地提高难度，教材内容的呈现方式要有利于改变学生的数学学习方式．

（2）教材是对课程标准的一次再创造、再组织．不同版本的教材应具有不同的编写体例、切入视觉、呈现方式．不同地区经济发展、自然条件、文化传统有很大的差异，教材的编写者要努力体现本地区经济发展、文化特点的特殊发展的需求，要考虑本地区教育发展水平、儿童身心发展水平及特殊需要，充分利用本地区具有特色的丰富的数学课程资源，开发出既符合课程标准又能体现当地实际、各具特色、丰富多样的数学教材．

（3）教材的编写和实验可以检验课程标准的合理性．一方面，教材编写可以检验课程标准的可行性和合理性；另一方面，可以通过使用教材不断地检验与完善课程标准和教材．

1.7.4　数学课程标准的研制背景

1999 年 6 月，中共中央、国务院颁发了《关于深化教育改革，全面推进素质教育的决定》．它针对我国的教育观念、教育体制、教育结构、人才培养模式、教育内容和教学方法相对滞后，影响了青少年的全面发展，不能适应提高国民素质的需要的现状，提出素质教育的重点是培养学生的创造精神和实践能力．

2001 年 6 月，教育部颁布了《课程改革纲要》．《课程改革纲要》充分肯定了改革开放以来我国基础教育取得的辉煌成就，以及基础教育课程建设取得的显著成绩，同时也指出我国基础教育总体水平还有待提高，原有的基础教育课程还不能完全适应时代发展的需要．《课程改革纲要》的颁布拉开了我国新一轮基础教育课程改革的序幕，对基础教育的课程体系、结构、内容进行全面的改革，以构建符合素质教育要求的新的基础教育课程体系．《课程改革纲要》提出此次基础教育课程改革要以邓小平同志的"三个面向"和江泽民同志的"三个代表"重要思想为指导，全面贯彻党的教育方针，全面推进素质教育，同时明确提出了新课程总的培养目标和课程改革的具体目标，即从课程本质、课程结构、课程内容、课程实施、课程评价、课程管理方面实现"六个改变"．

《课程改革纲要》对义务教育课程标准的制定提出了要求，指出其"应适应普及义务教育的要求，让绝大多数学生经过努力都能够达到，体现国家对公民素质的基本要求，着眼于培养学生终身学习的愿望和能力".

《课程改革纲要》的制定与颁布，为基础教育课程改革奠定了基础，也明确了方向．尤其是"六个改变"对各个学科课程标准的制定提出了极具指导性的要求，成为学科课程标准制定的重要依据．

实际上，从 20 世纪 90 年代初开始，我国数学教育工作者就已经认识到，如何进行数学课程改革以更好地适应时代发展的要求是一个迫切需要研究的课题．数学课程理论研究者和实践者积极行动，展开了许多涉及社会发展与数学教育、学生数学学习、数学学科发展以及数学课程的国际比较等课题的理论与实践研究．特别是全国哲学社科青年基金研究课题"21 世纪中国数学教育展望"聚集了一批志在研究与推动中国数学教育发展的中青年数学教育工作者，他们以课题研究为依托，展开了大规模的调查研究、文献研究、国际比较研究等，形成了一些针对我国本土特点的数学课程改革的基本理念和思路，并通过教材编写和教学实验取得了一些实践经验．这些研究工作对促进数学课程改革提供了丰富的素材，为《课程标准（实验稿）》的研制奠定坚实的理论与实践基础．

1.7.5　义务教育数学课程标准的研制、实施与修订

1.7.5.1　义务教育数学课程标准的研制

根据我国数学教育的现状以及数学教育研究的成果，按照《国务院关于基础教育改革与发展的决定》和教育部《课程改革纲要》的精神，根据教育部的部署，数学课程标准的研制工作有条不紊地展开．

1999 年成立了以刘兼、孙晓天、马复为组长的义务教育数学课程标准研制组，其成员由大学教授、中小学特级教师、数学教育研究专业人员、教研员等组成．先后有 100 多人参与了研制工作，其中核心成员有 30 多人，多为过去 10 余年里活跃在数学课程改革前沿的专家学者．同时，为把握好《课程标准（实验稿）》的大方向，特别聘请了 9 位资深的数学家、数学教育专家作为标准组的顾问．

1999 年 4 月前后，通过在《课程教材教法》《数学教育学报》《数学通报》《学科教育》等八种与数学教育相关杂志上发表"关于义务教育阶段数学课程标准研制的初步设想"一文，向社会发布研制数学课程标准的信息，以广泛征求各界意见．

在《课程标准（实验稿）》开始研制后，标准研制组召开过四次大范围的

调研会议，其中有华东地区（南京）会议、华北与东北地区（天津）会议、华南地区（福州）会议、西南与西北地区（成都）会议．调研范围覆盖了全国大部分省区．

标准研制组先后召开了两次著名数学家参加的座谈会，参加者包括时任全国人大常委会副委员长丁石孙、教育部副部长吕福源，前后参加的数学家近 60 人（其中包括多名中科院院士），对一些未能与会的院士也做了个别访问，专门听取了意见．标准研制组还先后多次与教育学和心理学方面的专家举行交流会，听取他们的意见，以准确把握中小学生的心理和生理发展规律．

1999 年 10 月，标准研制组在北京召开了一次有代表性的数学课程领域专家、学者、教师、教育行政部门领导参加的《课程标准（实验稿）》研制工作研讨会．与会代表就《课程标准（实验稿）》的起草工作广泛发表了意见，通过开幕和闭幕会上 10 位代表的标志性发言，大体确定了未来《课程标准（实验稿）》的基本理念和大致框架．

1999 年 10 至 12 月，标准研制组集中精力进行《课程标准（实验稿）》文本的起草工作．

2000 年 1 月，标准研制组完成了《课程标准（实验稿）》初稿，附加了调查问卷后作为"征求意见稿"，先后印发 4 万份，面向全国各界征求意见．

在广泛征求意见并获得大量反馈信息的基础上，2000 年 7 月至 2001 年 2 月，标准研制组多次就《课程标准（实验稿）》的文本，向数学家、数学教育研究专业人员、中小学数学教师、各省市数学教研员、中小学校长和管理人员，分别召开征求意见会，听取意见．

在仔细参照各个层面反映的意见和建议后，标准研制组再次集中，对《课程标准（实验稿）》的征求意见稿进行修改，并于 2001 年 4 月形成了《课程标准（实验稿）》．

2001 年 5 月，教育部组织了包括两位院士、大学教授、省级教研室主任、中小学特级教师参加的审议组，对《课程标准（实验稿）》进行了审议．标准研制组成员根据审查的要求到会接受了专家质询并做了答辩．

审查通过后，根据审查提出的意见和要求，再次对《课程标准（实验稿）》做了认真修改，之后正式报送教育部．

2001 年 7 月教育部印发了《全日制义务教育数学课程标准（实验稿）》．

1.7.5.2 义务教育数学课程标准的实施

2001 年 9 月，义务教育阶段的新课程在 42 个国家级实验区开始实验．实验区以县区为单位，筛选时充分考虑县区的基本情况，进行实验研究的条件，以及前期做的准备．然后，对经过筛选确定的实验区相关人员进行了前期的培训等准备工作．

按照教育部的安排，国家级实验区的工作任务是："① 承担新课程标准的实验任务．试用根据新课程标准编写的新教材，为修改、完善、发展新课程标准提供依据．② 尝试建立三级课程的开发、实施和管理方式，在课程资源开发、教材选用、课程实施管理及学校管理等方面探索新的管理机制，为新课程的推广积累经验．③ 培养一批具有改革意识，具有新的课程观念，具备执行新课程能力的教师；形成一支具有课程研究和开发能力的队伍，形成新的培训模式，培训一批骨干教师、优秀校长、教研员，在此基础上形成能承担本地区推广新课程的培训者队伍．④ 探索符合素质教育思想的评价体系与评价方法，在实验过程中，逐步形成使每一位教师都易于理解和使用并使学生得到生动、活泼、主动地发展的评价体系．"数学课程的实施同样也做了较为充分的准备与培训．实验区培训以国家级培训为主，采用集中参与式．组织实验区的教师、校长、教研人员和教育管理者，进行不同类型的培训，包括通识培训，专题培训，以及学科课程与教学培训．由于进行了较为充分的准备和培训工作，因此国家级实验区的启动工作平稳有序．

2002 至 2003 年，实验扩大到省级实验区．这一阶段按照教育部的部署和各省市区的安排，2002 年有 520 多个实验区，占全国区县数的近 18%；2003 年有 910 多个实验区，占 32%．两年共启动 1400 多个省级实验区，占全国区县的 50%左右．

2004 至 2005 年，实验全面推进．到 2004 年，全国有 90%的区县起始年级使用新课程教材．2005 年全部起始年级使用新课程教材．这一阶段可以看作推广阶段，意味着所有学校都进入课程改革．

2004 年和 2007 年国家级实验区的初中和小学分别完成一轮的实验，以后完成一轮实验的地区逐步增多．在这些实验区中的部分学校积累了较为丰富的实验研究经验，探索了新课程实验的策略与方法．部分地区和学校进入了课程改革的常态阶段．同时，对基础教育课程改革的若干问题也进行了较为深入的讨论，发现和提出了新课程实施过程中的一些问题，对课程改革理论和实践层面都有了新的理解和认识．随着《课程标准（实验稿）》的逐步实施，越来越多的学校进入常态化的课程实施阶段，并开始进一步研究深层次的数学课程与教学改革问题．

1.7.5.3　义务教育数学课程标准的修订

义务教育数学课程改革是一次较全面的改革，从理念与目标到内容与方法都发生很大的变化，这对于学校和教师是重要的挑战．从实验开始就存在新的课程改革方案与学校教师适应之间的矛盾，在实施过程中也暴露出一些问题．通过几次大规模的调研结果和报纸杂志的有关文章，反映了数学课程改革中的问题，提出了一些改进意见．这表明，义务教育阶段的数学课程改革需要总结与调适．于是，2005 年 5 月启动了义务教育课程标准的修订工作．

数学课程标准修订组由 14 人组成，成员来自大学、科研机构、教师培训机构、教学研究室，以及中小学．其中有 6 位数学方面的学者、5 位数学教育学者、1 位教研人员、2 位中小学教师．由东北师范大学史宁中教授任组长，修订组中近半数成员参加过《课程标准（实验稿）》的研制．修订组成员的不同背景体现了多元性，保证在研讨和修订过程中，从不同角度思考问题，听取来自不同方面的意见和建议．这充分体现了《课程标准（实验稿）》的修订过程是一个集体审议的过程，是一个不同意见碰撞、交流、吸收与融合的过程．

按照修订工作的机制与程序，修订组从基础的调研开始，通过征求各方意见、现实状况分析、专题问题研讨、具体内容审议等方式，对《课程标准（实验稿）》进行认真细致的修订．

在修订过程中，修订组共召开 15 次修订研讨会，其中 10 次全体成员讨论会，5 次部分成员讨论会．每次会议都有重点地研究和讨论《课程标准（实验稿）》修订的有关重要问题．下面是部分会议研讨的主要内容介绍．

2005 年 7 月修订组全体会议，对前期实地考察和问卷调查情况进行了汇总和分析；讨论了修订的基本思路，明确了修订的基本原则；确定了修订组的工作方案与具体分工，按照确定的基本原则分头修改有关的内容．

2005 年 11 月修订组全体会议，讨论了按分工各自完成的修改内容；明确了《课程标准（实验稿）》修订的若干重要问题；梳理了标准修改的主要内容，特别是对《课程标准（实验稿）》的前言、基本理念、设计思路、总体目标和分学段目标等内容进行了认真、细致和充分的讨论，形成了《课程标准（修订稿）》的初稿．通过充分的讨论，大部分问题达成共识，部分内容需要进一步思考和研究．

2006 年 3 月，修订组的部分成员会议，对《课程标准（修订稿）》的初稿文字进行整理，对需要重点修改和研究的问题进行了分工，特别是关于"四基"的提法，若干个表述目标行为动词术语的解释，以及数感、符号意识、运算能力、模型思想、空间观念、几何直观、推理能力、数据分析观念等核心概念的表述进行了讨论．

2006 年 4 月修订组全体成员会议，重点讨论"前言"的写法，确定了"基本理念"中关于"人人都能获得良好的数学教育"的提法，以及四个方面课程内容的名称和具体内容取舍等问题. 本次会议后形成《课程标准（修订稿）》的征求意见稿，编制征求意见问卷，向有关专家、一线教师和教研员征求意见.

2007 年 4 月修订组全体成员会议，重点讨论了"实施建议"的修改，并对全文进行了文字加工. 本次会议后，对有关内容进行了最后的修改整合，完成了修订的全部任务，形成了《课程标准（修订稿）》，上交教育部基础司. 基础司在全国范围内进一步征求意见.

2007 年 11 月修订组全体成员会议，针对各省、实验区的意见建议，进行了全面梳理和重点修改. 对全文进行文字加工和校对，最终完成《课程标准（修订稿）》，提交教育部审查.

之后，教育部又于 2010 年下半年对修订稿做了大范围的征求意见. 针对有关意见，修订组又对一些内容进行了部分调整. 于 2011 年 2 月形成正式的《课程标准（2011 年版）》送审稿，2011 年 5 月通过审查.

2011 年 12 月教育部正式颁布了《义务教育数学课程标准（2011 年版）》（以下简称《义标》），全国各地数学课程标准的执行实施进入常态化.

1.7.6　高中数学课程标准的研制、实施与修订

国家高中数学课程标准的研制工作于 2000 年启动. 当时有十几所高等院校申报课程标准的研制，并且提出了方案. 经过教育部的审查，感觉到有必要整合全国的力量，组成一个国家队来研制课程标准. 于是，教育部就成立了以严士健教授、张奠宙教授、王尚志教授等为核心成员的将近 20 人的高中数学课程标准的研制组. 有 200 多位教师深层次地参与了课程标准的研制活动，有 1000 多位教师以不同的方式介入了课程标准的研制.

在研制过程中，召开了近百次不同形式的交流会、座谈会、专题讨论会，比较广泛地听取了数学家、自然科学家、人文社会科学家、教育专家、企业家、中小学教师等社会各界人士的意见. 研制组组织了一些国际研讨会，其成员还参加了一些其他的国际研讨会. 通过这些国际交流活动，广泛地了解和学习其他国家研制数学课程标准的经验和思考，同时，对数学教育中的一些热点问题进行了交流和研讨. 这些研讨和交流对于课程标准的研制发挥了重要的作用.

研制组成员分工协作，研究和思考了一系列问题，开展了一系列工作. 例如，调查国内高中数学教学和高中生学习现状，进行国际数学课程和教材比较，分析社会对数学的需求，研究科学发展（特别是数学科学发展）对高中数学课程的影响等. 在这些工作的基础上，提出了课程改革的基本理念，对

数学课程的结构、内容、教学、学习、评价、教材编写等问题进行了分析和讨论.

经过不断地修改、调整和提高，经历近三年的时间，标准研制组完成了《普通高中数学课程标准（实验）》的编写工作. 2003 年初，教育部批准了《普通高中数学课程标准（实验）》（以下简称《高标》）.

2004 年 9 月，高中数学新课程开始在广东、山东、海南、宁夏 4 地进行实验，2005 年在江苏进行实验，以后每年都在一些新的省市进行实验，到 2010 年，全国各省市都开始实施高中数学新课程. 这标志着我国的普通高中数学教育全面进入了课程标准的新时代.

2011—2013 年，教育部组织了对高中数学课标（实验稿）实施情况的调查研究. 认为高中数学课程标准存在的主要问题有：课程标准与高考不衔接；数学课程内容的主线不突出；必修内容过多；初高中数学内容不衔接；选修内容与大学数学内容不衔接.

2014 年 11 月，教育部党组织批复《普通高中课程方案（修订稿）》. 2014 年 12 月，高中课程标准修订工作正式启动.

高中数学课程标准修订组在对当前国际教育背景（科学技术迅猛发展，21 世纪对人才能力的要求，教育的深入发展逐步建立法制化、制度化的标志）分析的基础上，针对《普通高中数学课程标准（实验）》实施过程中存在的问题，展开了高中数学课程标准的修订. 2015 年 3 月 30 日，《普通高中数学课程标准》修订组组长、首都师范大学王尚志教授和华东师范大学鲍建生教授携博士研究生一行 4 人就《普通高中数学课程标准（修订稿）》对著名数学教育家张奠宙教授进行了访谈. 此次访谈对新的高中数学课程标准的最终定稿起了重要的作用. 在此基础上，修订组又对《普通高中数学课程标准》做了进一步的完善，形成了最终的《普通高中数学课程标准（修订稿）》. 本次普通高中数学课程标准的修订，为适应高考的变化，基于数学核心素养，对很多内容进行较大的调整与删减.

《普通高中数学课程标准（修订稿）》将于 2017 年择时发布，它将标志着我国高中数学教育将进入一个新的发展阶段.

2 义务教育数学课程标准研究

2.1 数学课程标准的基本理念

基本理念反映了对数学课程、数学课程内容、数学教学以及评价等方面应具有的基本认识、观念和态度，是制定和实施数学课程的指导思想. 教师作为课程的实施者，应自觉地理解基本理念，并以基本理念指导自己的数学教学实践活动.

2.1.1 数学课程标准的核心理念

《课程改革纲要》提出："把育人为本作为教育工作的根本要求.""关心每个学生，促进每个学生主动地、生动活泼地发展，尊重教育规律和学生身心发展规律，为每个学生提供适合的教育."

《义标》提出："数学课程应致力于实现义务教育阶段的培养目标，要面向全体学生，适应学生个性发展的需要，使得：人人都能获得良好的数学教育，不同的人在数学上得到不同的发展."

显然，"人人都能获得良好的数学教育，不同的人在数学上得到不同的发展"的理念与《课程改革纲要》的要求是一致的，它是数学课程的核心理念.

2.1.1.1 人人都能获得良好的数学教育

"人人都能获得良好的数学教育"表明：义务教育阶段的数学教育不是精英教育而是大众教育，不是自然淘汰、适者生存的教育，而是人人受益、人人成长的教育. 应该注意到这句话的落脚点是数学教育而不是数学. 这表明，我们所倡导的数学课程观的核心理念是超越数学学科自身而在数学育人上所做出的一种价值判断和价值追求.

我们可以从以下四方面去理解和解读"良好的数学教育".

第一，良好的数学教育是适合学生发展需求的教育. 义务教育阶段的数学教育对于每一个人具有数学启蒙和初步熏陶的作用，这一阶段的数学教育不是选拔适合数学教育的学生，而是提供适合每一个学生发展的数学课程．因此，适合学生发展的数学教育就是良好的数学教育．对学生适宜的数学教育，还必须满足学生的发展需求，为学生未来生活、工作和学习做好准备．从课程内容的角度来讲，当今社会发展对公民数学素养提出了更高要求，人们越来越多地需要对收集到的数据进行分析、处理以做出决策，统计图和统计表等统计方式在日常生活中已经变得很常见．另外，对事物不确定性的认识和理解，也是人们更好地处理问题和解决问题的关键所在．因此，从满足学生发展需求的角度看，加强统计与概率知识的学习就显得非常必要．

第二，良好的数学教育是全面实现育人目标的教育．全面实现育人目标就是要促进学生的全面发展．数学教育应是全面体现其育人价值的教育．数学教育不仅要关注数学知识、技能的传授，而且要关注数学思想的感悟及数学活动经验的积累；不仅要关注数学能力的培养，而且要关注学生的情感态度与价值观的发展，即关注学生作为一个"全人"的智力与人格的全面协调的发展．

第三，良好的数学教育是促进公平、注重质量的教育．"人人都能获得良好的数学教育"的根本是体现教育的公平性．其一，为所有学生提供机会均等的数学教育．与其他学科相比，数学的严谨性和抽象度似乎更容易形成学生之间的区分性．而在现实中，这种区分性又被应试强化了．其二，在数学课程的实施过程中，教师应给予所有学生平等的关注与帮助，并针对学生的实际情况提供适应个性发展的课程教学，特别对于在数学学习方面处于弱势的学生，应给予更多的关照与辅导．其三，在数学学习评价中，对学生的学习状况和结果应给予科学、公正的评价，特别应改变"仅凭一纸试卷来评价学生数学学习"的做法．其四，使每个学生都能获得相对均衡的学习结果．这里并不是指每个人都能够达到绝对一致的水平，而是指经过数学学习每个人都能达到义务教育阶段数学课程的基本质量要求，其潜能能够得到激发，能获得成长与进步．

第四，良好的数学教育是促进学生可持续发展的教育．义务教育阶段的数学教育要遵循学生心理发展应有的阶段性规律，循序渐进，逐步提高．尤其要处理好学生的可接受性与数学的抽象性、严谨性之间的关系，处理好各学段的不同要求与学段间的衔接及整体贯通的关系，处理好近期目标达成和中长期目标"渐成"的关系．急功近利、揠苗助长的做法只能消解学生的学习兴趣，丧失学习信心，不利于学生的发展．数学教育是一项传承和发展人类优秀文化的活动；数学教育可以发展学生的逻辑思维能力和创造想象能力，提升学生的理性思维、审美智慧和创新精神；数学教育可让学生经历数学发现的过程，学会"数学地思考"问题．这正是学生可持续发展的基本动力．

2.1.1.2　不同的人在数学上得到不同的发展

义务教育阶段的数学课程不仅要面向全体学生，而且要适应学生个性发展的需要，使不同的学生在数学上得到不同的发展.

首先，"不同的人在数学上得到不同的发展"是对人的主体性地位的确认. 在传统数学教育过程中，用符号、公式构筑起来的严谨的逻辑结构让人不得不服从数学的权威性地位，加之考试指挥棒的强化作用，学生往往被过早地卷入应试拿分的轨道而失去自我个性发展的空间."不同的人在数学上得到不同的发展"就是对人的主体性地位的回归与尊重，反对教育中的绝对控制和支配. 因此，我们就应该处理好课程中数学与学生、教师与学生的关系，摒弃形形色色的"独白"式的教育而提倡相互尊重、平等交流的"对话"式教育，为不同学生在数学上得到不同发展创造更为民主的课堂环境.

其次，"不同的人在数学上得到不同的发展"是正视学生的差异，尊重学生的个性. 人的差异是绝对的，这是因为每个人都有自己的生活背景、家庭环境、社会文化氛围、思维方式、兴趣爱好、发展潜能. 然而，在数学教育中，数学特有的逻辑化的形式结构所形成的"刚性"要求，常常成为"齐步走"和"一刀切"的最为有力的依据；而学生基于各自的生活经验所产生的带有"童真"的生动思想或富于个性色彩的"异想天开"，在数学的严格性面前总是趋于自我消亡."不同的人在数学上得到不同的发展"，就是希望数学教育能最大限度地满足每一个学生的数学需求，最大限度地开启每一个学生的智慧潜能，为每一个学生提供多样性的弹性发展空间. 从这个意义上讲，面向全体学生的数学与精英数学并不对立，精英数学是面向全体学生的数学教育的有机组成部分.

2.1.2　对数学教学活动理念的认识

在实验稿的基础上，《义标》进一步明确了教师、学生和数学教学活动三者之间的关联作用.

首先，对教学活动表述为："教学活动是师生积极参与、交往互动、共同发展的过程."强调"有效的教学活动是学生学与教师教的统一，学生是学习的主体，教师是学习的组织者、引导者与合作者". 由此可见，师生之间的教与学的活动具有更高层次的意义和价值，是一种对共同理想和价值观的追求，更是一种相互学习、取长补短、教学相长的过程.

其次，学生作为学习的主体，强调了一切教学活动都应围绕学生而进行，学生在学习中起着至关重要的作用. 同时，教师作为学习的组织者、引导者与合作者，在数学教学活动中，要发挥主导作用，处理好讲授与学生自主学习的关系，引导学生独立思考、主动探索、合作交流，从而不断提高数学学习的质量和养成良好的数学素养.

再次，学生作为学习的主体，更加强调数学教学活动应激发学生的学习兴趣，尽一切努力调动学生的积极性，从而不断引发学生的数学思考，培养、鼓励和保护学生的创造性思维.

最后，数学教学活动必须适合学生的认识发展水平，必须建立在学生的主观愿望和知识经验基础之上，应向学生提供充分的从事数学活动和交流的机会，帮助他们在自主探索的过程中真正理解和掌握基本的数学知识与技能、数学思想和方法，同时获得广泛的数学活动经验.

2.1.3 对数学学习评价理念的认识

教育评价问题是关系着基础教育课程改革成败的重点问题，因此必须正确认识数学课程改革中的数学教育评价. 这包含着对评价的关注点、评价的模式、评价的目的的正确认识.

对于评价的关注点，《义标》提出："评价既要关注学生学习的结果，也要重视学习的过程；既要关注学生数学学习的水平，也要重视学生在数学活动中所表现出来的情感与态度，帮助学生认识自我、建立信心."这个理念的核心就是要把结果评价和过程评价放在同样重要的位置，要全面地评价学生，要把学生在学习过程中的全部情况都纳入评价范围，在不忽视评价结果的同时，重视过程本身的价值，把学生在过程中的具体表现作为评价的主要内容，通过评价，帮助学生自我教育、自我进步、认识自我、建立自信.

对于评价的模式，《义标》提出："应建立目标多元、方法多样的评价体系."这个理念的内涵是课程的实施应该有与其内容和教学方式相匹配的评价方式，这就是主体多元性和形式多样化的评价方式.

对于评价的目的，《义标》提出："激励学生学习和改进教师教学."在这个理念中，"改进教师教学"是评价的一个主要目的，其中包含着两层含义：一是，教师通过对学生的评价，分析与反思自己的教学行为，从多种渠道获得信息，找到改进要点，提高教学水平；二是，要专门建立促进教师发展的评价体系和方法，提出新的课题.

2.1.4 关于现代信息技术对数学教学活动影响的认识

《义标》指出："数学课程的设计与实施应根据实际情况合理地运用现代

信息技术."这表明，对信息技术要合理运用，注重实效. 合理运用是指：一是，充分了解信息技术的使用功能，熟悉它在数学课堂教学环境中运用的特点，正确把握它运用于特定内容教学中的长处与短处；二是，要清楚运用信息技术的目的是更好地解决教学上的难点，有利于学生更好地理解与思考. 注重实效是希望提高运用信息技术于数学教学的效能，避免信息技术的使用成为一种"花架子"，表现不出有效支撑数学教学和学生学习的实际功能.

《义标》指出："要注意信息技术与课程内容的整合."强调这一点既是必要的也是可行的. 当今数学发展的趋势之一就是在计算机技术支持下的应用数学的极大发展. 计算机技术本身与数学就是相互融合、紧密结合的. 理所当然，信息技术与数学课程内容之间也应该更多地建立有机的关联，注重其整合. 值得肯定的是，目前所使用的多个版本的课程标准实验教科书都在信息技术与课程内容的整合上做了尝试. 比如：结合有关概念教学，利用信息技术更形象直观地显示概念的本质属性和特征；运用计算机的数据处理和计算功能，揭示数学变化规律，猜想命题结论；在综合实践活动和课题学习中，引导学生运用计算机去探寻解决问题的途径；结合具体内容适当介绍几何画板和"Z+Z"智能平台的运用；通过网络进一步拓展课程内容空间，引导学生进行自主探索活动；等等.

《义标》指出："把现代信息技术作为学生学习数学和解决问题的有力工具，有效地改进教与学的方式，使学生乐意并有可能投入到现实的、探索性的数学活动中去."这表明，教师和学生要树立现代信息技术观，合理运用信息技术有效地改进教与学的方式，这是时代和社会发展的需要. 在教学中要善于运用信息技术为学生创造出图文并茂、丰富多彩、人机交互、及时反馈的学习环境，使学生在这一环境中能够多种感官协同活动，充分调动自我的学习积极性，发挥主动性和自主性. 在计算机技术支持下，通过观察、实验、探究、猜想、验证、推理与交流等多种方式进行数学活动，积累多样化的数学活动经验，创造性地解决问题. 通过这种教与学的方式的改善，为学生数学素养的全面提升提供有力的支持.

2.2　数学课程目标

义务教育阶段的数学课程目标是学生通过数学课程的学习应达成的目标. 它是教材编写、教师教学、学生学习、教学评价的基本依据.

《义标》对数学课程目标分总目标、总目标的四个方面、学段目标三部分表述. 如此表述的目的就是要使读者通过层层深入地阅读, 既能够提纲挈领, 又能够多角度、全面深入地理解并掌握课程目标.

2.2.1　对课程总目标的解读

通过义务教育阶段的数学学习, 学生能:

获得适应社会生活和进一步发展所必须的数学的基础知识、基本技能、基本思想、基本活动经验;

体会数学知识之间、数学与其他学科之间、数学与生活之间的联系, 运用数学的思维方式进行思考, 增强发现和提出问题的能力、分析和解决问题的能力;

了解数学的价值, 激发好奇心, 提高学习数学的兴趣, 增强学好数学的信心, 养成良好的学习习惯, 具有初步的创新意识和实事求是的科学态度.

这是《义标》对义务教育数学课程总目标的表述. 它不但体现了《课程改革纲要》中规定的三维目标, 也体现了素质教育和全面育人的思想. 对此, 我们可以从以下几个方面进行解读.

（1）明确了学生通过数学学习应获得"四基", 即数学的基础知识、基本技能、基本思想、基本活动经验. 这是对传统"双基"的扩充.

第一, "双基"变为"四基"表现出了对数学知识范畴理解的变化.

数学知识应当包括"客观性知识", 即那些不因地域、学习对象而改变的数学事实. 如乘法运算法则、乘法公式、勾股定理、三角形面积公式、一元二次方程求根公式、尺规作图等, 这些数学事实反映的是人类对数学的共同认识.

数学知识还应当包括数学思想. 数学思想是指现实世界的空间形式和数量关系反应到人的意识中, 经过思维活动而产生的结果, 它是对数学事实、概念、命题、规律、定理、公式、法则、方法和技巧等的本质认识和反映, 是从某些具体的数学内容和对数学的认识过程中提炼上升的数学观念. 数学思想是数学发展的根本, 是探索和研究数学的基础, 也是数学教学的精髓. 数学基本思想方法的学习有利于完善学生的数学认知结构, 提升学生的元认知水平, 发展学生的思维能力, 培养学生解决问题的能力.

数学知识还应当包括那些从属于学生自己的数学活动经验, 它是学生自己的"主观性知识", 带有鲜明个体认知特征. 学生在"做"数学的过程中, 通过经历、体会、感悟、积累, 把教师不能通过言传身教的东西变成了自己的东西，这些东西就是"基本的数学活动经验"．活动经验的积累能使学生应用所学知识，形成数学思想和智慧，有利于学生情感态度价值观的提升．学生的数学活动经验反映了学生对数学的真实理解，形成于学生的自我数学活动过程之中，这个过程伴随着学生的数学学习不断更新与矫正、不断深化与发展．

总之，数学的基础知识、基本技能、基本思想、基本活动经验都应当成为学生所拥有的数学知识的组成部分．

第二，"双基"变为"四基"，确立了课程目标的三维性．"双基"仅仅涉及三维目标中"知识与技能"，基本思想与基本活动经验还涉及三维目标中的"过程与方法"和"情感态度与价值观"．

第三，"双基"变为"四基"是培养创新型人才的客观要求．"双基"是培养创新型人才的一个基础，但创新型人才不能仅靠熟练掌握已有的知识和技能来培养，思维训练和活动经验的积累等更为重要．

第四，"双基"变为"四基"，为数学教师提出了更高的要求．要求数学教师必须为学生的学习和个人发展提供最基本的数学基础、数学准备和发展方向，促进学生的健康成长，使人人获得良好的数学素养，不同的人在数学上得到不同的发展．

需要注意的是，"四基"不是四个事物简单的叠加或混合，而是一个有机的整体，是互相联系、互相促进的．基础知识和基本技能是数学教学的主要载体，需要花费较多的课堂时间；数学思想是数学教学的精髓，是统领课堂教学的主线，它的形成不仅需要数学的探索推理，而且还需要数学活动经验的积累；数学活动是不可或缺的教学形式，学生只有积极参与数学内容的学习，通过独立思考、自主探索实践、合作交流，才能够有效地积累数学活动经验．在教学中，应该注意通过恰当的数学活动，将数学知识与数学思想融为一体，因势利导，水到渠成，画龙点睛．在教学数学思想时，应避免生硬牵强、长篇大论．

（2）强调运用数学的思维方式进行思考．

数学的思维方式就是以数与形及其结构关系为对象，以数学语言与符号为载体，并以认识发现数学规律为目的的一种思维方式．数学思维除具有一般思维的特征外，由于数学自身及其研究方法的特点，数学思维还具有不同于其他思维的独特风格，主要是抽象性、严谨性、整体性、相似性、问题性和语言符号化．

学生在学会知识的过程中也要学会思考，学会思考与学会知识同样重要．运用数学的思维方式进行思考是学生数学学习的基本内容，是数学教学的根本任务，是发展学生数学应用意识与创新意识的前提和基础. 这种思考既包括形象思维、逻辑思维和辩证思维，也包括合情推理和演绎推理，等等.

数学课程在培养学生逻辑推理和理性思维方面的作用，是其他课程难以替代的. 学生学会了"数学方式的理性思维"，将受益终生. 因此，课程标准将"运用数学的思维方式进行思考"作为课程目标. 这表明，在义务教育阶段数学课程进行的全过程中都要注重培养学生的数学思维. 其中，第一、二学段以培养学生的合情推理为主，第三学段则需要将合情推理与演绎推理的培养并驾齐驱.

需要注意：数学课程中的"统计"部分有自己的思维规则，不同于一般数学的逻辑推理. 统计是从数据出发的，不像一般数学是从公理和定义出发的；统计的思维规则是以"归纳"为特征，不像一般数学是以"演绎"为特征的；统计的结论只有"好"与"差"的区别，不像一般数学是"对"与"错"的区别. 教师对于"统计"与"一般数学"在思维方式上的这些区别应有清醒的认识，并且要以恰当的方式渗透给学生.

（3）将"发现和提出问题"与"分析和解决问题"并列.

过去对"增强能力"的表述为"分析问题和解决问题的能力"，《义标》更加完整地表述为"发现问题和提出问题的能力、分析问题和解决问题的能力". 这是从培养学生的创新意识和创新能力考虑的. 解决别人提出的问题固然重要，但是能够发现新的问题，提出新的问题却更加重要，因为这是对创新性人才的基本要求.

所谓"发现问题"，是经过多方面、多角度的数学思维，从表面上看来没有关系的一些现象中找到数量或空间方面的某些联系，或者找到数量或空间方面的某些矛盾，并把这些联系或者矛盾提炼出来. 所谓"提出问题"，是在已经发现问题的基础上，把找到的联系或者矛盾用数学语言、数学符号以"问题"的形态集中地表述出来. 对于"分析问题和解决问题"而言，其中的"已知"和"未知"都是清楚的，需要的是利用已有的概念、性质、定理、公式、模型，采用恰当的思路和方法得到问题的答案. 对于"发现问题和提出问题"而言，其中的"已知"和"未知"都是不清楚的，所以难度更大，要求更高. 然而，"发现问题和提出问题"在培养学生的创新意识和创新精神方面具有更大的价值，因为创新往往始于问题.

提出这样的目标，体现了数学课程对当代人才培养要求的主动适应性. 当然，对于数学教学也提出了新的要求. 为此，教师在数学教学中就要努力创设适当的情境，让学生用数学的眼光来看待和分析问题情境，经常采用探究式的教学方法，引导学生发现问题和提出问题，也引导学生分析问题和解决问题，从而形成对学生的全面培养．

（4）体会数学的地位和作用．

随着 20 世纪以来数学的飞速发展，特别是计算机的普及和运用，数学的本质和应用都发生了巨大的变化．数学正经历着一场历史性的变革．数学越来越多地被应用于环境科学、自然资源模拟、经济学、社会学和心理学等学科，数学的发展使人们对数学的认识也不断深化，现代的观念大大超越了原始的意义．数学规定和构造现实世界的各种可能形式，以及计算技术和用广泛统一的概念处理现实世界的各种数学模式，已成为当前数学发展的两个决定性特点．要认识到数学是一门科学，是一门技术，也是一种文化．因此希望通过义务教育阶段数学的学习，使学生增进对数学的理解，树立学好数学的信心．

在数学教学中，教师就要通过数学在日常生活、工程技术、其他学科中的应用，让学生了解数学的应用价值；教师要引导学生从数学的角度看问题，运用数学的思维方式思考、表达和解决问题，发展抽象能力、推理能力和创新能力等，让学生明确数学的教育价值．

（5）关注学生的情感和态度．

人的发展是多方面的，至少可从三个方面来表达：一是关于知识的问题，从不知到有知，从知之不多到知之较多，是人才发展的基本标志；二是能力的发展；三是人的情感、态度、价值观的发展．长期以来，教师的职责是尽可能多地传授知识，"师者，所以传道、授业、解惑也"．但随着社会的发展，人们意识到单纯只有知识是不够的，从而更多地关注到人的能力的发展．知识和技能固然重要，但更重要的是人的情感、态度、价值观的发展．一个学生只有具备良好的情感和态度，才能在创新精神和实践能力等方面得到充分的发展．

2.2.2 对课程具体目标的解读

义务教育阶段数学课程的具体目标，包括知识技能、数学思考、问题解决、情感态度四个方面．这四个方面既是三维目标在数学课程中的体现，也是总目标三点内容的具体化．在义务教育阶段，不但让学生掌握知识技能是重要的，而且让学生学会数学思考、经历问题解决的全过程，并在这个全过程中发展学生良好的情感态度也是重要的．

（1）知识技能方面．

知识技能目标表述为以下四点：

① 经历数与代数的抽象、运算与建模等过程，掌握数与代数的基础知识和基本技能.

② 经历图形的抽象、分类、性质探讨、运动、位置确定等过程，掌握图形与几何的基础知识和基本技能.

③ 经历在实际问题中收集和处理数据、利用数据分析问题、获取信息的过程，掌握统计与概率的基础知识和基本技能.

④ 参与综合实践活动，积累综合运用数学知识、技能和方法等解决简单问题的数学活动经验.

知识技能目标分别从数与代数、图形与几何、统计与概率、综合与实践四个领域来阐述数学课程在"知识技能"上应该达到的目标. 前三个领域是数学课程的三个分支，表述都采用"经历……过程，掌握……的基础知识和基本技能"这样的句式，综合与实践领域的表述句式为"参与……活动，积累……经验"，其中"经历""参与"这两个行为动词都是表述"过程"的. 这样表述知识技能目标，一方面是希望学生经历学习知识技能的过程，让学生在感悟、理解的基础上，掌握知识技能，同时积累数学活动经验，感悟数学思想；另一方面是强调知识技能目标的达成应该关注教学过程.

关于具体经历什么过程的表述，不同领域并不一样，这反映了在不同领域的教学中学生分别应该"经历"的重点所在."数与代数"领域的重点是"数与代数的抽象、运算与建模等过程"；"图形与几何"领域的重点是"经历图形的抽象、分类、性质探讨、运动、位置确定等过程"；"统计与概率"领域的重点是"经历在实际问题中收集和处理数据、利用数据分析问题、获取信息的过程".

对于基础知识和基本技能的表述，都用了"掌握"一词，这表明"双基"仍然是课程的重要目标. 但是没有用"扎实""熟练"这两个修饰词，与传统的表述有一些区别. 这表明：在"双基"教学中要防止题海战术，创新人才仅靠"扎实""熟练"是培养不出来的.

"综合与实践"领域的目标，使用的行为动词是"参与""积累"."参与"比"经历"的要求高，"经历"只需学生在场，而"参与"还要动手动脑，实际操作."参与"不仅包括学生认知的参与，也包括行为的参与，还包括情感的参与. 对"积累综合运用数学知识、技能和方法等解决简单问题的数学活动经验"的表述，需要注意："知识、技能和方法"这种多角度的阐述，体现了实践活动的"综合"性；解决"简单问题"的阐述，体现了义务教育阶段要求的适当性；"数学活动经验"的阐述，体现了这些活动必须围绕"数学"来展开.

如何才算掌握了数学的基础知识和基本技能？第一，对于重要的数学概念、性质、定理、公式、方法、技能，学生应该在理解的基础上记住其结论的本质，并且会运用；第二，学生应该了解这些数学概念、结论产生的背景，要通过不同形式的探究活动，体验数学发现和创造的历程；第三，学生应该感悟、体会、理解其中所蕴涵的数学思想，并且能够与后续学习中有关的部分相联系.

（2）数学思考方面.

数学思考目标表述为以下四点：

① 建立数感、符号意识和空间观念，初步形成几何直观和运算能力，发展形象思维与抽象思维.

② 体会统计方法的意义，发展数据分析观念，感受随机现象.

③ 在参与观察、实验、猜想、证明、综合实践等数学活动中，发展合情推理和演绎推理能力，清晰地表达自己的想法.

④ 学会独立思考，体会数学的基本思想和思维方式.

数学思考目标的前三条从数与代数、图形与几何、统计与概率、综合与实践四个领域来阐述. 第一条中"建立数感和符号意识""初步形成运算能力"是针对数与代数领域的；"建立空间观念""初步形成几何直观"主要是针对图形与几何领域的，也包含数形的结合；而"发展形象思维与抽象思维"则是同时针对数与代数、图形与几何这两个领域的. 第二条从统计与概率领域来阐述，应注意其中"体会意义""发展观念""感受现象"的表述，它们是用来表达"数学思考"的. 第三条从综合与实践领域来阐述，将发展学生的合情推理能力与演绎推理能力并列，对于培养创新人才具有重要意义. 演绎推理的主要功能是论证结论，而不是发现结论. 借助归纳、类比等合情推理来"预测结果"或者"探究成因"，则是发现新结论的有效途径.

第四条是概括阐述，指出了"数学思考"这一方面课程目标希望达到的三个目的：让学生学会独立思考，体会数学思想，体会数学思维方式. 让学生学会思考，特别是学会独立思考，是数学课程培养学生创新能力的核心，而学会思考的重要方面是学会数学抽象，学会数学推理，学会数学思维.

（3）问题解决方面.

问题解决目标表述为以下四点：

① 初步学会从数学的角度发现问题和提出问题，综合运用数学知识解决简单的实际问题，增强应用意识，提高实践能力.

② 获得分析问题和解决问题的一些基本方法，体验解决问题方法的多样性，发展创新意识.

③ 学会与他人合作交流.

④ 初步形成评价与反思的意识.

"问题解决"与"解决问题"不完全相同，它不但是一种教学方式，而且是展开课程内容的一种有效形式，也是学生应该掌握的学习形式和应该具备的能力. 它包括从数学角度发现、提出、分析和解决问题四个方面. 因此，课程应该创设各种情境，让学生去观察、去思考，使他们面对各种现象时都有机会"从数学的角度发现问题和提出问题."

这里的"问题"，并不是数学习题那类专门为复习和训练设计的问题，也不是仅仅依靠记忆题型和套用程式去解决的问题，而是展开数学课程的"问题"和应用数学去解决的"问题". 这些问题应该是新颖的，有较高的思维含量，并有一定的普遍性、典型性和规律性. "问题"又往往与生活、生产实际相联系，所以这里还强调了"应用"和"实践"，表述为"增强应用意识，提高实践能力". "应用意识"可以有三个方面的含义. 一方面是在接受数学知识时，主观上有探索这些知识的实用价值的意识；另一方面是在遇到实际问题时，自然地产生利用数学观点、数学理论解释现实现象和解决实际问题的意识；第三方面是认识到现实生产、生活和其他学科中蕴涵着许多与数量和图形有关的事物，这些事物可以抽象成数学内容，用数学的方法给出普遍的结论.

解决问题的策略、方法和途径可以是多种多样的，并且希望学生由此发展创新意识. 学生独立思考，自己发现和提出问题，是对创新意识的一种培养. 因此，课程应该鼓励学生思考和交流，形成自己对问题的理解. 在课堂探究时，如果对于同一问题出现不同的解决方法，教师不应轻易地否定某一种方法，而应该因势利导，让学生在讨论和对比中自己去认识不同方法的优劣，同时也体验了"解决问题方法的多样性". 解决问题的探究中，找到一种解决方法就是对创新意识的一种培养；在别人已经找到一种解决方法时，某位学生如果还能找到另一种方法，就更加有利于发展创新意识. 但是，在没有出现多种解决问题的策略、方法时，课堂上也不必强求.

"学会与他人合作交流"是学习方式、学习习惯、情感态度方面的目标. 在"问题解决"的过程中教师应该注意引导学生学会交流，学会合作，既包括学会倾听，也包括学会表达，还包括共同分析问题、解决问题. 一方面要听懂别人的思路，补充或者修正别人的思路；另一方面要准确、简明地表述自己的思路，以及从别人对自己思路的评论中吸取正确的成分，改善自己的思路.

在"问题解决"的过程中，教师应该引导学生独立思考、主动探索、合作交流，这是使学生理解和掌握基本的数学知识与技能、数学思想和方法，获得基本的数学活动经验和实践能力的主要途径.

"评价与反思"是回顾、总结问题解决的过程，而不是仅仅关注问题解决的结果. 当然，义务教育阶段只要求学生"初步形成评价与反思的意识"，即了解评价与反思的含义，经历这样的活动，认识其作用和好处.

（4）情感态度方面.

情感态度目标表述为以下五点：

① 积极参与数学活动，对数学有好奇心和求知欲.

② 在数学学习过程中，体验获得成功的乐趣，锻炼克服困难的意志，建立自信心.

③ 体会数学的特点，了解数学的价值.

④ 养成认真勤奋、独立思考、合作交流、反思质疑等学习习惯.

⑤ 形成坚持真理、修正错误、严谨求实的科学态度.

首先要求学生对于数学活动有积极的态度，"对数学有好奇心和求知欲". 因为学习兴趣是学生主动学习的根本动力，而好奇心和求知欲是发展兴趣的基础. 数学课程首先应该能够吸引学生的注意，这是在"情感态度"方面起码的课程目标. 课程要能够普遍引起学生的"好奇心和求知欲"，不但需要课程内容的合适，更需要教师高超的教学艺术.

"体验获得成功的乐趣"是培养学生求知欲的重要途径，是学生建立自信心的前提和基础. 这既需要教材难易适当，也需要在学生获得点滴成功时教师恰如其分的肯定和鼓励. 但是未必所有学生在每一次都能有成功的体验，数学学习对许多学生来说还是一个艰苦的过程，所以要让学生在遇到困难和战胜困难的过程中"锻炼克服困难的意志"，这需要教师适当的引导，特别是在学生遇到不同程度困难时不同方法的引导. 如果学生在不顺利时不仅有"克服困难的意志"，而且能够找出克服困难的办法，体验到克服困难的乐趣，便会逐渐"建立自信心".

让学生"体会数学的特点，了解数学的价值"是价值观方面的课程目标. 数学的价值是多方面的，只有了解数学的价值，才有利于巩固对数学的求知欲. 这就要求教材要表述得当，也要求教师的教法恰如其分.

让学生"养成认真勤奋、独立思考、合作交流、反思质疑等学习习惯"是养成良好习惯方面的课程目标. 这与课程"总目标"第三点的表述相呼应，并将学习习惯具体化."认真勤奋"的本质是集中精力，是对待一切工作的良好态度和习惯，这是发展其他习惯的基础；"独立思考"的重点在于思考要独立，是对待问题时的良好习惯，这是积累数学经验的基础；"合作交流"则是对于独立思考的补充，是与他人共同工作时的良好习惯，可以培养与他人合作的意识；"反思质疑"可以使学生学会深入思考，是对待结论时的良好习惯，可以发展批判思维能力．这些良好习惯的养成需要一个长期的过程，教师针对这些目标的落实要结合教学采取一些适当措施．比如，"反思"是学生对于自身活动的过程和结果进行思考和总结，"质疑"是学生对于书本或者他人的推理、结论进行的思考．两者都需要学生自己独立地"再思考"．

让学生"形成坚持真理、修正错误、严谨求实的科学态度"是科学态度方面的课程目标．在课堂探索中或者合作交流中，常常会有不同观点、不同方法的碰撞．这时，在达成"知识技能""数学思考""问题解决"等目标的同时，也应该关注达成科学态度方面的目标．在思考问题时，应该严格、谨慎，在对待自己或者他人的错误时，应该敢于和善于"坚持真理、修正错误"．

"情感态度价值观"方面的课程目标，是在达成知识技能、数学思考、问题解决目标的过程中获得的，它们在促进学生的全面成长和可持续发展中意义重大．可是由于这一方面课程目标的隐性性质，往往不被教师熟悉和重视，许多教师也不善于在教学活动中贯彻这一目标．因此，在教材编写、教师备课和实施教学活动时都应该主动关注这一目标．

（5）四个方面的相互关系．

关于知识技能、数学思考、问题解决、情感态度四个方面的相互关系，《义标》是这样的表述：这四个方面，不是相互独立和割裂的，而是一个密切联系、相互交融的有机整体．在课程设计和教学活动组织中，应同时兼顾这四个方面的目标．这些目标的整体实现，是学生受到良好数学教育的标志，它对学生的全面、持续、和谐发展有着重要的意义．数学思考、问题解决、情感态度的发展离不开知识技能的学习，知识技能的学习必须有利于其他三个目标的实现．

这表明：第一，这四个方面不但不是"割裂"的，而且也不是"相互独立"的；不仅是"密切联系"的，而且是"相互交融"的；它们实际上是一个"有机整体"．第二，教师在教学设计与课堂教学实施中，要同时兼顾四个方面的目标．第三，"课程基本理念"中对"良好的数学教育"并没有解释，在这里就给出了解释，"这些目标的整体实现，是学生受到良好数学教育的标志"．这样，就把知识技能、数学思考、问题解决、情感态度四个方面具体目标的整体实现，提高到一个新的高度去认识，更加体现出它们的重要意义．第四，强调了具体目标的四个方面是相互促进的．知识技能的目标包含过程目标，数学思考、问题解决、情感态度的目标中也包含结果目标．数学课程不仅要向学生提供数学的知识技能，而且也要促进他们在数学思考、问题解决、情感态度方面的成长．但知识技能的目标是基础，数学思考、问题解决、情感态度的目标不能离开知识技能凭空地实现．

2.2.3　对学段目标的解读

"学段目标"分三个学段来阐述课程在知识技能、数学思考、问题解决、情感态度四个方面的具体目标．这种具体阐述，结合了每个学段的学习内容，也考虑了每个学段学生的年龄特征．在阐述知识技能和数学思考的目标时，又会兼顾到课程的"数与代数""图形与几何""统计与概率"三个领域；而对于"综合与实践"领域，在"学段目标"中没有做单独的表述．

学段目标是总目标在各个学段的具体化，这种具体化不仅明确了相应总目标在各个学段应达到的水平，而且也使得教学过程中落实课程目标成为可能．

当然，学段目标兼顾了各个学段学生的年龄特征，在表述上体现了层层深入、步步提高的意图，也反映了课程内容螺旋上升的思路．这是符合认识规律的．学段目标只有层层深入，才能体现循序渐进，最终实现课程总目标．

下面，我们举例说明学段目标表述是如何层层深入的．

（1）"数与代数"学段目标关于知识技能目标的递进．

在"数与代数"领域中，学段目标关于知识技能方面的表述，可以分为"数学抽象""数与式""数学运算"三个小方面．

学段目标关于数学抽象的表述：第一学段为"经历从日常生活中抽象出数的过程"．第二学段为"体验从具体情境中抽象出数的过程"．第三学段为"体验从具体情境中抽象出数学符号的过程"．第一学段的行为动词为"经历"，第二、第三学段的行为动词上升为"体验"；第一学段涉及的范围仅仅是"从日常生活中"，第二学段的范围上升为一般的"从具体情境中"；第一、第二学段的中心短语是"抽象出数"，第三学段的中心短语是"抽象出数学符号"．这些表述，都体现出逐渐深化的过程．

关于数与式的表述：第一学段为"理解万以内数的意义，初步认识分数和小数"．第二学段为"认识万以上的数；理解分数、小数、百分数的意义，了解负数的意义"．第三学段为"理解有理数、实数、代数式、方程、不等式、函数"．这些表述在逐渐扩大数的范围，至第三学段不但扩大到"有理数、实数"，还扩大到"代数式、方程、不等式、函数"，也体现出逐渐深化的过程．

关于数学运算的表述：第一学段为"体会四则运算的意义，掌握必要的运算技能，能准确进行运算；在具体情境中，能选择适当的单位进行简单的估算". 第二学段为"掌握必要的运算技能；理解估算的意义；能用方程表示简单的数量关系，能解简单的方程". 第三学段为"掌握必要的运算（包括估算）技能；探索具体问题中的数量关系和变化规律，掌握用代数式、方程、不等式、函数进行表述的方法". 虽然三个学段都使用了"掌握必要的运算技能"的短语，但针对的内容不同. 关于估算，第一学段只要求"在具体情境中，能选择适当的单位进行简单的估算"，第二学段则要求"理解估算的意义"，第三学段进一步要求"掌握必要的估算技能". 关于方程，第一学段没有要求，第二学段只要求"能用方程表示简单的数量关系，能解简单的方程"，第三学段则进一步要求"探索具体问题中的数量关系和变化规律，掌握用代数式、方程、不等式、函数进行表述的方法". 这些表述也都体现出逐渐深化的过程.

（2）"图形与几何"学段目标关于数学思考目标的递进.

在"图形与几何"领域，学段目标关于数学思考方面的表述：第一学段为"在从物体中抽象出几何图形、想象图形的运动和位置的过程中，发展空间观念". 第二学段为"初步形成空间观念""感受几何直观的作用". 第三学段为"在研究图形性质和运动、确定物体位置等过程中，进一步发展空间观念；经历借助图形思考问题的过程，初步建立几何直观". 这里从"发展空间观念"到"初步形成空间观念"，再到"进一步发展空间观念"；从"感受几何直观的作用"到"初步建立几何直观"，也体现出逐渐深化的过程.

在思维和推理方面，学段目标关于数学思考方面的表述：第一学段为"在观察、操作等活动中，能提出一些简单的猜想""会独立思考问题，表达自己的想法". 第二学段为"在观察、实验、猜想、验证等活动中，发展合情推理能力，能进行有条理的思考，能比较清楚地表达自己的思考过程与结果". 第三学段为"体会通过合情推理探索数学结论，运用演绎推理加以证明的过程，在多种形式的数学活动中，发展合情推理与演绎推理的能力""能独立思考，体会数学的基本思想和思维方式". 可以看出，关于思维的表述，从"会独立思考问题"到"能进行有条理的思考，能比较清楚地表达自己的思考过程与结果"，再到"能独立思考，体会数学的基本思想和思维方式"，体现出逐渐深化的过程；关于推理的表述，从"能提出一些简单的猜想"到"发展合情推理能力"，再到"发展合情推理与演绎推理的能力"，也体现出逐渐深化的过程.

（3）关于发现、提出和解决问题目标的递进.

第一学段为"能在教师的指导下，从日常生活中发现和提出简单的数学问题，并尝试解决"；第二学段为"尝试从日常生活中发现并提出简单的数学问题，并运用一些知识加以解决"；第三学段为"初步学会在具体的情境中从数学的角度发现问题和提出问题，并综合运用数学知识和方法等解决简单的实际问题，增强应用意识，提高实践能力".

关于发现问题、提出问题，第一学段中的表述"能在教师的指导下"，意味着还不够主动，第二学段的表述改为"尝试"，就多少有了一点主动性，第三学段发展为"初步学会"，体现出逐渐深化的过程. 第一、第二学段的表述为局部的"从日常生活中"，第三学段的表述为一般的"在具体的情境中"，也体现出逐渐深化的过程. 关于初步地解决问题，第一学段中的表述为"尝试解决"，第二学段中的表述为"运用一些知识加以解决"，第三学段发展为"综合运用数学知识和方法等解决简单的实际问题"，也体现出逐渐深化的过程.

（4）关于引起好奇心和求知欲目标的递进.

在引起好奇心和求知欲的方面，学段目标的表述：第一学段为"对身边与数学有关的事物有好奇心，能参与数学活动". 第二学段为"愿意了解社会生活中与数学相关的信息，主动参与数学学习活动". 第三学段为"积极参与数学活动，对数学有好奇心和求知欲". 这里的中心短语，从"有好奇心，能参与"到"愿意了解"、"主动参与"，再到"积极参与数学活动，对数学有好奇心和求知欲"；范围也从"身边与数学有关的事物"到"社会生活中与数学相关的信息"，都体现出逐渐深化的过程.

2.3 数学课程内容的目标解读

在《义标》中，数学课程的目标被细化为四个领域：知识技能、数学思考、问题解决、情感态度. 关于目标的陈述与过去传统教学中关于教学目标的陈述相比，发生了很大变化，与实验稿相比也发生了一些变化. 过去的传统教学只注重强调"知识技能"，其目标都是按结果性目标来陈述的；而课程标准把思维能力、数学解决问题、情感态度与价值观方面的要求列入了课程目标领域，将原来的单一按结果性目标的陈述改变为按结果性目标和过程性目标两类方式来进行陈述，并分别使用了结果性目标行为动词和过程性目标行为动词. 因此，要认识理解内容标准中的目标，就必须对目标行为动词的内涵及其数学同义语有较好的理解与掌握.

2.3.1 结果性目标的行为动词

结果性目标行为动词用来刻画可以测定的、具体的"知识技能"中的目标. 课程标准把结果性目标作为知识技能的目标，并使用了"了解、理解、掌握、运用"等刻画知识技能的有层次的结果性目标行为动词. 现将这四个层次目标行为动词的意义解释如下：

了解——从具体实例中，知道或举例说明对象的有关特征，根据对象的特征，从具体情境中辨认或者举例说明对象. 这个解释可简单概括为"知是非". 对应数学用语：了解、知道、初步认识等.

理解——描述对象的特征和由来，阐明此对象与相关对象之间的区别和联系. 这个解释可简单概括为"明因果". 对应数学用语：理解、认识、会等.

掌握——在理解的基础上，把对象运用于新的情境. 这个解释可简单概括为"可运用". 对应数学用语：掌握、能等.

运用——综合使用已掌握的对象，选择或创造适当的方法解决问题. 这个解释可简单概括为"会运用". 对应数学用语：运用、证明等.

例如，了解自然数、整数、奇数、偶数、质（素）数和合数；理解乘方的意义，掌握有理数的加、减、乘、除、乘方及简单的混合运算（以三步以内为主）；理解有理数的运算律，能运用运算律简化运算；掌握等式的基本性质；运用图形的轴对称、旋转、平移进行图案设计.

在《义标》中，作为刻画结果性目标的目标行为动词没有严格地分哪些是刻画知识的，哪些是刻画技能的，而是合在一起作为"知识技能目标"提出来的. 可以这么说，"了解、理解、掌握"主要是作为刻画知识的目标行为动词，它们分别代表了对知识的不同的要求度；"运用"主要是作为刻画技能的目标动词，把它和"了解、理解、掌握"放在一起，其用意是用它来代表对知识与技能的最高层次的要求，即运用所学知识，恰当、合理地选择与运用有关的数学方法来完成特定的数学任务.

2.3.2　过程性目标的行为动词

过程性目标行为动词用来刻画思维性的、情感性的"数学思考""问题解决"和"情感态度"中的目标. 也就是说，过程性目标主要用于刻画学生在学习过程中的数学活动. 因此，《义标》使用了"经历、体验、探索"等刻画数学活动有层次的行为动词来表述过程性目标. 现将三个层次的目标行为动词的意义解释如下：

经历——在特定的数学活动中，获得一些初步的经验. 对应数学用语：经历、感受、尝试等.

体验——参与特定的数学活动时，在具体情境中初步认识对象的特征，获得一些经验．对应数学用语：体验、体会等．

探索——主动参与特定的数学活动，通过观察、实验、推理等活动发现对象的某些特征或与其他对象的区别和联系．对应数学用语：探索、形成等．

例如，经历估计方程解的过程；体会一次函数与二元一次方程的关系；探索勾股定理及其逆定理，并能运用它们解决一些简单的实际问题；经历收集、整理、描述和分析数据的活动，了解数据处理的过程；体会抽样的必要性，通过实例了解简单随机抽样；探索线段、平行四边形、正多边形、圆的中心对称性质．

在陈述目标时，我们可以在目标行为动词前面加上副词修饰，如"进一步理解""初步体验""初步认识""初步理解""初步形成""进一步体会"等，但其层次没有改变．例如，进一步体会数学在日常生活中的作用；初步体验有些事情的发生是确定的；初步体会数据可能产生的误导．

2.4　数学课程内容解读

义务教育各学段的数学课程内容包括"数与代数""图形与几何""统计与概率""综合与实践"四个领域．

2.4.1　数与代数内容解析

数与代数部分的内容包括数的概念、数的运算、数量的估计、字母表示数、代数式及其运算、方程、方程组、不等式、函数等．数的概念是认识和理解数的开始，从自然数逐步扩充到有理数、实数，学生将不断增加对数的理解和运用．数的运算伴随着数的形成与发展不断丰富，从最基本的自然数的四则运算，扩展到有理数的乘方、开方运算等．字母的引入，代数式和方程的出现，是数及其运算的进一步抽象．用函数表达数量之间的关系，可以在更高的水平上理解数量及其关系．

2.4.1.1　数与代数的内容设置

数与代数的内容设置，分为"主要内容"和"结构形式"两个部分，并且分学段进行阐述．具体内容见表 2-1．

表 2-1 数与代数各学段内容设置表

内容概述	主要内容			结构形式		
	第一学段	第二学段	第三学段	第一学段	第二学段	第三学段
"数与代数"的内容主要包括数与式、方程与不等式、函数. 它们都是研究数量关系和变化规律的数学模型, 可以帮助人们从数量关系的角度更准确、清晰地认识、描述和把握现实世界	万以内的数、简单的分数和小数	整数、分数、小数和百分数	有理数、实数、代数式、整式与分式	数的认识	数的认识	数与式
	常见量的简单运算	有关运算	方程与方程组、不等式与不等式组	数的运算	数的运算	方程与不等式
	基本运算	用字母表示数和方程	函数、一次函数、二次函数	常见的量	式与方程	函数
		有关比、比例的含义和运算			正比例、反比例	
	简单的数量关系	借助计算器探索数学问题		探索规律	探索规律	

2.4.1.2 数与代数内容的主线

数与代数学习内容的主线是: 从数及数的运算到代数式及其运算, 再到方程和解方程、函数. 在数的认识中, 要理解从数量抽象出数, 数的扩充; 在数的运算中, 从整数、小数、分数的四则运算到有理数的运算, 乘方和开方的运算等. 其中体现了两个抽象: 表示方法的抽象和运算的逐步抽象. 但在学生学习的过程中, 各部分之间不是线性排列的, 当然也不是割裂的. 比如, 小学是以数的运算为主, 但在第二学段中也有正、反比例的初步学习.

本质上从两个角度理解: 第一, 从数的扩充角度, 从常量到变量; 第二, 从关系的角度, 从数量的等量关系到不等关系、变化关系.

2.4.1.3 数与代数的教育价值

数与式、方程与不等式和函数, 都是研究现实世界数量关系和变化规律的数学模型, 可以帮助人们从数量关系的角度更准确、清晰地认识、描述和把握现实世界. 数与代数内容的教育价值主要体现在以下方面:

第一, 通过数学与现实生活的联系, 学生能够认识到数、符号是刻画现实世界数量关系的重要语言; 体会到方程、不等式与函数是现实世界的数学模型，从而认识到数学是解决实际问题和进行交流的重要工具，从中感受到数学的价值，初步会用数学的思维方式去观察问题、分析现实社会，去解决日常生活和其他学科学习中的问题，增强应用意识和创新意识．

第二，在数与代数的学习过程中，通过对现实世界中的数量关系及其变化规律的探索，数的概念的建立、扩充以及数的运算，公式的建立和推导，方程的建立和求解，函数关系的探究等活动，学生可以提高对数学学习的兴趣，提高解决问题的能力和信心，培养初步运算能力和实践能力．

第三，通过数与代数的学习，有助于培养学生的辩证唯物主义观点，有利于学生用科学的观点认识现实世界．在数与代数中，不仅知识中存在着对立统一（如正数与负数、加法与减法、乘法与开方、常量和变量、精确与近似等），而且研究过程中也充满了对立统一（如已知与未知、特殊与一般、具体与抽象等）．同时，在变量与函数的研究中，还存在着运动、变化的思想，而且在数与代数的其他部分的研究中，从运动与变化的观点来考察，也能使认识更加深刻．

2.4.1.4　数与代数的内容特点

"数与代数"是义务教育阶段最基本、最主要的课程内容之一，有着重要的教育价值．与以往的中小学数学课程中的有关内容相比，《义标》中的数与代数领域，在课程目标、内容、结构、教学活动要求等方面有较大的变化．主要呈现出以下特点：

第一，强调通过实际情境使学生体验、感受、理解数与代数的意义．具体表现为：强调通过实际情境对数的意义的认识，如 2100 张纸大约有多厚；强调对运算的意义和价值的理解；强调在具体情境中理解字母（代数式）表示数的意义，如结合自己的生活经验，对代数式 $2a+1$ 做出解释；强调在现实情境中理解变量和变量之间的关系．

第二，强调数与代数是刻画现实世界的数学模型．从数学模型的角度看，数与代数体现了数学和现实世界的联系，也体现了用数学去刻画和解决实际问题的方法．数与代数中的数学模型主要有数、一元一次方程、一元二次方程、一次函数、二次函数、一元一次不等式模型．

第三，强调通过学生的自主探究活动学习数学，重视对数与代数规律和模式的探究．《义标》强调为学生提供充分从事数学活动的机会，帮助学生在自主探索和合作交流的过程中，真正理解和掌握基本的数学知识与技能、数学思想和方法，获得广泛的数学活动经验．

第四，强调数与形的结合．数形结合是一种重要的数学思想，在数与代数的教学中强调数与形的结合，由数到形，由形到数，可以加深学生对数与代数的理解与认识．

第五，强调计算器、计算机等现代化技术手段的使用．

第六，降低运算的复杂性、技巧性和熟练程度的要求，以及对一些概念过分形式化的要求．比如，有理数的混合运算以三步以内为主，函数的概念采用描述性表达．

2.4.2　图形与几何内容解析

"图形与几何"主要研究现实世界中的物体、几何体和平面图形的形状、大小、位置关系及其变换，它是人们更好地认识和描述生活空间、进行交流的重要工具．包括：空间和平面基本图形的认识，图形的性质、分类和度量；图形的平移、旋转、轴对称，相似和投影；平面图形基本性质的证明；物体和图形的位置及运动描述，运用坐标描述图形的位置和运动．

2.4.2.1　图形与几何的内容设置

图形与几何的内容设置，分为"主要内容"和"结构形式"两个部分，并且分学段进行阐述．具体内容见表 2-2．

表 2-2　图形与几何各学段内容设置表

内容概述	主要内容			结构形式		
	第一学段	第二学段	第三学段	第一学段	第二学段	第三学段
"图形与几何"的内容主要涉及现实世界中的物体、几何体和平面图形的形状、大小、位置关系及其变换，它是人们更好地认识和描述生活空间并进行交流的重要工具	简单几何体和平面图形	平面图形的基本特征	点、线、面、角、相交线与平行线、三角形、四边形、圆、尺规作图、定义、命题、定理	图形的认识	图形的认识	图形的性质
	简单的测量活动	测量面积和体积	图形的轴对称、图形的旋转、图形的平移、图形的相似、图形的投影	测量	测量	图形的变化
	平移、旋转、对称	图形的平移与旋转	坐标与图形位置、坐标与图形运动	图形的运动	图形的运动	图形与坐标
	相对位置	确定物体位置		图形与位置	图形与位置	

2.4.2.2　图形与几何内容的关键点

"图形与几何"的课程内容，以发展学生的空间观念、几何直观、推理能力为核心展开．其关键点为：图形的认识、图形的测量、图形的运动、图形的性质及其证明、图形的位置．

2.4.2.3 图形与几何的教育价值

"图形与几何"是帮助人们从空间知觉、空间观念以及空间想象的角度认识和描述生活空间并进行交流的工具，是未来公民必备的数学素养之一．其教育价值具体体现在以下几个方面：

第一，图形与几何的学习与学生的生活体验密切联系，它是学生更好地适应人类生活空间的必由之路，有助于学生更好地认识和理解人类赖以生存的现实空间．

第二，图形与几何的学习，有助于培养学生的创新精神．

第三，图形与几何的学习，有助于学生获得必需的几何知识和必要的几何技能，并初步发展空间观念，学会推理．

第四，图形与几何的学习，有助于促进学生全面、持续、和谐的发展．

2.4.2.4 图形与几何的内容特点

图形与几何的内容主要呈现出以下特点：

第一，强调内容的现实背景，联系学生的生活经验和活动经验．《义标》强调图形与几何内容的选取应是"贴近学生的实际，有利于学生体验与理解、思考与探索"，紧密联系学生的生活经验和活动经验，拓宽几何学习的背景．同时，还强调内容呈现方式的多样化，突出数学活动的过程，提倡个性化的学习方式和策略，以及问题的开放性，这些为学生的个性发展提供了充分的时间和空间．

第二，加强了图形的运动、位置的确定、图形的投影等内容．《义标》强调通过从不同角度观察、认识方向和描述物体的位置、绘制图案和制作模型等活动，增强学生用坐标、变换、推理等多种方式认识图形的特征．比如：在第一学段，要求结合实例，感受平移、旋转、轴对称现象；在第二学段，要求会描述简单的路线图；在第三学段，注重联系生活实际，学习平移、旋转、对称等图形变换的基本性质，欣赏并体验变换在现实生活中的广泛应用，强调运用坐标系确定物体的位置，感受图形变换后的坐标的变化．

第三，加强了几何建模以及探究过程，强调几何直觉，培养空间观念．《义标》注重学生经历从实际背景中抽象出数学模型、从现实的生活空间中抽象出几何图形的过程，注重探索图形性质及其变化规律的过程．比如：在第二学段，要求在具体情境中，能在方格纸上用数对（限于正整数）表示位置，知道数对与方格纸上点的对应；在第三学段，要求继续通过观察、操作、图形变换、展开与折叠、图案欣赏与设计等活动，引导学生借助图形直观了解，通过归纳、类比等方式探索图形的性质，丰富几何的活动经验和良好体验，发展空间观念.

第四，突出图形与几何的文化价值.《义标》中提出了"通过建筑、艺术方面的实例了解黄金分割""介绍《九章算术》、珠算、《几何原本》、机器证明、黄金分割、CT 技术等"要求，力求通过介绍一些数学发展的史实（如有关七巧板的史料，规与矩的史料，勾股定理产生、证明及其推广历史，勾股定理与无理数产生的关系，圆周率产生的史料，黄金分割与建筑和艺术的设计等），使学生了解图形与几何有着丰富的历史渊源，认识我们祖先的智慧，增强民族自豪感，了解数学对社会发展的推动作用，充分感受图形与几何的文化内涵和文化价值.

第五，重视量与测量，并把它整合在有关内容中，加强测量的实践性.《义标》把测量与学生的实践活动紧密联系在一起，让学生在做中学，并且强调引导学生在测量过程中根据现实问题，选择适当的测量方法和工具，利用测量进行数学探究活动. 比如：在第一学段中，提出"能估测一些物体的长度，并进行测量"；在第二学段中，提出"体验某些实物体积的测量方法"；在第三学段中，提出让学生经历一个由合情推理到演绎推理的过程.

第六，加强合情推理，调整"证明"的要求，强化理性精神.《义标》要求："在参与观察、实验、猜想、证明、综合实验等数学活动中，发展合情推理和演绎推理能力，清晰地表达自己的想法."《义标》改变传统几何偏重于演绎推理的证明倾向，强调合情推理与演绎推理相结合的"通过观察、尝试、估算、归纳、类比、画图等活动发现一些规律，猜测某些结论"的过程，要求"通过实例使学生逐步意识到，结论的正确性需要演绎推理的确认". 总之，学生对数学结论的获得应当经历从合情推理到演绎推理的过程.《义标》强调，推理能力的培养不应局限于图形与几何，而应该体现在数与代数、统计与概率等各个领域. 对于"证明"，《义标》则要求学生养成"说理有据"的态度、尊重客观事实的精神和质疑的习惯，形成证明的意识，理解证明的必要性和意义，体会证明的思想，掌握证明的基本方法，等等.

2.4.3 统计与概率内容解析

统计与概率的内容主要是研究现实生活中的数据和客观世界中的随机现象. 在当今飞速发展的经济社会中，统计与概率已成为帮助人们做出合理推断与预测的重要方法，因此各国都把统计与概率初步内容作为中小学数学课程中的重要内容. 在《义标》中，统计与概率同样也作为重要内容被列入我国义务教育阶段各学段的数学课程.

2.4.3.1　统计与概率的内容设置

统计与概率内容的设置，分为"主要内容"和"结构形式"两个部分，并且分学段进行阐述．具体内容见表 2-3．

表 2-3　统计与概率各学段内容设置表

内容概述	主要内容			结构形式		
	第一学段	第二学段	第三学段	第一学段	第二学段	第三学段
"统计与概率"主要研究现实生活中的数据和客观世界中的随机现象，它通过对数据收集、整理、描述和分析以及对事件发生可能性的刻画，来帮助人们做出合理的推断和预测	简单的数据收集、整理和描述	简单的数据统计	随机抽象、数据统计分析	数据统计活动初步	简单数据统计过程	抽样与数据分析
	对数据进行简单分析	体会随机现象	事件的概率、用频率估计概率	数据统计活动初步	随机现象发生的可能性	事件的概率

2.4.3.2　统计与概率的内容主线

《义标》将数据分析观念解释为："了解在现实生活中有许多问题应当先做调查研究，收集数据，通过分析做出判断，体会数据中蕴涵着信息；了解对于同样的数据可以有多种分析的方法，需要根据问题的背景选择合适的方法；通过数据分析体验随机性，一方面对于同样的事情每次收集到的数据可能不同，另一方面只要有足够的数据就可能从中发现规律．数据分析是统计的核心．"基于这些阐述，可以将"统计与概率"课程的内容主线确定为如下几个方面：

第一，数据分析过程是统计内容的首要主线．树立数据分析观念最有效的方法是让学生投入到数据分析的全过程中去．在此过程中，学生将不仅仅学习一些必要的知识和方法，同时还将体会数据中蕴涵着信息，提高运用数据分析问题、解决问题的能力．为此，《义标》在三个学段都提出了相应的要求．

在第一学段中，提出"经历简单的数据收集和整理过程"；在第二学段中，提出"经历简单的收集、整理、描述和分析数据的过程（可使用计算器）"；在第三学段中，提出"经历收集、整理、描述和分析数据的活动，了解数据处理的过程，能用计算器处理较为复杂的数据"．从这些要求中不难看出：① 数据分析的过程可以概括为收集数据、整理数据、描述数据和分析数据．② 学段的要求逐步深入．从第一学段到第三学段，随着年龄的增长，学生将逐步经历更加完整的数据分析过程．在要求上第一学段、第二学段都提出了经历"简单的"过程，第三学段则去掉了这个限制．③ 从第二学段开始使用计算器来处理数据．第二学段要求可以使用计算器来处理数据，第三学段则要求能使用计算器处理较为复杂的数据.

第二，数据分析方法．数据分析方法包括收集数据的方法和整理、描述、分析数据的方法，这是统计课程内容的第二条主线.

在收集数据方面，所涉及的数据可能是全体的数据（总体数据），也可能是通过抽样获得的数据（抽样数据）．在第一、第二学段中，学生收集的基本都是总体数据；而在第三学段中，学生将开始学习抽样，体会抽样的必要性，通过实例了解简单随机抽样.

数据的来源有两种：一种是现成的数据，另一种是需要自己收集的数据．在义务教育阶段两种来源都应该让学生有所体验，特别是自己收集的数据．常用的收集数据方法包括调查、试验、测量、查阅资料等．学生应该对收集数据的方法都有比较丰富的体验．为此，《义标》在第一学段提出"了解调查、测量等收集数据的简单方法"；在第二学段提出"会根据实际问题设计简单的调查表，能选择适当的方法（如调查、试验、测量）收集数据"，"能从报纸、杂志、电视等媒体中，有意识地获得一些数据信息".

当人们收集了一堆数据以后，这些数据往往看起来比较杂乱，这就需要整理数据．在不损失信息的前提下，对看起来杂乱无章的数据进行必要的归纳和整理，然后把整理后的数据运用统计图表等直观地表示出来，并加以适当的分析，为人们做出决策和推断提供依据.

在第一学段，学生将学习分类的方法，分类是整理数据和描述数据的开始．在此基础上，能用自己的方式（文字、图画、表格等）呈现整理数据的结果，而不学习正式的统计图表或统计量．这一点与以往不同，也是非常重要的．有研究表明，早期经验的多样化，有助于儿童建立进一步学习的经验和兴趣．在此基础上"通过对数据的简单分析，体会运用数据进行表达与交流的作用，感受数据蕴涵的信息"．在第二学段，学生将学习条形统计图、扇形统计图、折线统计图等常见的统计图，并且能用它们直观、有效地表示数据．第二学段还将学习一个重要的刻画数据集中趋势的统计量——平均数．在第三学段，学生将了解频数和频数分布的意义，能画频数直方图；继续学习刻画数据集中趋势的统计量——中位数和众数，以及刻画数据离散程度的统计量——极差、方差；体会样本与总体关系，知道可以通过样本平均数、样本方差推断总体平均数、总体方差.

第三，数据的随机性．数据可以取不同的值，并且取不同值的概率可以是不一样的，这就是数据随机性的由来.《义标》将数据随机作为数据分析观念的内涵之一．数据的随机性主要有两层含义：一方面，对于同样的事情每次收集到的数据可能会是不同的；另一方面，只要有足够的数据就可能从中发现规律. 比如，袋中装有若干个红球和白球，一方面，每次摸出的球的颜色可能是不一样的，事先无法确定；另一方面，有放回重复摸多次（摸完后将球放回袋中，摇晃均匀后再摸），从摸到球的颜色的次数中就能发现一些规律（如，红球多还是白球多，红球和白球的比例等）.

第四，随机现象及简单随机事件发生的概率. 对于概率的学习，从第二学段开始. 根据学生年龄特点，第二学段称为"随机现象发生的可能性"，第三学段称为"事件的概率".

在概率学习中，帮助学生了解随机现象是重要的. 义务教育阶段所涉及的随机现象都基于简单随机事件：所有可能发生的结果是有限的，每个结果发生的可能性是相同的. 在第二学段，要求学生"通过实例感受简单的随机现象；能列出简单的随机现象中所有可能发生的结果"，并"能对一些简单的随机现象发生的可能性大小做出定性描述". 在第三学段，要求"能通过列表、画树状图等方法列出简单随机事件所有可能的结果，以及指定事件发生的所有可能结果，从而了解并获得事件的概率"，并知道"通过大量的重复试验，可以用频率来估计概率".

2.4.3.3　统计与概率的教育价值

"统计与概率"通过对数据的收集、整理、描述和分析，以及对事件发生的可能性的刻画来帮助人们做出合理的推断和预测，这种推断能力和预测能力同样也是未来公民必备的数学素养. 统计与概率的教育价值主要体现在以下几个方面：

第一，统计与概率的学习，可以使学生熟悉统计与概率的基本思想方法，逐步形成统计观念，形成尊重事实、用数据说话的态度.

第二，统计与概率的学习，有助于发展学生解决问题的能力.

第三，统计与概率的学习，有助于培养学生以随机的观点来理解世界，形成正确的世界观与方法论.

第四，统计与概率的学习，有助于发展学生对数学积极的情感体验.

2.4.3.4　统计与概率的内容特点

统计与概率的内容主要呈现出以下特点：

第一，强调统计与概率过程性目标的达成. 学生要形成统计观念，最有效的方法是真正投入到统计的全过程中，发现并提出问题，运用适当的方法进行收集和整理数据，再运用合适的统计图表、统计量等来展示数据、分析数据，做出决策，最后对自己的结果进行交流、评价与改进等. 对随机现象、概率以及概率与频率的关系的理解，必须在实验的过程中进行.

第二，强调对统计表特征和统计量实际意义的理解，体会数据的随机性.《义标》强调通过选择现实情境中的数据，理解统计的概念和原理的实际意义，着重解决一些实际问题，使学生认识到统计与概率在日常生活、社会及各学科领域中有着广泛的应用. 其次，加强体会数据的随机性，通过数据体会随机思想.

第三，强调与现代信息技术的结合.《义标》要求运用计算器或计算机来处理较为复杂的数据，使学生有更多的精力学习统计与概率的思想方法.

第四，强调统计与概率和其他内容的联系. 统计与概率的内容和其他数学领域的内容有着紧密的联系，它为学生提供了将各个领域的内容联系起来的机会.《义标》强调统计与概率内容的学习，应为发展和运用比、分数、百分数、度量、图像等概念提供活动背景，为培养学生综合运用知识来解决问题提供机会.

2.4.4 综合与实践内容解析

"综合与实践"是一类以问题为载体、师生共同参与的学习活动. 这种学习活动为学生提供了在自主探索和合作交流的过程中真正理解和掌握基本数学知识的机会，有助于学生积累数学活动经验，培养学生的应用意识与创新意识.

2.4.4.1 综合与实践的内容设置

综合与实践的内容设置，分为"主要内容"和"结构形式"两个部分，并且分学段进行阐述. 具体内容见表 2-4.

表 2-4 综合与实践各学段内容设置表

内容概述	主要内容			结构形式		
	第一学段	第二学段	第三学段	第一学段	第二学段	第三学段
"综合与实践"将帮助学生综合运用已有的知识和经验，经过自主探索和合作交流，解决与生活经验密切联系的、具有一定综合性的问题，以发展他们解决问题的能力，加深对"数与代数""图形与几何""统计与概率"内容的理解，体会各部分内容之间的联系.	初步的数学活动经验	综合运用知识和方法	设计方案，建立模型	操作活动	综合应用	综合应用
	合作交流	合作交流	合作交流			
	实践操作，理解知识	数学活动经验	综合应用，发展应用意识和能力			

2.4.4.2 综合与实践内容的教育价值

"综合与实践"的内容是帮助学生综合运用已有知识与经验，经过自主探索和合作交流，解决与生活经验密切联系的、具有一定实践性和综合性的问题，以发展他们解决问题的能力。这种能力是未来公民必备的一种重要数学素养。"综合与实践"的教育价值具体体现在如下三个方面：

第一，综合与实践领域沟通了生活中的数学与课堂上的数学的联系，使得几何、代数和统计的内容有可能以交织在一起的形式出现，有助于学生对数学的全面理解，发展学生综合应用数学知识解决问题的能力，培养学生的数学应用意识。

第二，可有效改变学生的学习方式。综合与实践注重学生的参与，而且是全过程参与。学生要综合所学的知识和生活经验，通过独立思考或与他人合作，经历发现和提出问题、分析和解决问题的全过程，从而感悟数学各部分内容之间、数学与生活实际之间、数学与其他学科之间的联系，加深对所学数学内容的理解。显然，这样的学习方式是对学生传统学习方式的补充和发展，也是当代社会所需要的基本学习方式。

第三，有助于培养学生的创新意识。学生自己发现和提出问题是创新的基础；问题意识、独立思考、学会思考是创新的核心；归纳概括得到猜想和规律，并加以验证，是创新的重要方法。综合与实践为学生自己发现和提出问题、独立思考、归纳猜想等提供了广阔的空间。

2.4.4.3 综合与实践的内容特点

第一，综合生活实例，密切联系实际。综合与实践的一个显著特点，是让学生体会数学与现实世界的联系，树立正确的数学观。为了使学生体会数学的文化价值和应用价值，拉近数学与人和自然的距离，在数学课程中强调数学知识与学生生活之间的联系。根据学生的年龄特征和心智发展水平，第一、二学段主要以密切数学与生活的联系为主，第三学段还要考虑数学知识与现实社会需要之间的联系。

第二，结合学科知识，强调综合运用。这里"综合"包含两重含义：数学各部分知识与表达方式之间的综合；数学学科与其他学科的综合。综合与实践是在数与代数、图形与几何和统计与概率基础上设立的，因此它是这几部分知识的综合，是通过这些知识中不同的数学表达形式体现出来的。其中主要的表达形式有：数形结合、收集数据、处理数据、解决实际问题等。综合与实践又要应用数学知识解决与物理、化学、生物、地理等学科有关的实际问题，因此它是跨学科的综合.

第三，以探索为主线，解决综合问题. 综合与实践本质上是一种解决问题的活动.《义标》分段适当安排一些综合实践活动，以提高学生的综合运用知识解决实际问题的能力. 综合运用数学知识解决问题是发展学生数学思维的重要途径. 在"综合与实践"的教学过程中，应鼓励学生用多种方法解决问题，学生要独立思考、自主探索，教师要充分尊重学生的自主性，学生在活动中体验与他人合作，并在交流中相互学习，从而达到促进学生共同全面发展的目的.

2.5 对《义标》核心概念的解读

《义标》提出了数感、符号意识、空间观念、几何直观、数据分析观念、运算能力、推理能力、模型思想、应用意识和创新意识 10 个核心概念.

对这些核心概念，应从以下四个方面进行总体认识.

第一，这些概念涉及的是学生在数学学习中应该建立和培养的关于数学的感悟、观念、意识、思想、能力等，因此，它们是学生在义务教育阶段数学课程中应培养的数学素养，是促进学生发展的重要方面.

第二，核心概念课程内容的核心或聚焦点，它有利于我们把握课程内容的线索和层次，抓住教学中的关键，并在数学内容的教学中有机地去发展学生的数学素养.

第三，数学的基本思想集中反映为数学抽象、数学推理和数学模型思想，是数学学习的重要目标. 核心概念对数学基本思想的体现是鲜明的. 比如，数感、符号意识、运算能力、推理能力和模型思想等核心概念就不同程度地直接体现了抽象、推理和模型的基本思想的要求. 因此，核心概念的教学要更关注其数学思想本质.

第四，这些核心概念都是数学课程的目标点，也应该成为数学课堂教学的目标点，并通过教师的教学予以落实. 仅以"数学思考"和"问题解决"部分的目标设定来看，《义标》就提出了："建立数感、符号意识和空间观念，初步形成几何直观和运算能力""发展数据分析观念，感受随机现象""发展合情推理和演绎推理能力""增强应用意识，提高实践能力""体验解决问题方法的多样性，发展创新意识". 这些目标表述几乎涵盖了所有的核心概念，把握好这些核心概念无论对于教师教学和学生学习都是极为重要的.

2.5.1　数感

2.5.1.1　对数感的认识

数感主要是指关于数与数量表示、数量大小比较、数量和运算结果的估计、数量关系等方面的感悟.

人们的学习和生活实践中经常要和各种各样的数打交道，常常会有意识地将一些现象与数量建立起联系. 如走进一个会场，在我们面前的是两个集合，一个是会场的座位，一个是出席的人，人们自然地会将这两个集合作一估计，不用计数，就可以知道这两个集合是否相等，哪个集合大一些，这就是一种数感.

数感是人的一种基本的数学素养，它是建立数的概念和有效地进行计算等数学活动的基础，是将数学与现实问题建立联系的桥梁.

数感的主要表现包括：理解数的意义；能用多种方法来表示数；能在具体的情境中把握数的相对大小关系；能用数来表达和交流信息；能为解决问题而选择适当的算法；能估计运算的结果，并对结果的合理性做出解释.

这是对数感的具体描述，是义务教育阶段培养学生的数感的主要内容.

2.5.1.2　数感的培养

数感是在学习过程中逐步体验和建立起来的. 学生在认识数的过程中，通过经历有关的实际生活情境，在现实背景下感受和体验数的意义，就会更加具体、深刻地把握数的概念，建立数感.

第一，联系生活，体验数感. 教学中应该引导学生联系自己身边的具体事物，通过观察、操作、解决问题等丰富的活动，感受数的意义，体会数用来表示和交流的作用，初步建立数感. 例如，认识大数时，可通过"国庆游行时的一个方队的人数、体育场一面的看台上能坐多少人、学校操场能容纳多少人、一万名学生手拉手大约有多长"等一些具体的问题情境，引导学生感受、体会、认识大数，了解大数在现实生活中的应用. 在学生头脑中一旦形成对大数的理解，就会有意识地运用它们理解和认识有关的问题，逐步强化数感.

第二，合理运算，获取数感. 对运算方法的判断、运算结果的估计，都与学生的数感有密切的联系. 比如，当学生为了求一个问题的答案需要计算时，应该意识到需要选择方法：如果一个近似答案就足够了，那么应该估算；如果需要精确的答案，那么必须选择合适的程序；如果计算不太复杂，那么应该利用笔算；对于比较复杂的计算，应该使用计算器.

第三，重视估算，增强数感. 估算是发展数感的重要方面. 估算的习惯和能力依赖于对数的理解. 估算有助于发展学生对数及运算的理解，增强运用数及运算的灵活性，促进对结论的合理性的认识，提高处理日常数量关系的能力.

数感的培养是中小学数学教育的重要目标之一. 在实际教学中需要结合具体的教学内容有意识地设计具体目标，提供有助于培养学生数感的情境，采取有利于发展学生数感的评价方式，以促进学生数感的建立和数学素养的提高.

2.5.2 符号意识

2.5.2.1 对符号意识的认识

符号是数学的语言，是人们进行表示、计算、推理、交流和解决问题的工具.

符号意识主要是指能够理解并且运用符号表示数、数量关系和变化规律，知道使用符号可以进行一般性的运算和推理. 建立"符号意识"有助于学生理解符号的使用，是数学表达和进行数学思考的重要形式.

符号意识主要表现在：能从具体情境中抽象出数量关系和变化规律，并用符号表示；理解符号所代表的数量关系和变化规律；会进行符号间的转换；能选择适当的程序和方法解决用符号所表达的问题.

2.5.2.2 符号意识的培养

培养学生的符号意识是数学教学的最基本任务.

第一，在数学内容的学习中，建立符号意识. 概念、命题、公式是数学课程内容中的重要组成部分，通常是数学教学的重点，而它们又和数学符号的表达和使用密切相关. 正因为如此，《义标》在学段目标和各学段课程内容中都提出了具体要求. 如："理解符号<、=、>的含义，能用符号和词语描述万以内数的大小"；"认识小括号"（第一学段）；"认识中括号"；"在具体情境中能用字母表示数"；"结合简单的实际情境，了解等量关系，并能用字母表示"；"能用方程表示简单情境中的等量关系"（第二学段）；"能分析具体问题中的简单数量关系，并用代数式表示"；"通过用代数式、方程、不等式、函数等表述数量关系的过程，体会模型的思想，建立符号意识"（第三学段）.

第二，结合现实情境，强化符号意识. 一方面，尽可能通过实际问题或现实情境的创设，引导、帮助学生理解符号以及表达式、关系式的意义，或引导学生对现实情境问题进行符号的抽象和表达；另一方面，对某一特定的符号表达式启发学生进行多样化的现实意义的填充和解读. 这种建立在现实情境与符号化之间的双向过程, 有利于增强学生数学表达和数学符号思维的变通性、迁移性和灵活性.

第三, 在数学问题解决过程中, 发展学生的符号意识. 符号意识更多地表现为以学生为主体的一种主动运用符号的意识. 因此, 符号意识的培养仅靠一些单纯的符号推演训练和模仿记忆是难以达到应有效果的. 引导学生经历发现问题、提出问题(这实际上需要运用符号抽象和表达问题)、分析问题、解决问题(这实际上是使用符号进行运算、推理和数学思考)的全过程, 在这一过程中积累运用符号的数学活动经验, 更好地感悟符号所蕴涵的数学思想本质, 逐步促进学生符号意识的提高.

2.5.3　空间观念

2.5.3.1　对空间观念的认识

《义标》中没有具体给出空间观念的内涵, 而是从是否具有空间观念的几个表征出发对其进行描述.《义标》指出: 空间观念主要是指根据物体特征抽象出几何图形, 根据几何图形想象出所描述的实际物体; 想象出物体的方位和相互之间的位置关系; 描述图形的运动和变化; 依据语言的描述画出图形等.

《义标》对空间观念的描述, 是在义务教育阶段通过图形与几何内容的学习对学生在这些方面的要求以及需要达成的目标. 这样的目标达成的过程是一个包括观察、想象、比较、综合、抽象分析的过程. 它贯穿在图形与几何学习的全过程中, 无论是图形的认识、图形的运动, 图形与坐标等都承载着发展学生空间观念的任务.

2.5.3.2　空间观念的培养

第一, 现实情境和学生经验是发展空间观念的基础. 空间观念的形成基于对事物的观察与想象, 而现实世界中的物体及其关系是学生观察的最好材料, 学生的已有经验也是观察、想象、分析的基础. 因此, 结合学生熟悉的现实问题情境是发展学生空间观念的有效策略. 例如: 绘制学生自己的房间或学校的平面图; 描述从家到学校的路线图; 描述观察到的情境的画面; 描述游乐园中各种运动的现象; 等等. 这些问题既是学生生活中熟悉的, 又是在数学学习中需要重新审视和加工的. 平时看到的东西, 要进行回忆、想象和加工, 加工之后的再现, 就是数学的抽象, 其中就渗透了空间观念的发展.

第二, 观察是培养学生空间观念的基本方法. 教师需要在教学中逐步引导学生学会观察，让学生经历观察的过程，学习观察的方法，形成自己的体验.

第三，操作是培养学生空间观念的重要手段. 空间观念的形成仅靠观察是不够的，教师必须借助于几何体的自然存在性，引导学生动手操作，在操作中体会生活中几何体的特性，在研究中发现其中的数学道理，逐渐积累空间感知.

第四，想象是培养学生空间观念的必要途径. 除了观察、操作，还必须教会学生学会想象. 学生展开想象是从实物模型向数学模型的升华、感知空间向思维空间的飞跃，所以想象是培养学生空间观念的必要途径. 教师要经常性地创设问题情境，引导学生展开想象，调动学生思维的积极性，从而进一步构建空间观念.

2.5.4　几何直观

2.5.4.1　对几何直观的认识

几何直观就是依托、利用图形进行数学的思考和想象. 其本质是一种通过图形所展开的想象能力.

《义标》明确指出："几何直观主要是指利用图形描述和分析问题. 借助几何直观可以把复杂的数学问题变得简明、形象，有助于探索解决问题的思路，预测结果. 几何直观可以帮助学生直观地理解数学，在整个数学学习过程中都发挥着重要作用."

在义务教育阶段的数学教学中，认识和理解"几何直观可以帮助学生直观地理解数学，在整个数学学习过程中都发挥着重要作用"是非常重要的. 它表明，不仅在几何内容教学中要重视几何直观，在整个数学教学中都应该重视几何直观，培养几何直观能力应该贯穿义务教育数学课程的始终.

图形有助于发现、描述问题，有助于探索、发现解决问题的思路，也有助于理解和记忆得到的结果. 图形可以帮助我们把困难的数学问题变容易，把抽象的数学问题变简单. 学会用图形思考、想象问题是研究数学，也是学习数学的基本能力. 这种几何直观能力能使我们更好地感知数学、领悟数学.

2.5.4.2　几何直观的培养

第一，在教学中使学生逐步养成画图习惯. 在日常教学中，帮助学生养成画图的习惯是非常重要的，可以通过多种途径和方式使学生真正体会到画图对理解概念、寻求解题思路带来的益处. 无论计算还是证明，逻辑的、形式的结论都是在形象思维的基础上产生的. 因此，在教学中应有这样的导向：

能画图时尽量画，其实质是将相对抽象的思考对象"图形化"，尽量把问题、计算、证明等数学的过程变得直观，直观了就容易展开形象思维.

第二，重视变换——让图形动起来.几何变换或图形的运动是几何，也是整个数学中很重要的内容，它既是学习的对象，也是认识数学的思想和方法.一方面，在数学中，我们接触的最基本的图形都是"对称"图形，例如，球、圆锥、圆台、正多面体、圆、正多边形、长方体、长方形、菱形、平行四边形等，都是"不同程度对称图形"；另一方面，在认识、学习、研究"不对称图形"时，又往往需要运用这些"对称图形".变换又可以看作运动，让图形动起来是指再认识这些图形时，在头脑中让图形动起来.例如，平行四边形是一个中心对称图形，可以把它看作一个刚体，通过围绕中心（两条对角线的交点）旋转 180°，去认识、理解、记忆平行四边形的其他性质.充分地利用变换去认识、理解几何图形是培养几何直观的好方法.

第三，学会从"数"与"形"两个角度认识数学.数形结合，首先是对知识、技能的贯通式的认识和理解，然后逐渐发展成一种对数与形之间的化归与转化的意识.这种对数学的认识和运用的能力，是形成正确的数学态度所必需的.

第四，掌握、运用一些基本图形解决问题.把让学生掌握一些重要的图形作为教学任务，贯穿在义务教育阶段数学教学、学习的始终.例如，除了上面指出的图形，还有数轴、方格纸、直角坐标系等.在教学中要有意识地强化对基本图形的运用，不断地运用这些基本图形去发现、描述问题，理解、记忆结果，这应该成为教学中关注的目标.

2.5.5 数据分析观念

2.5.5.1 对数据分析观念的认识

在义务教育阶段，学生学习统计与概率的核心目标是发展"数据分析观念".它绝非等同于计算、作图等简单技能，而是一种需要在亲身经历的过程中培养出来的对一组数据的 "领悟"，即由一组数据所想到的、所推测到的，以及在此基础上对于统计与概率独特的思维方法和应用价值的认识.

在《义标》中，将数据分析观念解释为："了解在现实生活中有许多问题应当先做调查研究，收集数据，通过分析做出判断，体会数据中蕴涵着信息；了解对于同样的数据可以有多种分析的方法，需要根据问题的背景选择合适的方法；通过数据分析体验随机性，一方面对于同样的事情每次收集到的数据可能不同，另一方面只要有足够的数据就可能从中发现规律.数据分析是统计的核心."

在这段表述中，点明了两层意思. 第一，统计的核心是数据分析. "数据是信息的载体，这个载体包括数，也包括言语、信号、图像，凡是能够承载事物信息的东西都构成数据，而统计学就是通过这些载体来提取信息进行分析的科学和艺术." 第二，数据分析观念的三个重要方面的要求：体会数据中蕴涵着信息；根据问题的背景选择合适的方法；通过数据分析体验随机性. 这三个方面也正体现了统计与概率独特的思维方法.

2.5.5.2 对数据分析观念要求的分析

第一，体会数据中蕴涵着信息. 统计学是建立在数据基础上的，本质上是通过数据进行推断. 义务教育的重要目标是培养适应现代生活的合格公民. 而在以信息和技术为基础的现代社会里，充满着大量的数据，需要人们面对它们做出合理的决策. 因此，数据分析观念的首要方面是"了解在现实生活中有许多问题应当先做调查研究，收集数据，通过分析做出判断，体会数据中蕴涵着信息".

第二，根据问题的背景选择合适的方法. "统计学是通过数据来推断数据产生的背景，即便是同样的数据，也允许人们根据自己的理解提出不同的推断方法，给出不同的推断结果. 因此，统计学对结果的判断标准是'好、坏'，从这个意义上说，统计学不仅是一门科学，也是一门艺术." 为了使学生对此有所体会，《义标》提出了数据分析观念第二方面的内涵，即"了解对于同样的数据可以有多种分析的方法，需要根据问题的背景选择合适的方法". 如在对全班同学身高的数据进行整理和分析时，需要根据所研究的问题选择合适的统计图. 如果要直观了解不同高度的学生数及其差异，就选择条形统计图；如果要直观了解不同高度的学生占全班学生的比例及其差异，就选择扇形统计图；如果要直观了解几年来学生身高变化的情况并预测未来身高变化趋势，就选择折线统计图.

第三，通过数据分析体验随机性. 数据的随机性主要有两层含义：一方面，对于同样的事情每次收集到的数据可能会是不同的；另一方面，只要有足够的数据就可能从中发现规律. 例如：学生记录自己在一个星期内每天上学途中所需要的时间，如果把记录时间精确到分，可能学生每天上学途中需要的时间是不一样的，这可以让学生感悟数据的随机性；更进一步，还可让学生感悟虽然数据是随机的，但数据较多时具有某种稳定性，可以从中得到很多信息，比如，通过一个星期的调查可以知道"大概"需要多少时间.

2.5.6 运算能力

2.5.6.1 对运算能力的认识

根据一定的数学概念、法则和定理，由一些已知量通过计算得出确定结果的过程，称为运算. 能够按照一定的程序与步骤进行运算，称为运算技能. 不仅会根据法则、公式等正确地进行运算，而且理解运算的算理，能够根据题目条件寻求正确的运算途径，称为运算能力. 运算的正确、灵活、合理和简洁是运算能力的主要特征.

运算是数学的重要内容，在义务教育阶段的数学课程的各个学段中，运算都占有很大的比重. 学生在学习数学的过程中，要花费较多的时间和精力去学习和掌握关于各种运算的知识及技能，形成运算能力.

《义标》指出：运算能力主要是指能够根据法则和运算律正确地进行运算的能力. 培养运算能力有助于学生理解运算的算理，寻求合理简洁的运算途径解决问题.

运算能力并非一种单一的、孤立的数学能力，而是运算技能与逻辑思维等的有机整合. 在实施运算分析和解决问题的过程中，要力求做到善于分析运算条件、探究运算方向、选择运算方法、设计运算程序，使运算符合算理、合理简洁. 换言之，运算能力不仅是一种数学的操作能力，更是一种数学的思维能力.

《义标》在总目标的"数学思考"中提出运算能力："建立数感、符号意识和空间观念，初步形成几何直观和运算能力，发展形象思维和抽象思维." 这说明运算能力是数学思考的重要内涵. 不仅如此，运算能力对知识技能、问题解决和情感态度目标的整体实现，同样是不可缺少的基本条件.

2.5.6.2 运算能力的培养

运算能力的培养与发展是一个长期的过程，伴随着数学知识的积累不断深化. 正确理解相关的数学概念，是逐步形成运算技能、发展运算能力的前提. 运算能力的培养与发展不仅包括运算技能的逐步提高，还应包括运算思维素质的提升和发展. 在义务教育阶段，运算能力的培养、发展要经历如下过程：

第一，由具体到抽象.

《义标》对各学段在运算方面的要求：第一学段，理解万以内的数，初步认识小数和分数，初步学习整数的四则运算，以及简单的分数和小数的加减运算. 第二学段，认识万以上的数，进一步学习整数的四则运算（包括混合运算），小数和分数的四则运算（包括混合运算），了解并初步应用运算律．第三学段，掌握有理数的加、减、乘、除、乘方及简单的混合运算；掌握合并同类项和去括号的法则，进行简单的整式加法、减法和乘法运算；利用乘法公式进行简单计算；进行简单的分式加、减、乘、除运算；了解二次根式（根号下仅限于数）加、减、乘、除运算法则，会用它们进行有关的简单四则运算；解一元一次方程、可化为一元一次方程的分式方程；掌握代入消元法和加减消元法，解二元一次方程组；用配方法、公式法、因式分解法解数字系数的一元二次方程；解数字系数的一元一次不等式．

无论是学习和掌握数与式的运算，还是解方程和解不等式的运算，一开始总是和具体事物相联系的，之后逐步脱离具体事物，抽象成数与式、方程与不等式的运算．直至高中阶段进行更为抽象的符号运算，如集合的交、并、补等运算，命题的或、且、非等运算．运算思维的抽象程度，是运算能力发展的主要特征之一．因此，要发展学生的运算能力，就要让学生经历从具体到抽象的过程．

第二，由法则到算理．

学习和掌握数与式的运算，解方程和解不等式的运算，在反复操练、相互交流的过程中，不仅会逐步形成运算技能，还会引发对"怎样算？""怎样算的好？""为什么要这样算？"等一系列问题的思考．这是由法则到算理的思考，使运算从操作的层面提升到思维的层面，这是运算能力发展的重要内容．

《义标》规定了一系列与算理相关的内容．

第二学段：探索并了解运算律（加法的交换律和结合律、乘法的交换律和结合律、乘法对加法的分配律），会应用运算律进行一些简便运算．了解等式的性质，能用等式的性质解简单的方程．

第三学段：除了"理解有理数的运算律，能运用运算律简化运算"，算理的内容和要求应进一步强化．在学习方程解法之前，要求"掌握等式的基本性质"；在学习不等式解法之前，要求"探索不等式的基本性质"．在一元二次方程的内容中，《义标》不仅设置了"能用配方法、公式法、因式分解法解数字系数的一元二次方程"，而且增加了"会用一元二次方程根的判别式判别方程是否有实根和两个实根是否相等""了解一元二次方程的根与系数的关系"等内容，表明不仅要学习和掌握解一元二次方程的运算方法，更要思考和领悟解一元二次方程的算理．

第三，由常量到变量．

函数是第三学段重要的内容．函数概念的引入，使运算对象从常量提升到变量．运算的内容包括直接进行运算的内容，如"能确定简单实际问题中函数自变量的取值范围，并会求出函数值""会利用待定系数法确定一次函数的表达式""会用配方法将数字系数的二次函数的表达式化为 $y=a(x-h)^2+k$ 的形式，并能由此得到二次函数图像的顶点坐标"，等等．同时还包括与运算密切相关的内容，如"能结合图像对简单实际问题中的函数关系进行分析""用适当的函数表示法刻画简单实际问题中变量之间的关系""结合对函数关系的分析，能对变量的变化情况进行初步讨论"．

由常量到变量，表明运算思维产生了新的飞跃，运算能力也发展到一个新的高度．

第四，由单向思维到逆向、多向思维．

逆向思维是数学学习的一个特点．第二学段，要求"在具体运算和解决简单实际问题的过程中，体会加与减、乘与除的互逆关系"．第三学段，增加了乘方与开方的互逆关系．运算的互逆关系，是逆向思维的重要表现形式之一．

在实施运算的过程中，还会遇到多因素的情况，各个因素相互联系，相互制约，又相辅相成，更加需要不同的思维方向、不同的解题思路和不同的解题方法，通过比较，加以择优选用．这是运算思维达到一个新的高度的重要标志，是运算能力培养与发展的高级阶段．

由于思维定势的消极作用，逆向思维和多向思维的难度较大，在实施运算的过程中，对分析运算条件、探究运算方向、选择运算方法、设计运算程序等各个环节都要引导学生进行周密的思考，力求使运算符合算理，达到正确熟练、灵活多样、合理简洁，实现运算思维的优化及运算能力的逐步提高．

2.5.7　推理能力

推理在数学中具有重要的地位．《义标》指出："数学的基本思维方式，也是人们学习和生活中经常使用的思维方式．"学习数学就要学习推理．具有一定的推理能力是培养学生数学素养的重要内容，也是数学课程和课堂教学的重要目标．

2.5.7.1　对数学推理的认识

推理是数学的基本思维方式，也是人们学习和生活中经常使用的思维方式．推理贯穿在整个数学学习中．推理一般包括合情推理和演绎推理．合情推理是从已有的事实出发，凭借经验和直觉，通过归纳和类比等推测某些结果．演绎推理是从已有的事实（包括定义、公理、定理等）出发，按照规定的法则（包括逻辑和运算）证明结论．在解决问题的过程中，合情推理有助于探索解决问题的思路、发现结论，演绎推理用于证明结论的正确性.

推理能力的主要表现为：能通过观察、实验、归纳、类比等获得数学猜想，并进一步寻求证据、给出证明或举出反例；能清晰、有条理地表达自己的思考过程，做到言之有理、落笔有据；在与他人交流的过程中，能运用数学语言合乎逻辑地进行讨论和质疑.

2.5.7.2 数学推理能力的培养

第一，在基础知识的教学活动中，培养推理能力. 把推理能力的培养融入基础知识教学活动过程之中，让基础知识、基本技能与推理得到和谐的发展，是培养初中学生推理能力的基本途径. 如在概念、定理和公式的教学中，通过实例引导学生猜想、归纳概括形成概念、定理和公式. 在计算中让学生说出计算的依据都有利于培养学生的合情推理和演绎推理能力.

第二，把推理能力的培养落实到不同内容领域的学习之中. 几何为学习论证推理提供了素材，几何教学是发展学生推理能力的一种途径，但绝不是唯一的素材和途径. 数学教学中发展学生推理能力的载体，不仅包括几何，而且广泛地存在于"数与代数""概率与统计"和"实践与综合应用"之中. 只有将推理能力的培养落实到不同内容的学习上，才能进一步拓宽发展学生推理能力的空间.

第三，多经历"猜想—证明"的问题探索过程. 在"猜想—证明"的问题探索过程中，学生能亲身经历用合情推理发现结论、用演绎推理证明结论的完整推理过程，在过程中感悟数学基本思想，积累数学活动经验，这对于学生数学素养的提升极为有利. 教师要善于对素材进行加工，引导学生多经历这样的活动.

2.5.8 模型思想

2.5.8.1 对模型思想的认识

所谓数学模型，就是根据特定的研究目的，采用形式化的数学语言，去抽象地、概括地表征所研究对象的主要特征、关系所形成的一种数学结构. 在义务教育阶段数学中，用字母、数字及其他数学符号建立起来的代数式、关系式、方程、函数、不等式，及各种图表、图形等都是数学模型.

这种结构有两个主要特点：其一，它是经过抽象、舍去对象的一些非本质属性以后所形成的一种纯数学关系结构；其二，这种结构是借助数学符号来表示，并能进行数学推演的结构.

数学建模就是通过建立模型的方法来求得问题解决的数学活动过程．

模型思想就是通过数学建模来解决问题的一种思想方法．

模型思想是数学基本思想之一．史宁中教授在《数学思想概论》中提出："数学发展所依赖的思想在本质上有三个：抽象、推理、模型……通过抽象，在现实生活中得到数学的概念和运算法则，通过推理得到数学的发展，然后通过模型建立数学与外部世界的联系．"从数学产生、数学内部发展、数学外部关联三个维度上概括了对数学发展影响最大的三个重要思想．

中小学课程中的模型思想，应该在数学本质意义上给学生以感悟，以形成正确的数学态度．正因为如此，《义标》指出："模型思想的建立是学生体会和理解数学与外部世界联系的基本途径．"它明确地表述了这样的意义：建立模型思想的本质就是使学生体会和理解数学与外部世界的联系，而且它也是实现上述目的的基本途径．

《义标》将义务教育阶段数学建模的过程简化表述为：从现实生活或具体情境中抽象出数学问题，用数学符号建立方程、不等式、函数等表示数学问题中的数量关系和变化规律，求出结果并讨论结果的意义．这些内容的学习有助于学生初步形成模型思想，提高学习数学的兴趣和应用意识．显然，数学建模过程不仅可以使学生在知识、技能方面得到发展，而且在数学思想方法、基本数学活动经验、情感态度（如兴趣、自信心、科学态度等）等方面得到培养．

正因为模型思想从本质意义上体现着数学的基本思想，所以它渗透于《义标》的许多方面．比如："经历数与代数的抽象、运算与建模等过程"（总目标）；"通过用代数式、方程、不等式、函数等表述数量关系的过程，体会模型的思想"；"体会方程是刻画现实世界数量关系的有效模型"（第三学段目标）；"结合实际情境，经历设计解决具体问题的方案，并加以实施的过程，体验建立模型、解决问题的过程"（第三学段"综合与实践"课程内容）；等等．除此之外，在教学实施、教材编写、评价、案例等部分都有关于模型思想的具体要求．

2.5.8.2　模型思想的培养

第一，模型思想需要教师在教学中逐步渗透和引导学生不断感悟．要使学生对模型思想真正有所感悟，需要经历一个长期的过程．在这一过程中，学生总是从相对简单到相对复杂，从相对具体到相对抽象，逐步积累经验、掌握建模方法，逐步形成运用模型去进行数学思维的习惯．教师在教学中要注意根据学生的年龄特征和不同学段的要求，逐步渗透模型思想．比如：在第一学段，可以引导学生经历从现实情境中抽象出数的过程、从简单几何体到平面图形的过程和简单数据收集、整理的过程，使学生学会用适当的符号来表示这些现实情境中的简单现象，并提出一些力所能及的数学问题．在第二学段，通过一些具体问题，引导学生通过观察、分析抽象出更为一般的模式表达，如用字母表示有关的运算律和运算性质，总结出路程、速度、时间，单价、数量、总价的关系式．在第三学段，主要是结合相关概念的学习，引导学生运用函数、不等式、方程、方程组、几何图形、统计表格等分析表达现实问题，解决现实问题．总之，模型思想的渗透是多方位的．模型思想的感悟应该蕴涵于概念、命题、公式、法则的教学之中，并与数感、符号感、空间观念等的培养紧密结合．模型思想的建立是一个循序渐进的过程．

第二，使学生经历"问题情境—建立模型—求解验证"的数学活动过程．"问题情境—建立模型—求解验证"的数学活动过程体现了《义标》中模型思想的基本要求，也有利于学生在活动过程中理解、掌握有关知识、技能，积累数学活动经验，感悟模型思想的本质．这一数学活动过程完全可以结合相关课程内容有机进行．比如，在方程的教学中，可以让学生从丰富多样的现实具体问题中，抽象出"方程"这个模型，从而求解具体问题．其过程如图 2-1 所示：

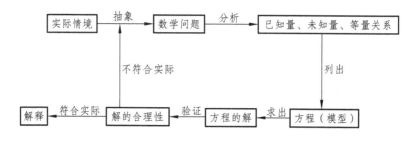

图 2-1　建立方程模型求解的过程

第三，通过数学建模改善学习方式．数学建模不同于单纯的数学解题，它是一个综合性的过程．这一过程所具有的问题性、活动性、过程性、搜索性等特点给学生数学学习方式的改善带来了很大的空间．如以下一些学习方式都可以在数学建模中尝试：

小课题学习方式．让学生自主确定数学建模课题，设定课题研究计划，完成以后提交课题研究报告．基于数学建模的小课题研究针对不同的年龄段应该有不同的层次和不同的水平，但不管何种层次和水平，关键都是要引导学生根据自己的生活经验和对现实情境的观察，提出研究课题．

协作式学习方式. 在数学建模中可以以小组为单位在组内进行合理分工, 协同作战, 培养学生的合作交流能力.

开放式学习方式. 这里的开放是多种意义的, 如: 打破课内课外界限, 走入社会, 进行数学调查; 充分利用网络资源, 收集建模有用信息; 鼓励对同一问题的不同建模方式; 等等.

信息技术环境中的学习方式. 充分利用计算机的计算功能、图形实现功能、特有软件包的应用功能等, 寻求建模途径, 提高数学建模的有效性.

2.5.9 应用意识

2.5.9.1 对应用意识的认识

所谓数学应用意识, 是一种用数学的眼光观察、分析周围生活中问题的思维倾向, 最终体现为应用数学知识和方法解决实际问题的能力.

应用意识有两个方面的含义: 一方面, 有意识地利用数学的概念、原理和方法解释现实世界中的现象, 解决现实世界中的问题; 另一方面, 认识到现实生活中蕴涵着大量与数量和图形有关的问题, 这些问题可以抽象成数学问题, 用数学的方法予以解决. 在整个数学教育的过程中都应该培养学生的应用意识, 综合实践活动是培养应用意识很好的载体. 这是《义标》对应用意识的阐述.

培养学生的数学应用意识和应用能力, 能帮助学生对数学的内容、思想和方法有一个直观生动而深刻的理解, 有助于学生正确认识数学乃至科学的发展道路, 了解数学用以分析问题和解决问题的思维方式, 使学生真正懂得数学究竟是什么, 从而对他们的终身发展产生深远的影响.

2.5.9.2 应用意识的培养

第一, 兼顾数学知识与数学应用的平衡. 作为数学应用意识而言, 必须以一定的数学知识、数学能力作为基础, 离开了数学知识的训练、数学能力的培养, 数学应用意识也就失去了意义. 因此, 教学中要保持知识与应用的双向平衡. 数学教学既要向学生提供一些基本的公式、定理, 为学生理解数学、应用数学打下基础, 同时还要向学生提供运用数学解决各领域内实际问题的机会, 诸如用数学来分析一些自然科学、社会科学、消费购买问题和日常生活中遇到的一些其他问题等. 既有抽象的理论演绎, 也有具体的实际内容, 从而让学生形成一个完整的数学概念, 真正体现出数学来源于实践, 又以更大的动力反作用于实践的过程.

第二，联系实际，注重数学知识的来龙去脉. 数学应用意识的培养，非一朝一夕的事，而是一个不断深化的过程. 因此在数学教学中，引入新知识应当联系生活实际，注重知识的来龙去脉. 从生活实际引入新知识，有助于学生体会数学知识的应用价值，为学生主动地从数学的角度去分析现实问题、解决现实问题提供示范. 在实际教学中，教师应引导学生从现实生活中发现数学问题，把"实际"与"知识"联系起来，注意搜集数学应用的实例，让学生了解数学的广泛应用. 这样既可以帮助学生了解数学的发展，体会数学的应用价值，激发学习兴趣，更可以帮助学生领悟数学知识的应用过程. 例如，在日常生活中存在着丰富的"具有相反意义的量"，"不同形式的等量关系和不等量关系"以及"变量与变量之间的函数对应关系"等，这些正是引入的"正负数""方程""不等式""函数"等实际背景. 实际上，许多数学知识都有具体和直接的应用，应该让学生充分实践和体验这些知识是如何应用的. 在此基础上让学生感受和体验数学的应用价值，了解数学知识的来龙去脉是形成数学应用意识的重要组成部分.

第三，开阔学生的视野，了解数学的应用价值. 在数学教学中，应该关注学生对于数学基础知识、基本技能以及数学思想方法的掌握. 同时，也应该帮助学生形成开阔的视野，了解数学对于人类发展的价值，特别是它的应用价值. 在培养学生的应用意识方面，需要以知识、实践、能力的培养为基础，教师还应该主动地向学生展示现实生活中的数学信息和数学的广泛应用，向学生介绍数学在各个领域中的应用情况，比如数学在 CT、核磁共振、高清晰度彩电、飞机设计、天气预报等这些重要技术中所发挥的核心作用，让学生深刻了解数学的应用价值. 具有开阔的数学视野并充分了解数学的应用价值，了解是培养数学应用意识的基本要求.

第四，综合实践活动是培养应用意识很好的载体. 综合实践活动兼顾"综合性"与"实践性". 一方面，注重学生自主参与、全过程参与（经历发现和提出问题、分析和解决问题的全过程），让学生积极动脑（独立思考）、动手（自主设计解决问题的思路）、动口（合作交流）. 另一方面，注重数学与生活实际、数学与其他学科、数学内部知识的联系和综合应用. 同时，综合实践活动可以以"大作业"的形式出现，将课堂内的数学活动延伸到课堂外，让学生经历收集数据、查阅资料、独立思考、合作交流、实践检验、推理论证等多种形式的活动. 更重要的是，综合实践活动不仅关注结果，更关注学生积累活动经验、展现思考历程、交流收获体会、激发创造潜能的过程. 这样，在多种活动形式、多种过程体验及多种评价方式的交融浸润中，更有利于激发、促进、培养学生的应用意识.

2.5.10 创新意识

2.5.10.1 对创新意识的认识

创新是 21 世纪出现频率最高的词汇. 简单地说,创新是指做一些新的事情."新"有几层含义:对所有人都是"新"的,称为原创的;或者对某些人是"新"的;也可以对自己是"新"的. 创新能力指完成创新工作的能力. 创新意识要求低一些,是指能够认识创新的重要,在学习数学的过程中有好奇心,对新事物感兴趣,不断地发现和提出问题,有创新的欲望,尝试去做一些对自己是新的、没有想过、没有做过的事情,用学过的数学方法解决问题.

《义标》指出:创新意识的培养是现代数学教育的基本任务,应体现在数学教与学的过程之中. 学生自己发现和提出问题是创新的基础;独立思考、学会思考是创新的核心;归纳概括得到猜想和规律,并加以验证,是创新的重要方法. 创新意识的培养应该从义务教育阶段做起,贯穿数学教育的始终.

2.5.10.2 创新意识的培养

第一,鼓励"质疑——发现问题和提出问题". 学会学习的一个重要环节是学会质疑——发现问题和提出问题. 我国著名数学家丁石孙曾说过:没有问题的学生不能算是好学生. 保护学生发现问题和提出问题的积极性,就像保护学生的好奇心一样,非常重要. 学生可能一下子不会把问题说清楚,这就需要教师耐心引导,鼓励学生提问. 鼓励学生提问应贯穿在教学的各个环节中,无论是在课堂上,还是在日常学习中,都应该鼓励学生提出他们的问题. 问题可以是自己的疑惑,可以是自己的困难,也可以是自己的一些发现,等等. 发现问题和提出问题是需要氛围的,需要发问的环境,这就希望教师营造一个好的学习环境,让学生在这样的环境中活跃起来,敢于提问,敢于发表自己的观点,敢于讨论,敢于坚持.

第二,鼓励"在做中积累经验". 有些事情是可以教的,但创新意识不是靠教师教出来的,是"做出来的",是学生在各个教学环节中不断亲身经历、不断锻炼、不断积累而形成的. 因此,教师要坚持在"做"中去培养学生的问题意识,从而逐步提升学生的创新意识.

3 普通高中数学课程标准研究

3.1 普通高中数学课程标准的基本理念

面向 21 世纪的数学教育, 应当具有时代特征. 高中数学课程标准的制定, 必须"与时俱进"地审视国内外数学科学以及数学教育的历史、现状和发展趋势, 体现数学课程的时代性、基础性、选择性, 对高中数学课程予以明确的定位, 并前瞻性地规划未来高中数学课程的发展图景. 在《普通高中数学课程标准》(简称《高标》)中, 列举了 10 项基本的理念, 作为数学课程设计的基本指导思想.

3.1.1 构建共同基础, 提供发展平台

我国的教育制度, 可分为"基础教育"和"专业教育"两个阶段. 基础教育包括九年的义务教育和三年的高中教育. 高中教育又分为"中等专业技术教育"和"普通高中教育".《高标》是为"普通高中教育"而设计的.

高中数学课程的基础性, 包括两方面的含义: 第一, 在义务教育阶段之后, 为学生适应现代生活和未来发展提供更高水平的数学基础, 使他们获得更高的数学素养; 第二, 为学生进一步学习提供必要的数学准备. 对基础的理解不能仅仅停留在知识技能上, 还应包括过程与方法、情感态度与价值观, 这些对于学生未来的发展都是非常重要的.

因此, 我国的高中数学教育是对公民的一种"数学通识教育", 它的出发点仍然是为广大公民提供进一步的数学基础. 随着社会发展, 高中教育将会更加普及, 数学课程要为普通公民提供适应 21 世纪需要的必要的数学基础.

高中数学课程由必修系列课程与选修系列课程组成. 必修课程是所有高中学生未来发展的公共平台, 是一种共同的文化基础, 学生可以借此在各个领域获得进一步的发展. 不同的选修系列课程仍然是学生发展所需要的基础性数学课程, 为不同的学生提供不同的发展平台.

3.1.2 提供多样课程, 适应个性选择

高中数学课程应具有多样性与选择性, 使不同的学生在数学上得到不同

的发展.

学会选择,是未来公民必备的素养,它有利于人的个性发展. 在九年义务教育阶段,学生进行自我选择的要求和能力还比较弱,数学课程提倡"弹性"而不强调选择,这对学生的发展是有利的. 但对于接近成年的高中学生来说,选择适合自己发展的数学基础,提高自身规划人生的能力就十分有必要了.

随着时代的发展,各行各业都对公民的数学素养提出了更高的要求,不同行业对数学的要求不尽相同,学生的兴趣、志向与自身条件也不相同,每个人未来发展所需要的数学基础是不一样的. 因此,《高标》设置了不同的基础课程. 必修课程是基础,选修系列同样是基础,它们都是为学生的不同需求而设置的.

回顾我国高中数学教育的历史,过分单一的数学课程给许多学生带来无尽的烦恼,也造成了人才选拔机制过于机械呆板的弊病. 学生的个性差异是客观存在的,并且随着教育的发展,接受高中教育的人将越来越多,这使得学生的个性差异越来越大. 同时,高中数学课程的多种选择是国际数学课程发展的普遍趋势. 因此,高中数学课程应为学生提供多种选择和发展的空间,为学生提供多层次、多种类的选择,以促进学生的个性发展和对未来人生规划的思考;高中学生可以在教师的指导下,自主地进行多层次、多种类的选择,必要时可进行适当的转换、调整;高中数学课程给学校和教师也留有一定的选择空间,他们可以根据学生的基本需求和自身的条件,制定课程发展计划,不断地丰富和完善数学课程,为学生提供更多的选择.

多样的选择并不妨碍学生的全面发展. 选择既能为不喜爱数学的学生减轻数学负担,使他们在其他方面得到充分的发展,也能为喜爱数学的学生提供更充足的数学食粮,使他们尽早接受现代数学基础的熏陶,更快地走向数学研究的前沿. 至于那些有愿望、有能力在众多方面都具有较高素养的学生,具有选择性的课程也必将为他们提供更宽广的发展空间.

3.1.3　倡导积极主动、勇于探索的学习方式

丰富学生的学习方式、改进学生的学习方法,使学生学会学习,为终身学习和终身发展打下良好的基础,是高中数学课程追求的基本理念. 这是因为,社会的发展需要终身教育,而学生在学校中只能获得其需要的部分知识和初步能力,更多的必须在其未来的人生历程中依靠自主探索、主动学习而获得,只有不断地充实自我才能适应不断变化的社会需要. 此外,数学学习

不仅仅是记忆一些重要的数学结论，还要发展数学思维能力和积极的情感态度，这就需要学习者有积极主动、勇于探索的精神，需要有自主探索的过程，需要有丰富的学习方式.

学生的数学学习方式不应只限于接受、记忆、模仿和练习，还必须倡导自主探索、动手实践、合作交流、阅读自学等学习数学的方式，力求发挥学生学习的主动性，使学生的学习过程成为在老师引导下的"再创造"过程. 为此，《高标》在各个部分都特别重视数学内容的展开方式，努力帮助学生用自己的智慧去获取、发展数学知识，防止把数学学习变成一种"单纯模仿、记忆题型"的活动.

《高标》还在教学建议中指出，针对不同的教学内容，可采用不同的学习方式，鼓励学生积极参与，帮助学生在参与的过程中产生内心的体验和创造. 例如：可以采用在教师指导下，让学生去收集资料、调查研究、探究学习的方式；可以采用在上课之前由教师提供一些配合教材的阅读材料和思考题，在课堂上教师讲解和小组讨论、全班交流相结合，课后写读书报告、撰写论文等的学习方式；还可以采用在教师引导下自主探究与合作交流相结合的学习方式；等等. 只有这样，才能使学生体验数学发现和创造的历程，对知识有更加深刻的认识和理解，使每个学生都能从中得到各自发展所需要的东西，学会数学的思考方式和学习方式，同时提高学生的探索能力、创造能力和创新意识.

《高标》十分关注学生的学习过程，因为这是学生获得体验，产生学习数学积极情感的重要途径. 数学学科的研究对象可以是直接来自现实世界的数据和模型，也可以是一些抽象的思想材料，这就需要学生通过自己的实践获得第一手的材料，需要学生去了解数学知识的来龙去脉，经历数学知识的发现、发生、发展的过程. 标准设置了"数学建模""数学探究"的学习活动，正是兼顾了这两方面的要求，为学生形成积极主动的、多样的学习方式，进一步创造有利的条件，也为激发学生的学习兴趣，养成独立思考、积极探索的习惯，发展学生的创新意识提供了有利条件.

3.1.4 注重提高学生的数学思维能力

培养和发展学生的数学思维能力是发展智力、全面培养数学能力的主要途径，因此，高中数学课程应注意提高学生的数学思维能力，这也是数学教育的基本目标之一.

数学的产生和发展始于对具体问题或具体素材的观察、实验、合情推理，并在此基础上进一步通过比较、分析、综合、概括去揭示事物的本质，通过演绎推理得出数学结论．数学学习和研究从不满足于特殊情况的结果，而是通过归纳、类比等方法去探索、研究各种对象的一般规律，寻求解决问题的一般方法．数学学习和研究也从不满足于局部范围的统一，而是通过拓展原来的概念和理论去寻求更大范围的统一，发展和构建新的结果和理论．数学发展与数学学习的过程，还形成了数学的特定思维方式．简单地说，即首先对具体问题或具体素材进行考察，进一步经过分析，找出事物的最简单的、本质的出发点（基本概念、关系或公设），然后寻求问题的一般解决方法，最后通过演绎（逻辑）推理形成严格的体系．标准充分注意到了数学与数学学习的上述特点，强调了数学学习、数学思考过程中的思维活动，指出：人们在学习数学和运用数学解决问题时，不断地经历直观感知、观察发现、归纳类比、空间想象、抽象概括、符号表示、运算求解、数据处理、演绎证明、反思与建构等思维过程．

数学的这些思考问题的方式和思维特点，在形成学生理性思维和理性精神中发挥着独特的作用．由此可以培养学生独立思考，不迷信权威的理性品格；数学真理具有客观性，不掺杂个人感情，因而能够培养学生尊重事实，不感情用事的理性精神；数学具有高度的精确性，能够帮助学生进行思辨分析，养成不混淆是非的理性态度．

数学高度抽象的特点，更需要学习者的感受、体验和思考过程，用内心的体验与创造的方法来学习数学，只有当学生通过自己的思考建立起自己的数学理解力时，才能真正懂得数学、学好数学．数学教学可以通过创设反映数学事实的恰当情境，引导和组织学生在经历观察、实验、比较、分析、抽象概括、推理等活动中，在互相交流中，对客观事物中蕴涵的数学模式进行思考和做出判断，不断地提高数学思维能力．因此，在教师引导下，让学生经历"数学化""再创造"的活动过程，为学生发展数学思维能力提供了有效的途径．

3.1.5　发展学生的数学应用意识

强调发展学生的应用意识，主要有以下几个方面的原因：

第一，未来公民需要具有数学应用意识．作为合格的未来公民，不仅仅要掌握基本的数学知识，还要能将这些知识应用于日常生活和生产实践．因此，应该帮助高中学生在学习数学知识和技能、受到数学的初步应用训练的同时，着重发展数学的应用意识，使他们能够用数学的眼光进行思考，找到数学应用的契机.

第二，现代数学发展使人们认识到数学应用意识的重要性. 人们越来越认识到"高科技本质上是数学技术""数学已经从幕后走到了台前，在某些方面直接为社会创造价值". 现在比任何时候都需要"让全社会特别是让普通大众了解数学对人类发展的作用". 因此，强调数学的广泛应用具有重要的现实意义. 我们应该从小培养学生的应用意识，使学生对数学有一个比较完整的了解，树立正确的数学观.

第三，发展数学应用意识是数学教育发展的要求. 我国数学教育具有丰富的经验和优良的传统，需要认真的总结和发扬. 但是我们也必须看到数学教育中也存在着一些问题，比较突出的一个问题是忽视数学的应用，忽视数学与其他学科以及与日常生活的联系，忽视培养学生的应用意识. 为了弥补这一缺陷，应该把培养学生的应用意识作为基础教育阶段数学教育（包括高中教育）的重要目标之一.

第四，发展数学应用意识是对"数学应用教学"的调整和完善. 对于数学应用存在着一个误解，认为只要数学学好了，自然就会应用. 实际上，培养学生数学应用的意识是一件很不简单的事情，它绝不是知识学习的附属产品，应该使学生学到必要的数学应用知识和受到必要的数学应用训练，否则强调应用意识就会成为空洞的说教，是一项并不容易的任务.

为了发展学生的数学应用意识，就要强调数学概念形成的背景，重视介绍数学知识发生、发展的来龙去脉；注重帮助学生学会运用数学语言去描述周围世界出现的数学现象；开展"数学建模"的学习活动，注重帮助学生体验数学在解决实际问题中的作用；设立体现数学某些重要应用的专题课程，鼓励教师和学生收集数学应用的事例，加强数学与日常生活及其他学科的联系，拓展学生的视野，使他们体会数学的应用价值.

近几年来，我国大学、中学普遍开展"数学建模"活动，它在激发学生学习数学的兴趣、扩展学生的视野、增强学生的应用意识等方面起到了积极的作用. 数学应用的教学，正在走上健康发展的道路.

3.1.6 与时俱进地认识"双基"

我国的数学教学具有重视基础知识教学、基本技能训练和能力培养的传统，21 世纪的高中数学课程应发扬这种传统. 与此同时，随着社会的发展、科技的进步以及数学自身的进展，特别是数学的广泛应用、计算机技术和现代信息技术的发展，数学课程的设置和实施应重新审视基础知识、基本技能和能力的内涵，形成符合时代要求的新的"双基".

新的"双基"包括哪些内容呢?例如，随着现代信息技术的飞速发展，数量方法在日常生活和科学技术等领域中的作用日益增强，人们需要根据问题情境选择或设计合适的算法，算法思想已经成为现代人应具备的一种数学素养，为了适应这种需要，高中数学课程应增加算法的内容;为了在充满信息的社会里更好地生存和工作，人们需要具备收集数据、处理数据、分析数据、根据所得数据做出推断的技能，掌握数据处理的基础知识;向量是近代数学中重要和基本的数学概念之一，它是沟通代数、几何与三角函数的一种工具，有着极其丰富的实际背景，能用向量语言和方法表述和解决数学和物理中的一些问题也成为新的基础;运用现代教育技术学习、探索和解决问题也变得重要起来，如利用计算器、计算机画出指数函数、对数函数等的图像，探索、比较它们的变化规律，借助计算器求方程的近似解、求三角函数值、求解测量问题等.

同时，数学课程应删减烦琐的计算、人为技巧化的难题和过分强调细枝末节的内容，克服"双基异化"的倾向. 例如，避免在求函数定义域、值域及讨论函数性质时出现过于烦琐的技巧训练，避免人为地编制一些求定义域和值域的偏题;对于数列中各量之间的基本关系的训练要控制难度和复杂程度;解三角形时，不必在恒等变形上做过于烦琐的训练.

数学课程要始终重视对数学基础知识和基本技能价值的深入剖析，以及加强对其发展性的足够认识. 既应避免忽视基础知识和基本技能学习的倾向，又要认真对知识和技能进行选择，以确保这些知识和技能真正是学生适应未来社会生活和进一步发展所必需的.

3.1.7 强调本质，注意适度形式化

形式化是数学的基本特征之一. 整个数学学科都是将现实世界的数量关系和空间结构，经过抽象概括、符号表示，以纯粹的形式进行演算、推理与证明，最后构成形式化的体系. 数学一旦表达成为形式化的思想体系之后，往往会把生动的现实内容放在一边. 例如，数学处理的是抽象的 1，脱离了与"苹果""牛""羊"等现实对象的联系;三角函数来源于天文观测、单摆、潮汐、波动等现实活动和现象，但是抽象出来就变成独立的数量关系. 因此，在数学教学中，虽然学习形式化的表达是一项基本要求，但不能只限于形式化的表达，否则会将生动活泼的数学思维活动淹没在形式化的海洋里.

数学的现代发展表明"全盘形式化"是不可能的，数学与生活的联系日

益密切，数学的探索过程越发凸显，更重要的是生动活泼的数学思维活动应该为学生所认识和体验，因此，高中数学课程应该返璞归真，努力揭示数学概念、法则、结论的发展背景、过程和本质，揭示人们探索真理的道路. 数学课程要讲逻辑推理，更要讲道理，通过典型例子的分析和学生自主探索活动，使学生理解数学概念、结论产生的背景和逐步形成的过程，体会蕴涵在其中的思想，体验寻找真理和发现真理的方法，追寻数学发展的历史足迹，把数学的学术形态转化为学生易于接受的教育形态.

3.1.8　体现数学的文化价值

数学已经融入人类的文化发展进程，成为人类文化的重要组成部分. "数学是人类文明的火车头".《几何原本》是古希腊文明的标志，徐光启和利马窦翻译《几何原本》被认为是中国近代科学的起点;《九章算术》以计算精确，体现算法思想为特征，是中国古代文明的标志;17 世纪以来的近代文明，起始于牛顿发明的微积分和牛顿力学;信息时代的文明发端于马克斯韦尔电磁学方程，信息论、控制论开启了信息时代的新纪元;数学家冯·诺伊曼的数字计算机方案，改变了人类的生活. 当今的一切高技术都需要数学和计算机技术的支撑. 总之，数学科学的进步受到人类文明进程的影响，必然打上那个时代的烙印;数学又对社会的发展起着推动作用，成为当时文化的重要组成部分.

近年来，在数学教育中重视数学的文化价值已经形成共识，数学教育不仅应该帮助学生学习和掌握数学知识和技能，还应该有助于学生了解数学的价值. 数学课程应该反映数学的历史、应用和发展趋势，反映数学在人类社会进步、人类文明发展中的作用，反映社会发展对数学发展的促进作用. 为此，《高标》强调了数学文化的重要作用，要求将其尽可能与高中数学课程内容有机结合. 同时，设置了"数学史选讲"的专题，旨在使学生逐步了解数学的思想方法、数学的理性精神，欣赏数学的美学价值，体会数学家的创新精神，以及数学文明的深刻内涵.

3.1.9　重信息技术与数学课程的整合

随着信息技术的普及和发展，我国教育信息化进程正在加速发展. 普通高级中学的信息技术装备在不断改善，国内外已经有相当成熟的数学教育软件，这些都为数学教育中运用信息技术创造了有利条件. 信息技术对数学教育的功能主要体现在信息收集和资源获取、计算工具、视觉显示、改善学习手段等方面．信息技术与数学课程整合的基本原则是应有利于学生认识数学的本质．

信息技术与数学课程的整合主要体现在以下几个方面．

第一，信息技术与数学课程内容的有机整合．一个突出的例子是在必修课程中设置了算法的内容．算法是计算机科学的理论核心．赋值语句、条件语句、循环语句等计算机语言，实际上是数学语言的"机器化"，它们是"信息技术"课程和"数学课程"的共同部分．

第二，增强数学的可视化，提高数学课堂教学效率．《高标》提倡运用信息技术呈现以往教学中难以呈现的课程内容．数学的理解需要直观的观察、视觉的感知．特别是几何图形的性质、复杂的计算过程、函数的动态变化过程、几何证明的直观背景等，若能运用信息技术来直观呈现，使其可视化，将会有助于学生的理解．

需要注意的是：在提倡使用信息技术进行教学时，也不要过分迷信技术，以为用了信息技术就一定会提高效率，应避免一些利用技术代替学生从事实践活动、进行思考和想象的做法．

第三，运用信息技术改变学生的学习方式．《高标》要求尽可能使用科学型计算器、各种数学教育技术平台进行数学探索和发现，这将使以"纸和笔"为工具的数学学习方式发生改变．学生可以用计算器进行计算，通过软件操作观察规律，预测数学结论，进行合情推理，这为学生提供了探索数学问题、多角度理解数学思想的机会．学生可以在网络上收集资料，扩充视野．学生之间、师生之间可以通过网络进行交流，增加了数学交流的渠道．

3.1.10　建立合理、科学的评价体系

《高标》提倡评价既要关注学生数学学习的结果，也要关注他们数学学习的过程；既要关注学生数学学习的水平，也要关注他们在数学活动中所表现出来的情感态度的变化．除了给学生打分的"终结性"评价之外，我们应更多地提倡过程性评价，即关注对学生理解数学概念、数学思想等过程的评价，关注对学生数学地提出、分析、解决问题等过程的评价，以及在过程中表现出来的与人合作的态度、表达与交流的意识以及实际能力、探索和创新的精神、坚忍不拔的意志等方面的评价．

评价应贯穿于数学教育的各个环节．对数学课程、数学教学、教研活动、管理工作，特别是数学教学过程，都需要建立科学的评价体系．

同时，也要理顺评价和考试的关系．考试要服从《高标》，考试要服从教学，考试必须有利于课程改革和教学的实施．当然，我们也必须清醒地认识

到，考试有它自己独立的要求，真正要理顺评价和考试的关系，还需要一个长期探索、逐步磨合、互相适应的过程.

3.2 普通高中数学课程目标解读

3.2.1 对数学课程总目标的认识

数学课程目标反映了社会、数学、教育的发展对数学教育的要求，体现的是不同性质、不同阶段的教育价值. 因此，数学课程目标是对教师教学、学生学习所提出的明确要求.

《高标》正是根据高中阶段的教育价值和数学课程的基础性，考虑到社会、数学与教育的发展对数学教育在人才培养方面的要求，来确定数学课程目标的.

《高标》确定的高中数学课程总目标是"使学生在九年义务教育数学课程的基础上，进一步提高作为未来公民所必要的数学素养，以满足个人发展与社会进步的需要". 这个总目标与国内外的数学课程总目标相比，有新的发展和进步. 以往的课程目标或者主要体现的是实用的目的，如就业、升学；或者主要体现的是数学学科的要求. 而《高标》提出的这个总目标不仅有对个人"在九年义务教育数学课程的基础上，进一步提高数学素养"的要求，而且把个人的发展与社会发展的需要联系在一起，这就从教育的本质上明确了数学教育的目标，揭示了数学教育的本质.

由于教育的最终目的是育人，是发展人、发展社会，因此数学教育的最终目的就是利用数学学科的特点，发展人、发展社会. 高中阶段的数学课程目标就应为实现这一最终目的而努力.

3.2.2 对数学课程总目标与具体目标关系的认识

学校教育是一种有目的、有意识的教育活动，它反映了社会对人才培养在知识、技能、能力、意识、情感态度、价值观等方面的要求，因此《高标》又将数学课程总目标具体化为六条.

这六条目标基本上可以分为三个层次：第一个层次是知识与技能；第二个层次是过程与方法，具体体现就是在这个过程中把握方法、形成能力、发展意识（如应用意识、创新意识）；第三个层次就是情感、态度和价值观，这是对于人的全面和谐发展和社会发展的更高层次的要求.

但是，它们又是不可分割、互相联系、互相融合的一个整体，体现了过程与结果的有机结合．因为方法的把握、能力的形成必须以知识为载体，以技能为基础，而知识的学习和技能的形成又依赖于方法的把握和具备的各种能力；在发展能力的过程中，逐渐形成意识，在参与数学活动的过程中，提高学习兴趣，形成积极的学习态度，认识数学的价值和数学的教育价值，崇尚理性精神，培养良好的个性品质，进一步树立辩证唯物主义和历史唯物主义的世界观．知识与技能，过程与方法，情感、态度和价值观三者的有机结合，是对数学学习和数学教育本质深入研究的体现．

在具体的数学教育过程中，我们总是从学习具体的知识、训练具体的技能开始，在具体的数学活动中逐步形成能力、发展意识，进一步发展为个体的思想、精神、观念．这是个体成长发展的一个自然的过程．六条具体目标正是体现了个体成长发展的这个自然过程．因此，这六条具体目标既有层次，又是一个整体，它保证了在数学教育进程中数学课程总目标的实现．

基于对未来人才在创新意识、数学应用意识方面的要求，《高标》特别增加了对过程性目标的要求，如"了解概念、结论等产生的背景、应用，体会其中所蕴涵的数学思想方法，以及它们在后继学习中的作用"，因为只有参与了数学活动的过程，才能感受数学、体验数学、发现数学，进而产生积极的情感体验，激发学习兴趣，诱发创新灵感．

3.2.3 如何认识课程的具体目标及其相互关系

（1）以发展的观点认识"双基"，是课程目标对知识、技能的基本要求．

关于数学基础知识和基本技能，课程目标提得非常明确，就是：要获得必要的数学基础知识和基本技能，理解基本的数学概念、数学结论的本质；要了解概念、结论产生的背景、应用，要求通过不同形式的自主学习、探究活动，体验数学发现和创造的历程；要体会其中所蕴涵的数学思想方法，以及它们在后续学习中的作用．这既有过去所强调的"双基"要求，又有新的发展．

首先，对"双基"与时俱进的认识，从内涵来看，要更为丰富，也更为深刻，强调了"双基"的形成过程．比如，明确提出了要了解概念、结论产生的背景、应用；通过不同形式的自主学习、探究活动，体验数学发现和创造的历程；希望通过数学知识、数学结论的形成过程，更好地理解数学概念和结论的本质；在反复对数学本质的认识过程中，提高个体的数学素养．之所以这样要求，是因为我们不仅要关注知识本身，而且要关注知识的发生、发展，即数学知识的背景或来龙去脉.

其次，强调知识、技能的形成过程以及对结论本质的认识，体现了学习者的现实的学习过程和认知过程，也是对"双基"内涵更为丰富、深刻的认识. 学生只有在实实在在的数学活动过程中，才能比较自然地去想一些问题，去认识一些问题，去思考一些问题，经过同化、顺应等心理活动过程、心理变化过程，去理解概念和结论的本质，才能内化为自己认知结构的有机组成部分，而仅有模仿和记忆是不会产生如此效果的.

再次，不仅要求体会概念和结论中所蕴涵的数学思想方法，而且要体会它们在后续学习中的作用，这是对"双基"发展的体现. 尽管在过去的教学中，教师也会关注这一问题，但是，现在这是一个明确提出的要求，这是对数学整体认识的需要，也是新的课程结构中模块和专题设计的一种需要.

此外，增加了"双基"的内容.

（2）"提高空间想象、抽象概括、推理论证、运算求解、数据处理等基本能力"是对数学基本能力的要求.

培养学生的数学基本能力是数学教学的基本任务.《高标》将数学的基本能力扩充为空间想象、抽象概括、推理论证、运算求解、数据处理五大基本能力. 从标准理念和课程的总目标出发，去认识数学基本能力的丰富内涵、新的发展和进步，对于高中数学教学具有特别重要的意义.

几何学能够给我们提供一种直观的形象，通过对图形的把握，发展空间想象能力，这种能力是非常重要的，无论是在数学研究、数学学习方面，还是在其他方面，都是一种基本能力.《高标》对空间想象能力的发展是：更加关注通过对整体图形的把握去培养和发展空间想象能力；关注在空间想象能力培养中培养人的认识规律；概括了人们认识和探索几何图形的位置关系和有关性质的规律；建议通过"直观感知、操作确认、思辨论证、度量计算"等学习过程，培养和发展空间想象能力；等等. 这对几何课程的学习应该是有帮助的. 例如，在立体几何的学习中，建议从对空间几何体的整体观察入手，认识整体图形；再以长方体为载体，直观认识空间点、线、面的位置关系，抽象出有关概念；用数学语言表述有关性质与判定.

抽象概括能力不仅是数学本身与数学学习的需要，也是现代社会对未来公民基本素养的要求. 数学高度抽象的特点，要求我们能从具体事物中区分、抽取研究对象的本质特征，即抽象概括. 通过抽象概括的过程，认识和理解研究对象. 没有抽象概括的过程，就不会很好地认识和理解数学概念和结论. 抽象概括能力不仅在数学学习（对数学概念和结论的认识和理解）中是必需的，而且在现代社会生活中也是必需的. 由于人与人之间广泛的交流和交往，加上多种多样的传媒途径，我们会获得很多的信息，这就需要能从大量的信息里，概括出一些观点、结论，帮助我们去思考问题，做出判断. 因此，抽象概括能力也是未来公民所需要的一种基本素养.

《高标》对推理论证能力的要求既包括了演绎推理（或逻辑推理），又包括数学发现、创造过程中的合情推理（归纳、类比等），这是数学的基本思考方式，也是学习数学的基本功. 过去说到推理论证，关注的是已建立的公理体系，想到的只是逻辑推理，却忽视了命题和猜想的来源及形成过程（从特殊到一般的归纳过程，或者从特殊到特殊的类比过程）. 数学正是运用演绎推理、合情推理这样两种推理不断发展前进的.《高标》对教师教学和学生学习提出这样的要求是一种进步，不仅体现了数学产生、发展的本来面目及数学学习的客观过程，而且对于培养学生的创新意识和创造能力等都是十分重要的.

《高标》对运算求解能力赋予了更为丰富的内涵. 除了原先对运算求解能力的一些要求（但是要避免繁杂的运算和过于人为的、技巧性过强的运算），还应包括对估算能力、使用计算器和计算机的能力、求近似解的能力等方面的要求. 同时，更加关注对运算求解过程中的算理及算法理解. 因为面对一些实际问题，有时并不需要你求出精确的值，很多时候也求不出精确的值.《高标》在"函数与方程"中就安排了借助信息技术用二分法求方程近似解的内容，在"导数及其应用"的阅读材料中也建议安排用切线法求方程近似解的内容. 还应特别注意的是，运算过程也是一个推理过程，这样的认识会有助于我们去分析和解决学生在运算中所产生的一些问题.

数据处理能力也是人们必须具备的基本能力. 在信息社会、数字化时代中，人们经常需要与数字打交道. 例如，产品的合格率、商品的销售量、电视台节目的收视率、就业状况、能源状况等，都需要我们具有收集数据、处理数据、从数据中提取信息做出判断的能力，从而具有对一堆数据的感觉、加工能力，这是现代社会公民应具备的一种基本素养. 为此《高标》加强了这方面内容的学习要求. 如在"统计"和"统计案例"的内容中，都强调必须通过典型案例的处理，让学生经历收集数据、处理数据、分析数据、从数据中提取信息做出判断的全过程，并在经历过程中学会运用所学知识、方法去解决实际问题.

（3）"提高数学地提出、分析和解决问题的能力，数学表达和交流能力，以及独立获取数学知识的能力"是对数学能力的进一步要求.

培养学生的数学能力是数学教学的根本任务之一.《高标》对数学能力的内涵做了进一步的深化：在培养数学地提出、分析和解决问题能力的同时，还要求培养和发展学生的数学表达和交流能力.

　　"提出问题"是我国数学教育中的一个薄弱环节. 事实上, 在中学数学教育中, 让学生学习发现问题、提出问题, 学会发现问题、提出问题是创新意识和创造能力培养的一个非常重要的方面.《高标》在内容中将"数学探究、数学建模、数学文化"作为贯穿整个高中数学课程的重要活动, 渗透或安排在每个模块或专题中, 就是希望强调如何引导学生去发现问题、提出问题. 在教学中, 可以按照不同的层次进行. 例如: 可以改变命题的条件或结论, 或是对结论的推广; 可以在不同的维度进行类比, 比如对平面几何与立体几何之间的类比, 或者从一维到多维的推广; 可以是带着任务的实验操作; 也可以是针对某个问题进行数学建模活动等.

　　数学交流是指用数学语言来传递信息和情感的过程. 交流需要表达, 交流与表达是密不可分的. 在交流的过程中, 可以更好地理解和使用数学语言和符号, 可以组织和强化学生的数学思维, 同时通过思考他人的想法和策略来丰富和扩展自己的知识和思维. 因此, 交流对于强化数学的认识和理解具有重要作用. 无论是在通常的数学学习中, 还是在数学探究、数学建模等数学活动中, 数学表达和交流都是必不可少的能力. 表达和交流是数学学习本身的需要, 也是现代社会对人才培养的需要. 因此, 在教学中要通过多种方式培养和发展这一能力. 例如: 让学生尝试着提出问题; 让学生陈述某个定理、结论的发现过程或证明过程; 作一个读书报告; 在小组讨论、交流的基础上, 各组对某个问题展开辩论.

　　"发展独立获取数学知识的能力"是指培养和发展学生懂得如何学会学习, 如何独立思考, 如何根据问题的需要去阅读有关书籍、选择必要的参考资料, 如何通过交流获得信息等方面的能力. 提出这一新的要求, 一方面是针对目前中学数学教育中的问题, 另一方面是知识经济时代对人才培养的一个要求. 从某种意义上来说, 发展独立获取数学知识的能力比数学能力本身更为重要. 在一个人的成长过程中, 毕竟在校时间是有限的, 更多的是要通过自己的主动学习去适应迅速发展的社会. 同时,"发展独立获取数学知识的能力"也是对《高标》中"提倡积极主动、勇于探索的学习方式"的一个呼应.

　　(4)"发展数学应用意识和创新意识, 力求对现实世界中蕴涵的一些数学模式进行思考和做出判断"是对应用意识和创新意识的具体化和明确化.

　　认识数学的本质、数学的价值、数学的教育价值, 是对数学教学和数学教育本质的深刻揭示.《高标》提倡通过丰富的实例引入相应的概念、结论, 引导学生应用数学知识去解决问题, 并且尽可能让学生在经历探索、解决问题的过程中去体会数学的应用价值. 其目的是要帮助学生认识到数学与自己有关、与实际生活有关, 产生"我要用数学, 我能用数学"的积极情感, 逐步形成用数学的意识，并在运用中孕育创新意识．例如，在函数概念的引入时，应结合实际问题，使学生感受再一次学习函数概念的必要性，以及函数与实际生活的联系，从情感上激活学习的欲望，同时感受函数的广泛应用；对于函数的三种表示法的教学，重点应是从实际问题的背景中，让学生选择恰当的表示方法，体会不同方法在具体问题中的应用；让学生通过函数模型的具体应用问题，进一步体验函数的广泛应用．

此外，《标准》将数学建模、数学探究、数学文化等活动渗透、安排在各模块和专题中，其重要目的之一也正是希望培养和发展学生的应用意识和创新意识，力求让学生对现实世界中蕴涵的一些数学模式进行思考和做出判断．

（5）情感、态度、价值观的培养是促进学生全面和谐发展的需要．

促进学生全面和谐的发展是素质教育的目的．知识与技能、过程与方法、情感态度和价值观三个方面是当代教育对学生全面发展的基本目标定位．因此，在课程目标的最后两条中，提出了关于情感、态度和价值观方面的要求．

第一，提高学习数学的兴趣，树立学好数学的信心．兴趣是学生学习数学的内在动力，也是学好数学的基本保证．数学课程及其教学应尽可能激发学生学习数学的兴趣，帮助他们树立学好数学的自信心，使他们愿意亲近数学、了解数学、谈论数学、应用数学，愿意用数学的眼光观察周围的现象．在教学中，通过丰富的实例展开数学内容的学习，不仅可以使学生体会数学与现实世界的联系或知识产生的过程，而且会使学生产生学习数学的积极情感，感受到数学离自己很近，数学有用，我要学数学．同时，数学建模和数学探究等新的学习方式，也为学生提供了自主探究的学习空间，它将有助于学生体验创造的激情，有助于激发学生学习数学的兴趣．

第二，形成锲而不舍的钻研精神和科学态度．无论人们未来从事怎样的活动，锲而不舍的钻研精神和科学态度是应具备的重要素质．数学课程的学习更需要锲而不舍的钻研精神，需要有克服困难的意志力和决心，因而数学课程也就成为培育学生具备这种精神和态度的良好载体．在数学课程及其教学中，应设置具有一定挑战性的问题，使他们有机会经历克服困难、解决问题的活动过程．在学生遇到问题或困难时，帮助他们树立战胜困难的决心，不轻易放弃对问题的解决，鼓励他们坚持下去，这样可以使学生逐步养成独立钻研的习惯、克服困难的意志和毅力，进而形成锲而不舍的钻研精神和科学态度．同时，让学生了解数学家为追求数学真理贡献自己毕生经历的故事，启发学生向形成勇于探索、锲而不舍的钻研精神和科学态度的目标迈进．

第三，开阔数学视野，认识数学的科学价值、应用价值和文化价值，体会数学的美学意义．学生对数学价值的认识，对数学美的感受，是提高其自身素质的重要方面. 因此, 在数学课程及其教学中, 应通过适当的内容设置, 以及适当的教学形式来开阔学生的数学视野, 使他们更多地了解数学科学与人类社会发展之间的相互作用. 例如, 在必修课程中, 可以通过阅读材料、数学探究等途径开阔学生的数学视野; 在选修系列中, 可以通过不同的专题, 了解数学对人类文明发展的推动作用, 了解近现代数学的基本思想和方法及其在解决生活和生产实际问题中的应用, 扩展学生的数学视野.

第四, 形成批判性的思维习惯、崇尚科学的理性精神, 树立辩证唯物主义和历史唯物主义世界观. 养成科学的质疑态度、批判性的思维习惯, 具有实事求是、严谨的风格以及崇尚科学的理性精神等, 是对公民进行科学教育要达到的目标之一. 数学的客观真理性、推理的严谨性, 使之成为理性的化身, 因而数学课程应责无旁贷地肩负起培养人的理性精神和批判性思维习惯的使命. 这种习惯的形成以及理性精神的培育, 需要在数学教学的过程中不断地创造机会. 教师应鼓励学生善于对他人的、书本上的甚至权威的观点合理地提出疑问, 甚至是批判性的意见. 辩证唯物主义和历史唯物主义的世界观是我们正确认识世界和改造世界的锐利武器, 数学中充满着辩证法的思想, 因此, 数学课程中一直都把培养辩证唯物主义和历史唯物主义的世界观作为课程目标之一.

3.3 普通高中数学课程内容标准的解读

3.3.1 数学课程的基本框架

根据《普通高中课程方案（实验）》关于课程结构和课程设置的要求, 普通高中课程由学习领域、科目、模块三个层次构成. 普通高中课程一共设置了八个学习领域, 数学自身构成一个单独的学习领域. 在数学课程这个领域中, 不再划分科目, 直接由模块构成. 这些模块又划分成必修和选修两部分. 其中, 必修课程由 5 个模块构成, 选修课程分成 4 个系列, 各个系列由模块或专题构成（见图 3-1）.

必修课程的 5 个模块, 包括集合、基本初等函数、立体几何初步、平面解析几何初步、算法、统计、概率、平面上的向量、三角恒等变换、解三角形、数列、不等式等内容, 这些内容是每一个高中学生都要学习的. 这些内容对于所有的高中学生来说, 无论是毕业后直接进入社会, 还是进一步学习有关的职业技术, 或是继续在大学深造, 都是非常必要的基础.

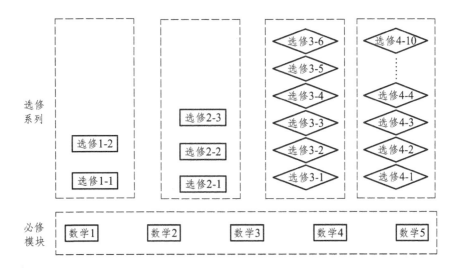

图 3-1　普通高中数学课程框架图

选修课程分为 4 个系列, 是为了给将来发展方向不同的学生提供更宽泛、更进一步的基础. 其中, 选修系列 1 是为准备在人文、社会科学方面发展的学生设置的, 选修系列 2 是为准备在理工、经济方面发展的学生设置的, 选修系列 3 和系列 4 则是为所有学生进一步拓宽或提高数学素养而设置的. 这些内容仍然是为学生的进一步发展奠定基础, 这样安排更加方便学生按照自己的意愿, 来规划个人的进一步发展, 为不同发展方向的学生提供不同的基础.

必修课程和选修课程的各个系列全都划分成模块或专题, 是为了方便学生选择课程内容、制订学习计划. 其中, 必修课程、选修系列 1 和系列 2 的每一个模块, 都安排了 36 课时 (约半个学期) 的学习内容, 选修系列 3 和系列 4 的每一个专题, 安排了 18 课时的学习内容. 每个学生在学期开始时, 可以根据自己的学习基础和发展方向, 选择不同模块的内容, 制定各自不同的学习计划, 还可以在学习一个阶段之后, 根据自己的学习情况, 调整、变更学习计划. 这样就为不同学生的发展提供了充分的选择性.

为了促进学生更加积极主动地钻研数学, 发展提出问题、分析问题和解决问题的能力, 养成应用数学的意识和习惯, 体会数学的科学价值、应用价值和人文价值,《高标》明确提出了数学探究、数学建模和数学文化等新的学习内容和学习方式, 并对其教学提出了具体的要求. 这些内容可以结合有关数学内容, 设计成相对集中的课题研究、建模活动或数学文化研究活动, 这些新的学习方式应当贯穿于整个高中数学课程, 渗透在各个模块的教学过程中. 例如, 在教学新内容时, 就可以联系学生已有的基础, 引导学生经历主动探究、归纳发现、抽象概括的过程，来获取新知识．在教学某个数学知识时，就可以联系知识发生、发展的背景，研究有关的数学文化．

3.3.2　必修课程的构成及其定位

在未来，我国要逐步普及高中教育，使每个公民都能在九年义务教育的基础上，接受更高一层次的高中教育，在思想道德、科学文化和强身健体诸方面，得到进一步的提高．作为高中课程八个学习领域之一的数学课程，《高标》为所有的高中学生设置了一定的数学内容作为必修课程．每一个高中学生，都应在九年义务教育基础上，为适应时代发展的要求和个人发展的需要，学好这些必要而又基本的内容，进一步提高自身的数学素养．

在必修课程的 5 个模块中，安排了集合、基本初等函数、立体几何初步、平面解析几何初步、算法初步、统计、概率、平面上的向量、三角恒等变换、解三角形、数列、不等式等内容．这些内容对于学生进一步了解现实世界中数量变化之间的关系，把握空间图形的位置关系，通过收集和处理数据，分析事物发展变化的规律，解决生活或工作中的一些实际问题，是非常必需的．在这些基础知识和基本技能的教学过程中，应注重提高学生在数学方面的各种能力，发展学生的理性思维习惯，提高学生对数学价值的认识，培养他们的应用意识和创新意识．

《高标》在安排这些必修内容时，更加强调使学生了解这些知识产生和发展的背景，以及它们在现实世界中的应用．例如：函数的内容主要是作为描述客观世界变化规律的重要数学模型，要求学生联系生活中的具体实例，着重理解如何运用函数来刻画现实世界中变量之间相互依赖的关系，函数的思想方法贯穿高中数学课程的始终；立体几何初步的内容主要是引导学生从现实空间几何体的整体观察入手，认识空间图形，理解空间点、线、面的位置关系，并在直观认识和理解空间点、线、面的位置关系的定义、公理和定理的基础上，学会证明一些空间位置关系的简单命题；统计和概率的内容主要是引导学生经历数据收集和处理的全过程，获得从数据中提取有价值的信息，进行合理决策的能力，体会统计思维与确定性思维的差异与联系；算法初步的内容主要是为了提高学生有条理地处理和解决问题的能力，并能理解计算机的某些基本语言中的算法（数学）成分，体现了信息时代对具有较高数学素养公民的要求．

学生在进入高中以后，在数学领域，应当首先学习必修课程的 5 个模块，因为这是学生毕业时应掌握的最基本的数学内容，也是学习其他选修课程的基础．同时，必修课程也是学生高中毕业后直接进入社会或报考艺术、体育院校的数学要求．必修课程的 5 个模块内容，以数学 1 为基础，其余的 4 个模块在不影响相关联系和知识准备的条件下，学校可以根据学生的选择和本校排课具体情况进行安排，原则上没有顺序要求．

3.3.3 选修系列构成及其定位

高中数学的选修系列，是在必修课程的基础上，为不同发展方向的学生设置的数学课程．前面所说的必修课程是为所有的学生在义务教育的基础上，获得较高的数学素养的所有公民而设置的．对大多数学生来说，仍然有进一步选修数学的必要．选修系列 1 和系列 2 就是为这些学生而设置的供选择的数学课程．对于大多数高中学生来说，它们依然是必要的、基础性的．

3.3.3.1 选修系列 1 和系列 2 的构成及其定位

在选修系列 1 和系列 2 中，有些内容是相同的，如常用逻辑用语、数系的扩充与复数的引入；有些内容从标题来看是相同的，但是在内容的要求上有所区别，如圆锥曲线与方程、导数及其应用、统计案例、推理与证明；还有一些内容分别安排在不同的系列中，如框图只在选修系列 1 中才有，而空间中的向量与立体几何、计数原理、概率只在选修系列 2 中才有．其中，选修系列 1 是为希望在人文、社会科学等方面发展的学生设置的，选修系列 2 是为希望在理工、经济等方面发展的学生设置的．这两个选修系列的内容，同样是给学生的发展继续打基础，只是依据学生发展方向的不同，为学生打好不同的基础而设置的．学生可以根据自己的发展志向，主动做出选择．

与以往的高中数学课程相比，《高标》选定的必修内容以及选修系列 1 和系列 2 的学习内容，基本上覆盖了 1997 年制定，又于 2002 年修改审定的《全日制普通高级中学数学教学大纲》的内容，只是根据时代的要求，增加了算法初步、推理与证明、框图这样的新内容，在概率统计方面，对于统计思想及其应用和随机概念有所加强．与此同时对有些传统的内容做了删减，或在要求和侧重点方面有所调整．例如，削弱了三角函数恒等变换的证明；不等式中减少不等式证明的内容，而侧重介绍不等关系中优化的思想；立体几何中减少综合证明的内容，重在对于图形的把握，发展空间观念，运用向量方法解决计算问题；微积分初步中不再系统地讲极限概念，只通过瞬时变化率的描述，着重理解微分的基本思想及其应用．这样的调整，将使得学生把精力更多地放在理解数学的思想和本质方面，更加注重数学与现实世界的联系和应用，重在发展学生的数学思维能力，发展学生的数学应用意识，提高学生自觉运用数学分析问题、解决问题的能力，为学生日后的进一步学习，或在工作、生活中应用数学，打下更好的基础.

选修系列 1 和选修系列 2，应当在学生学完高中数学必修课程的基础上开设，同时要求学生在两者中做出选择. 在学生学习必修课程时，学校就应当向学生介绍选修课程的情况，这是大部分高中学生做出选择的主要一步. 因为，可能只有少数学生（高中毕业后直接进入社会或报考艺术、体育院校的）选择只学习高中数学的必修课程，大部分学生都会在选修系列 1 和系列 2 中选择一种，作为自己继续发展的基础. 选修系列 1 和系列 2 中各模块的学习，原则上没有先后顺序，学校可以根据学生的选择和本校排课具体情况进行安排.

3.3.3.2 选修系列 3 和系列 4 的构成及其定位

随着时代的发展、社会的进步，人们逐渐认识到，数学无处不在，科学技术的发展需要数学，各行各业的生产需要数学，就是在日常生活中也离不开数学，现代社会越来越需要数学素养比较高的人才. 学生在学习过程中，应当有更加开阔的视野. 一个人只有具备了比较高的数学素养和比较开阔的视野，才能比较自觉地、有意识地运用数学的眼光，去观察、分析周围的世界，去主动地运用数学知识，处理和解决所遇到的问题. 因此，为了使高中学生依据各自不同的兴趣和需要，了解更多、更广的数学知识，具有更高的数学素养，《高标》设置了选修系列 3 和系列 4 的学习内容. 通过选修这些内容，学生可以对于数学的科学价值、应用价值和文化价值有更多的认识，以满足他们今后在工作和生活中对有关数学知识的需要. 即便有些学生日后不专门研究数学，也不从事科技理论或研发方面的工作，而是从事其他看似与数学关系不大的工作，例如去做一些新闻、文学等方面的工作，选择学习这些内容也是非常有价值的.

选修系列 3 和系列 4 的内容，有些看起来很深奥，以往只有上大学才能够学到，例如球面上的几何、对称与群、矩阵与变换、欧拉公式与闭曲面分类、三等分角与数域扩充等. 现在把它们引入高中数学课程，并不是要把这些内容简化下放，而是想抓住这些数学内容的精髓，把它们的基本思想介绍给高中学生. 另外有些内容，例如数学史选讲、几何证明选讲、数列与差分、坐标系与参数方程、不等式选讲、初等数论初步等，是想让学生在已学过的数学内容的基础上，进一步加深对已学知识和相关知识的了解和认识. 还有一些内容，例如信息安全与密码、优选法与实验设计初步、统筹法与图论初步、风险与决策、开关电路与布尔代数等，它们反映了数学与现实世界的紧密联系与广泛应用，通过介绍这些数学知识，可以加深学生对数学的力量、数学应用价值的认识．这些内容的教材编写和教学，并不要求很严格的系统性，但是又不像有些通俗介绍那样只是简单地讲讲故事，而是想让学生对它们的基本内容和基本思想方法有一个初步的了解．

选修系列 3 和系列 4 这两个系列，在教学要求上是有所区别的．选修系列 3 的专题，主要是以通俗易懂的语言，深入浅出地介绍各专题的基本数学内容及其基本思想，以开阔学生视野，从数学的发展或从一个具体的数学分支来认识数学的魅力和价值．选修系列 3 的专题学习结束后，学生都要完成一个学习报告，概括一下本专题的基本内容，总结自己学习后的体会．选修系列 3 的评价，可以采用定性与定量相结合的方式进行，但不列入高等院校招生考试的命题范围．选修系列 4 的专题，虽然也是要深入浅出地介绍各个专题的主要内容，但同时还要求学生能够运用其中的数学知识，计算、证明或处理一些问题．选修系列 4 的专题学习结束后，学生除了要写学习报告，还应能够运用所学知识解答一些简单的问题，高等院校的招生考试也可以根据招收专业的需要，选择选修系列 4 中某个专题的内容来命题．

选修系列 3 和系列 4 的设置和实施是一个动态发展的过程．随着时代的发展，科技的进步，数学将渗透到社会的各个领域，它所发挥的作用将越来越明显．作为 21 世纪的现代公民，应当对于数学在各个领域中的作用有所了解．学生根据自己的条件和需要，尽可能地多选择一些数学内容学习，对于他们更好地认识周围的世界，更自觉地运用数学是非常必要的．然而，提供什么样的专题来让学生选择，也会随着时间的推移，根据实际的需要与可能进行调整．目前，《高标》在选修系列 3 和系列 4 中设置的内容，只是一个初步的尝试，今后也可能会有更重要的内容再补充进来，有一些不合时宜的内容可能会被精简．学校应当积极地开设这些选修课程，最初能够开设多少个专题，以后怎样逐步增加，可以根据本校的具体条件制订发展计划逐步完成．为了解决现有教师对于某些专题内容不熟悉，因而开设困难的问题，可以采用协作办学、资源共享的方式解决．有的专题可以由本校的教师来开设；有的则可以请外校的教师校际联合开设；有的专题还可以请附近的大学帮助开设；必要的时候还可以通过电视台、计算机互联网进行教学，开展远程教育．

由于选修系列 3 和选修系列 4 是为对数学有特殊兴趣，并希望在数学方面进一步提高素养的学生而设置的，它们涉及的范围很广泛，内容触及该专题特有的基本概念和思想，因此在教学方式上应深入浅出，不可过度的形式化，不讲求非常严格的系统性．学生在选修时，可以不必考虑逻辑顺序．一般来讲，这些专题从学生上高中一年级时就可以选修．在学生学习必修课程时，学校就应当介绍这些专题的内容，鼓励学生在自己有兴趣有精力的情况下，尽可能地多学一些内容．比如，在高中一年级时就可以先学一些有趣的、相对容易的、不需要太多预备知识的专题，然后随着年级的升高、数学基础知识的增加，再继续选修另外一些感兴趣的专题．

4 普通高中数学课程内容解读

上一章，我们对高中数学课程的基本框架进行了解读，本章继续对高中数学课程内容进行解读.

4.1 数学 1 内容解读

4.1.1 具体内容

本模块内容包括集合、函数概念与基本初等函数 I（指数函数、对数函数、幂函数）.

（1）集合.

具体包括：集合的含义表示、集合间的基本关系、集合的基本运算.

（2）函数概念与基本初等函数.

具体包括：函数、指数函数、对数函数、幂函数、函数与方程、函数模型及其应用、实习作业.

4.1.2 教育价值

（1）通过集合内容的学习，可发展学生掌握数学语言和运用数学语言学习数学、进行交流的能力.

学习数学就是学习一种有特定含义的形式化语言，以及用这种形式化语言去表述、解释、解决各种问题. 作为现代数学语言重要组成部分的集合语言，可以简洁、准确地表述数学对象和结构.

在集合内容的学习过程中，通过利用和结合学生已学过的数学内容（如自然数集、有理数集、实数集等）以及生活中的实例，可使学生感受到运用集合语言对客观世界中具有某种特性的对象进行描述的意义和力量. 如，用集合语言可以方便地表示平面上以原点为圆心的单位圆周 $C = \{(x, y) \in R^2 \mid x^2 + y^2 = 1\}$

和单位圆面 $D = \{(x, y) \in R^2 \mid x^2 + y^2 \leqslant 1\}$，等等．这对发展学生运用数学语言来刻画现实世界，运用数学语言学习数学、进行数学交流具有积极作用．

（2）通过函数内容的学习，可发展学生对变量数学的认识．

《高标》要求学生把函数作为描述客观世界变化规律的重要数学模型来学习，结合实际问题，感受运用函数概念建立模型的过程与方法，强调指数函数、对数函数、幂函数是三类不同的函数增长模型；收集函数模型的应用实例，了解函数模型的广泛应用；利用信息技术探索和了解指数函数、对数函数的变化规律和性质；将函数的思想方法贯穿在整个高中数学学习中，不断加深对函数概念本质的认识和理解；等等．这表明，通过函数内容的学习，可促进学生对变量之间的相互依赖关系以及从某一事物的变化信息推知另一事物的变化信息的认识，深化学生对数学与现实世界之间联系的认识，从而促进学生对变量数学认识的全面发展．

4.1.3　内容解析

（1）集合．

集合论是德国数学家康托在 19 世纪末创立的，集合语言是现代数学的基本语言．使用集合语言，可以简洁、准确地表达数学的一些内容．

高中数学课程中，本模块对集合的定位是将集合作为一种语言来学习，使学生感受用集合表示数学内容时的简洁性、准确性，帮助学生学会用集合语言简洁、准确地表示数学对象，为发展运用数学语言进行表达和交流的能力打下一定的基础．

在集合语言的学习中，要求能针对具体问题，恰当选择用自然语言、图形语言或集合语言（列举法或描述法）表示相应问题，这不仅是学习集合语言的需要，更是培养学生数学语义转换能力的需要．

（2）函数．

函数是描述客观世界变化规律的重要数学模型．高中阶段不仅把函数看成变量之间的依赖关系，同时还用集合与对应的语言刻画函数，函数的思想方法贯穿高中数学课程的始终．

在本模块中，学生将学习指数函数、对数函数、幂函数等具体的基本初等函数；结合实际问题，感受运用函数概念建立模型的过程和方法，体会函数在数学和其他学科中的重要性，初步运用函数思想理解和处理现实生活中的简单问题；能够利用函数的性质求方程的近似解，体会函数与方程的有机联系．

对于函数内容，强调结合实际问题，感受运用函数概念建立模型的过程与方法，了解函数模型的实际背景和广泛应用；强调函数与方程、不等式、算法等内容的联系；强调对数形结合、几何直观等数学思想方法的学习；强调函数与信息技术的整合.

指数函数、对数函数、幂函数是三类不同的函数增长模型. 在教学中，要求通过收集函数模型的应用实例，了解函数模型的广泛应用；要求将函数的思想方法贯穿在整个高中数学的学习中.

4.2 数学 2 内容解读

几何学是研究现实世界中物体的形状、大小与位置关系的数学学科. 三维空间是人类生存的现实空间. 认识空间图形，培养和发展学生的空间想象能力、推理论证能力、几何直观能力、用图形语言进行交流的能力，是高中阶段数学课程的基本要求.

4.2.1 具体内容

本模块内容包括立体几何初步、平面解析几何初步.
（1）立体几何初步.
具体内容包括：空间几何体，点、线、面之间的位置关系.
（2）平面解析几何初步.
具体内容包括：直线与方程、圆与方程、空间直角坐标系.

4.2.2 教育价值

几何学是伴随着人类文明的进步而发展起来的. 本模块内容"立体几何初步"与"解析几何初步"，就是几何学发展的两个主要方向的体现. 这部分内容的教育价值主要体现在以下几个方面.
（1）有助于发展学生把握空间与图形的能力，使学生更好地认识和理解人类生存的空间.
直观图形、几何模型以及几何图形的性质，是准确描述现实世界空间与图形关系，解决学习、生活和工作中各种问题的工具. 随着计算机制图和成像技术的发展，处理空间与图形问题的几何方法更是被广泛运用到人类生活和社会发展的各个方面. 因此，把握空间与图形的能力是学生应具备的基本数学素养，对于学生更好地认识、理解生活的空间，更好地生存与发展具有重要意义.

（2）有助于发展学生的直觉能力，培养学生的创新精神.

几何作为一种直观、形象的数学模型，在发展学生的直觉能力，培养学生的创新精神方面具有独特的价值. 创新往往发端于直觉. 几何图形的直观形象为学生进行自主探索、创新的活动提供了更为有利的条件. 学生在运用观察、操作、猜想、作图、设计等手段探索研究几何图形的过程中，获得视觉上的愉悦，能增强探究的好奇心，激发出潜在的创造力，形成创新意识.

（3）有助于发展学生的论证推理能力、合情推理能力、运用图形语言进行表达与交流的能力.

几何的学习通常要经历直观感知、操作确认、思辨论证、度量计算等几个阶段. 在立体几何初步中，要求学生首先通过观察实物模型、空间几何体等，直观认识和理解空间图形的性质以及空间点、线、面的位置关系，并用数学语言表述这些性质. 在此基础上，通过直接观察、操作确认得出空间点、线、面的基本性质，以这些基本性质作为推理的出发点，探索并证明空间点、线、面的位置关系的一些其他性质. 这种处理突出了空间图形的探索、研究过程，体现了合情推理与论证推理的结合. 因此，几何内容的学习有助于培养和发展学生的合情推理能力、论证推理能力、运用图形语言进行表达与交流的能力.

（4）有助于学生认识数学内容之间的内在联系，体会数形结合思想.

解析几何的本质是用代数方法研究图形的几何性质，它沟通了代数与几何之间的联系，体现了数形结合的重要数学思想. 在解析几何初步中，要求学生经历将几何问题代数化、处理代数问题、分析代数结果的几何含义、解决几何问题几个过程. 这有助于学生认识数学内容之间的内在联系，理解数形结合思想.

4.2.3　内容解析

（1）立体几何初步.

"立体几何初步"这一部分内容的设计遵循从整体到局部、从具体到抽象的原则，通过直观感知、操作确认、思辨论证、度量计算等方法，认识和探索空间几何图形及其性质.

首先借助于丰富的实物模型或运用计算机软件所呈现的空间几何体，通过对这些空间几何体的整体观察，帮助学生认识其结构特征，运用这些特征描述现实生活中的一些简单物体的结构，巩固和提高义务教育阶段对有关三视图知识的学习和理解，帮助学生运用平行投影与中心投影，进一步掌握在平面上表示空间图形的方法和技能.

在此基础上，以长方体为载体，直观认识和体会空间的点、线、面之间的位置关系，抽象出空间线、面的位置关系的定义，用数学语言表述有关平行、垂直的性质与判定，并了解一些可以作为推理依据的公理和定理.

最后，运用已获得的结论证明一些空间位置关系的简单命题，并能计算一些简单几何体的表面积与体积.

（2）解析几何初步.

解析几何是 17 世纪数学发展的重大成果之一，其本质是用代数方法研究图形的几何性质. 本模块主要研究直线与圆这两个基本图形.

在平面直角坐标系中，结合具体图形，探索确定直线与圆的几何要素，获得直线方程与圆的方程的几种形式，以及一些有关的距离公式，并运用直线和圆的方程解决一些简单的位置关系与度量关系问题，充分体现用代数方法处理几何问题的思想.

通过具体情境，感受建立空间直角坐标系的必要性，运用空间直角坐标系刻画点的位置，探索得出空间两点间的距离公式.

4.3　数学 3 内容解读

4.3.1　具体内容

本模块内容包括算法初步、统计、概率.

（1）算法初步.

具体内容包括：算法的含义、程序框图、基本算法语句.

（2）统计.

具体内容包括：随机抽样、用样本估计总体、变量相关性.

（3）概率.

具体内容包括：频率与概率、互斥事件的概率加法公式、古典概型和几何概型.

4.3.2　教育价值

（1）算法的教育价值.

算法内容的教育价值主要体现在以下几个方面：

第一，有利于培养学生的思维能力．算法具有具体化、程序化、机械化的特点，同时又有抽象性、概括性和精确性．对于一个具体算法而言，从算法分析到算法语言的实现，任何一个疏漏或错误都将导致算法的失败．算法是思维的条理化、逻辑化．算法所体现出来的逻辑化特点被有些学者看成逻辑学继形式逻辑和数理逻辑之后发展的第三个阶段．因此，培养逻辑思维能力，不仅可以通过几何论证、代数运算等手段来进行，还可以通过算法设计的学习来达到．

第二，有利于培养学生的理性精神和实践能力．算法既重视"算则"，更重视"算理"．对于算法而言，一步一步的程序化步骤，即"算则"固然重要，但这些步骤的依据，即"算理"有着更基本的作用．"算理"是"算则"的基础，"算则"是"算理"的表现．算法思想可以贯穿于整个中学数学内容之中，有很丰富的层次递进的素材，而在算法的具体实现上又可以和信息技术相联系．因此，算法有利于培养学生的理性精神和实践能力，是实施探究性学习的良好素材．

第三，有利于学生理解构造性数学．构造性地解决数学问题是解决数学问题的重要方法，在数学哲学上也有着重要的意义．构造性数学是一个重要的数学哲学学派，他们只承认构造出来的数学．算法是一般意义上解决问题策略的具体化，即有限递归构造和有限非递归构造，这两点也恰恰构成了算法的核心．因而，算法有利于学生理解构造性数学．

第四，算法内容反映了时代的特点，同时也是中国数学课程内容的新特色．中国古代数学以算法为主要特征，取得了举世公认的伟大成就．现代信息技术的发展使算法焕发了前所未有的生机和活力．算法进入中学数学课程，既反映了时代的要求，也是中国古代数学思想在一个新的层次上的复兴，也是中国数学课程的一个新的特色．

（2）统计与概率的教育价值．

第一，有利于培养学生的统计思维．现代社会是信息化的社会，人们常常需要收集数据，根据所获得的数据提取有价值的信息，做出合理的决策．统计是研究如何合理收集、整理、分析数据的学科，它可以为人们制定决策提供依据．随机现象在日常生活中随处可见，概率是研究随机现象规律的学科，它为人们认识客观世界提供了重要的思维模式和解决问题的方法，同时为统计学的发展提供了理论基础．描述确定性现象的数学有助于培养人们的确定性思维，而统计与概率可以给人们提供另一种有效而且非常适用的思维方式——统计思维，即找出客观事物的统计规律性与随机现象的客观规律性．在人类的发展史上，有很多事例说明统计思维对人们决策所起的重要作用．比如，18

世纪英国政府为了确定如何开展人寿保险业，对人在各个年龄段的死亡情况进行了统计和分析，进而为后来人寿保险的发展提供了重要的科学依据.

第二，有助于学生理解数学的应用价值，形成数学应用意识. 目前，社会上的各行各业都离不开统计学. 生物学上有生物统计学；经济学上有数量经济学，用以分析市场的发展趋势；产品的质量检查以及生产过程中用到的质量控制的有关理论与方法，都是统计学在起作用；律师为了提供有力的证据也需要统计；在天文学上，需要对大量的天文观测进行统计分析以获取可靠的结论；一些新兴研究领域（如对策论、风险投资、随机模拟技术）也离不开统计与概率. 由此可见，统计与概率的学习对于理解数学的应用价值，形成数学应用意识具有重要意义.

第三，有助于培养学生以随机的观点来理解世界. 随机现象在日常生活中大量存在，比如降雨概率、感冒指数、体育彩票、各种保险、风险与投资，等等，这实际上是人们对客观世界中某些现象的一种描述，其中都涉及大量的数据. 面对这些数据，人们就要做出分析与判断. 因此，在不确定的情境中，根据大量无组织的信息做出合理的决策，将成为未来公民必备的基本素质. 从另一角度来说，随机思想实质上是揭示偶然性事件的内部规律性，在利用随机思想解决问题的过程中将大量地用到统计的思想与方法，统计决策的过程也蕴涵着随机的思想. 因此，统计与概率的学习有助于培养学生以随机的观点来理解世界，形成正确的世界观与方法论.

4.3.3　内容解析

（1）算法内容解析.

《高标》中算法的内容以两种形式呈现：一是在本模块中，相对集中地介绍算法的基本思想、基本结构、基本语句等；二是要求把算法思想渗透在其他相关内容之中. 中学数学中的算法内容和其他内容是密切联系在一起的，比如线性方程组的求解、数列的求和等. 具体来说，需要通过模仿、操作、探索、学习设计程序框图表达解决问题的过程，体会算法的基本思想和含义，理解算法的基本结构和基本算法语句，并了解中国古代数学中的算法.

一般算法由顺序、条件和循环三种基本结构组成. 顺序结构由若干个依次执行的处理步骤组成，这是任何一个算法都离不开的基本主体结构.

算法是计算机科学的基础，计算机完成任何一项任务都需要算法. 但用自然语言或程序框图描述的算法，计算机是无法"理解的"，还需要运用程序设计语言进行程序设计. 程序设计语言由一些有特定含义的程序语句构成，与算法程序框图的三种基本结构相对应，任何程序设计语言都包含输入输出语句、赋值语句、条件语句和循环语句．不同的程序设计语言有不同的语句形式和语法规则，但基本结构是相同的．

在教学中，要注意这样几点：第一，不要把算法讲成算法语言课或程序设计课，应通过实例来说明由数学的算法到计算机使用的算法的过渡，从而说明学习算法的必要性，理解算法各个基本内容（结构、框图、语言等）的作用．第二，要体现数学与算法的有机结合，从而使学生理解数学在利用算法解决问题中的作用，理解算法对学习数学提出的要求．第三，教师要有意识地让学生体会算法的思想，提高他们的逻辑思维能力．

（2）统计与概率内容解析．

在九年义务教育阶段，统计与概率的内容已经成为数学课程的基本组成部分．高中阶段要求继续加强随机性数学的学习，并在必修和选修这两部分都把概率统计作为重要的学习单元．

本模块在义务教育阶段所学统计与概率的基础上，通过实际问题情境，学习随机抽样、样本估计总体、线性回归的基本方法，体会用样本估计总体及其特征的思想；通过解决实际问题，较为系统地经历数据收集与处理的全过程，体会统计思维与确定性思维的差异．学生将结合具体实例，学习概率的某些基本性质和简单的概率模型，以加深对随机现象的理解，能通过实验、计算器（机）模拟估计简单随机事件发生的概率．

在教学时，要突出以下几个方面：

第一，强调体会统计的作用与基本思想．通过统计与概率内容的学习，学生不仅要学习一些最基本的统计分析的方法，而且要体会统计的作用和基本思想．教学时，教师要引导学生通过对各种案例的分析，体会"通过部分数据来推测全体数据的性质"这一数理统计的重要基本特征，让学生更好地体会统计与概率思想对生产与生活的作用．

第二，强调统计的过程与理性精神培养．统计内容的教学必须通过案例来进行，通过对一些典型案例的处理，使学生经历较为系统的数据处理全过程，在此过程中学习一些数据处理的方法，并运用所学知识、方法去解决实际问题．例如，在学习线性相关的内容时，教师可以鼓励学生探索用多种方法确定线性回归直线；在此基础上，教师可以引导学生体会最小二乘法的思想，根据给出的公式求线性回归方程；对感兴趣的学生，教师可以鼓励他们尝试推导线性回归方程．概率内容的教学，要让学生在具体的实验过程中对随机现象有一个初步的理解，进而理解概率的意义，体会概率与频率的关系．只有通过大量的实验，才能丰富学生对于概率意义的理解，形成随机观念．

第三，强调对抽样与样本的理解．统计是为了从数据中提取信息，教学时应引导学生根据实际问题的需求选择不同的方法合理地选取样本，并从样本数据中提取需要的数字特征．不应把统计处理成数字运算和画图表．对统计中的概念（如"总体""样本"等）应结合具体问题进行描述性说明，不应追求严格的形式化定义．

第四，强调对随机现象与概率意义的理解．概率教学的核心问题是让学生了解随机现象与概率的意义．教师应通过日常生活中的大量实例，鼓励学生动手试验，正确理解随机事件发生的不确定性及其频率的稳定性，并尝试澄清日常生活中存在的一些错误认识．

第五，提倡与现代信息技术的结合．计算器、计算机的日益普及为学生学习统计与概率提供了更加方便的工具．有了计算机的辅助，学生可以将大量重复的实验通过计算机模拟来实现，将重复性的工作变得更加富有探究性与趣味性．因此，在实际教学中应鼓励学生尽可能运用计算器、计算机来处理数据，进行模拟活动，更好地体会统计思想和概率的意义．例如，可以利用计算器产生随机数来模拟掷硬币的试验等．

4.4　数学 4 内容解读

4.4.1　具体内容

本模块的内容包括三角函数、平面向量、三角恒等变换．
（1）三角函数．
具体内容包括：任意角、弧度、三角函数．
（2）平面向量．
具体内容包括：平面向量的实际背景及其基本概念、平面向量的线性运算、平面向量的基本定理及坐标表示、平面向量的数量积、平面向量的应用．
（3）三角恒等变换．
具体内容包括：两角差的余弦公式，两角和与差的正弦、余弦、正切公式，二倍角的正弦、余弦、正切公式．

4.4.2　教育价值

这部分内容的教育价值主要体现在以下几个方面：
第一，有助于学生体会数学与实际生活的联系，发展数学应用意识．三角函数与向量是刻画现实世界的重要数学模型. 在实际生活中遇到的大量周期变化现象（如音乐的旋律、波浪、昼夜的交替、潮汐、钟摆的运动、交流电等），都是三角函数的实际背景，它们可以用三角函数加以刻画和描述. 力、速度、位移等在实际生活中随处可见，这些都是向量的实际背景，也可以用向量加以刻画和描述. 因此，通过本模块内容的学习，有助于学生认识到三角函数、向量与实际生活的紧密联系，以及三角函数、向量在解决实际问题中的广泛应用，并从中感受数学的价值；学会用数学的思维方式去观察、分析现实世界，解决日常生活和其他学科学习中的问题，发展数学应用意识.

第二，有助于学生认识数学内容之间的内在联系，体验数学的发现与创造过程. 向量既是代数的对象，又是几何的对象，它是沟通代数与几何的桥梁. 将向量与三角函数设计在一个模块中，主要是为了通过向量沟通代数、几何与三角函数的联系，体现向量在处理三角函数问题中的工具作用. 学生经历用向量的数量积推导出两角差的余弦公式的过程，并由此公式作为出发点，推导出两角和与差的正弦、余弦、正切公式，二倍角的正弦、余弦、正切公式以及积化和差、和差化积、半角公式等，有助于学生体会向量与三角函数的联系、数与形的联系以及三角恒等变换公式之间的内在联系.

第三，有助于发展学生的运算能力和推理能力. 向量作为代数对象，可以像数一样进行运算. 运算对象的不断扩展是数学发展的一条重要线索. 数运算、字母运算、向量运算、函数运算、映射、变换、矩阵运算等是数学中的基本运算. 从数运算、字母运算到向量运算，是运算的一次飞跃. 向量运算使运算对象从一元扩充到多元，对于进一步理解其他数学运算具有基础作用. 三角恒等变换公式的推导既是一种三角函数运算，也体现了公理化方法和推理论证在数学研究中的作用. 因此，本模块内容的学习有助于学生体会数学运算的意义，以及运算、推理在探索、发现数学结论，建立数学体系中的作用，发展学生的运算能力和推理能力.

4.4.3　内容解析

三角函数是基本初等函数，它是描述周期现象的重要数学模型，在数学和其他领域中具有重要的作用. 向量是近代数学中重要的基本数学概念之一，它是沟通代数、几何与三角函数的一种工具，有着极其丰富的实际背景.

（1）三角函数与向量是刻画和描述现实世界的重要数学模型. 这样处理教学内容，体现了数学模型观，渗透了数学建模的思想. 学习数学模型的最好方法是经历数学建模过程，即首先从大量的实际背景中概括抽象出三角函数、向量的概念（数学模型），然后利用数学的方法研究三角函数、向量的性质，再运用这些数学模型去解决实际问题. 由于数学模型来源于现实原型，又高于原型，因此可用于刻画和解决包括原型在内的更加广泛的一类问题. 在教学中，应树立数学模型的观念，用数学模型的观点处理这些内容.

（2）向量是数学中重要的、基本的概念，它既是代数的对象，又是几何的对象. 作为代数对象，向量可以运算. 作为几何对象，向量有方向，可以刻画直线、平面、切线等几何对象；向量有长度，可以刻画长度、面积、体积等几何度量问题. 向量由大小和方向两个因素确定，大小反映了向量数的特征，方向反映了向量形的特征. 因此，向量是集数形于一身的数学概念，是数学中数形结合思想的典型体现.

（3）弧度是度量角的大小的另一种方法，它是以弧长（长度等于半径的弧长）作为度量角的大小的一种度量体系. 作为度量单位的弧度，它与圆的大小，也就是圆的半径无关. 因此，我们常常选取单位圆来研究问题. 弧度是学生比较难接受的概念，教学中应引导学生体会弧度也是一种度量角的单位.

（4）在三角恒等变换中，利用向量的数量积推导出两角差的余弦公式，并由此公式推导出两角和的余弦公式，两角和与差的正弦、正切公式，二倍角的正弦、余弦、正切公式. 教学中，应鼓励学生通过独立探索和讨论交流，推导积化和差、和差化积、半角公式，以此作为三角恒等变换的基本训练.

（5）由于学生对基本初等函数已经有一个较为完整的认识和理解，因此在本模块的教学中，可以插入数学探究或数学建模活动，鼓励学生综合运用基本初等函数模型解决实际问题. 例如，可以提供一个实际问题的背景及一些数据信息，让学生自己选择适当的初等函数模型来刻画和解决该问题. 在此过程中，应鼓励学生使用计算器和计算机探索和解决问题.

4.5　数学 5 内容解读

4.5.1　具体内容

本模块内容包括解三角形、数列、不等式.

（1）解三角形.

具体内容包括：正弦定理、余弦定理.

（2）数列.

具体内容包括：数列的概念和简单表示法、等差数列、等比数列.

（3）不等式.

具体内容包括：不等关系、一元二次不等式、二元一次不等式组与简单的线性规划问题、基本不等式.

4.5.2 教育价值

解三角形、数列、不等式是高中数学的基本内容，有着较强的应用性. 这部分内容的教育价值主要体现在以下几个方面：

第一，有利于学生认识数学与现实世界和实际生活的联系，培养和发展学生的数学应用意识. 解三角形、数列、不等式的内容具有丰富的现实背景，在解决实际问题中有着广泛的应用. 解三角形属于几何中的度量问题，体现了数学的量化思想. 数列是一种离散函数，它是一种重要的数学模型. 日常生活中遇到的大量实际问题，如贷款、利率、折扣、人口增长、放射物的衰变等都可以用等差数列或等比数列来刻画. 不等式是刻画现实世界中的不等关系的数学模型，反映了事物在量上的区别.《高标》在这些内容的处理上突出了它们的现实背景和实际应用. 因此，这些内容的学习有利于学生认识数学与现实世界和实际生活的联系，培养和发展学生的数学应用意识.

第二，有助于学生进一步认识和理解函数思想，函数思想贯穿于高中数学的始终. 在其他必修内容中出现的函数基本上是连续函数，而本模块中的数列为学生提供了离散函数模型，它将等差数列、等比数列与一次函数、指数函数联系起来，有助于学生加深对一次函数、指数函数的认识. 同时，将函数与方程、不等式相联系. 从连续与离散的角度认识函数，从函数与方程、不等式的联系中理解函数，有助于学生提升对函数思想的理解水平.

第三，有助于学生体会数学中的优化思想及其应用. 优化思想是人们思考问题、解决问题的重要基本思想. 在日常生活、学习和工作中，为了提高效益，会遇到各种各样的优化问题. 人们做事总要有目标，从数学的角度考虑，希望对目标加以量化，也只有量化的目标才有好坏之分. 人们希望目标越来越好，避免目标越来越坏，这就需要对影响目标的因素进行量化分析研究，即要研究区域上的目标函数，求目标函数在区域上的最大值. 求目标函数的最大值需要运用算法，而不等式就是刻画和解决优化问题的重要工具之一. 本模块中，突出了不等式的实际背景与应用，并将不等式作为解决优化问题的工具，用不等式组刻画区域，解决一些简单的线性规划问题，用基本不等式解决一些简单的最值问题. 因此，本模块内容的学习有助于学生体会优化思想和数学在解决优化问题中的广泛应用.

4.5.3 内容解析

（1）解三角形.

解三角形是在以往知识基础上，对任意三角形的边长和角度关系做进一步的探索研究.

将解三角形作为几何度量问题来展开，要求学生在已有知识的基础上，通过对任意三角形边角关系的探究，发现并掌握三角形中的边长与角度之间的数量关系，解决简单的三角形度量问题. 这就要求教师在教学过程中，突出几何的作用和数学量化思想，发挥学生学习的主动性，使学生的学习过程成为在教师引导下的探究过程、再创造过程.

要求运用正弦定理、余弦定理等知识和方法解决一些与测量和几何计算有关的实际问题，而不必在恒等变形上进行过于烦琐的训练. 在教学中应努力创造条件，使学生真正体验数学在解决问题中的作用，感受数学与日常生活及其他学科的联系，发展数学应用意识，提高实践能力.

（2）数列.

数列是刻画离散现象的数学模型. 离散现象是自然界中普遍存在的现象，人们往往通过离散现象认识连续现象，这就使得数列在数学中占有重要的地位. 数列也是高中数学的经典内容.

把数列视为反映自然规律的基本数学模型，要求在教学中通过日常生活中的实例，学习数列的概念和几种表示方法，要体现数列是一种特殊函数，把数列融于函数之中.

把等差数列和等比数列作为重要内容，强调在具体的问题情境中，发现数列的等差关系或等比关系. 这既突出了问题意识，又有助于学生对数学本质的认识. 通过体会等差数列、等比数列与一次函数、指数函数的关系，实现数列与函数的融合.

（3）不等式.

对于不等式，强调不等式的现实背景和实际应用，把不等式作为刻画现实世界中不等关系的数学工具，作为描述、刻画优化问题的一种数学模型，而不是从数学到数学的纯理论探讨.

对于一元二次不等式，要将"经历从实际情境中抽象出一元二次不等式模型的过程"放在首位，同时通过函数图像了解一元二次不等式与相应函数、方程的联系，实现数形结合. 对一元二次不等式的求解，要求"尝试设计求解的程序框图"，从而融入了算法的思想.

将二元一次不等式组作为不等式部分的重要内容，并将其作为刻画区域的工具，是为解决简单的线性规划问题作铺垫.

线性规划是数学应用的一个最重要内容之一，其问题本身以及解决问题的方法促进了许多数学分支的发展，其蕴涵的优化思想方法是数学中的基本思想方法. 把简单的二元一次线性规划问题列入不等式部分作为必修内容，一方面体现了数学的应用价值，另一方面体现了数学内容的丰富多彩，也体现了现代数学中的优化思想.

对于基本不等式" $\sqrt{ab} \leqslant \dfrac{a+b}{2}(a,b \geqslant 0)$ "，要求探索并了解基本不等式的证明过程，会用基本不等式解决简单的最大（小）值问题.

4.6　常用逻辑用语、圆锥曲线与立体几何内容解读

4.6.1　常用逻辑用语

4.6.1.1　具体内容

这部分内容包括命题及其关系、充分条件和必要条件、简单的逻辑联结词、全称量词与存在量词.

4.6.1.2　教育价值

在数学中，逻辑用语的作用是至关重要的. 数学内容的表达，命题（原命题、逆命题、否命题、逆否命题）之间的关系，以及命题成立的条件（如充分条件、必要条件、充要条件），都离不开逻辑用语. 因此，逻辑用语的学习可使学生准确地表达数学内容，达到对数学的正确理解的目的.

在日常生活中，为了使表达更加准确、清楚、简洁，常常要用一些逻辑用语，因此，正确地使用逻辑用语是现代社会公民应具备的基本素质. 无论是进行思考、交流，还是从事各项工作，都需要正确地运用逻辑用语表达自己的思维，使得思维清晰明了，说理有据.

4.6.1.3　内容解析

学习逻辑用语的目的不是学习数理逻辑的有关知识，而是让学生通过学习逻辑用语的基本知识，体会逻辑用语在表述和论证中的作用. 教学中，应注意引导学生在使用常用逻辑用语的过程中，掌握常用逻辑用语的用法，纠正出现的逻辑错误，体会运用常用逻辑用语表述数学内容的准确性、简洁性. 避免学生对逻辑用语的机械记忆和抽象解释，不要求使用真值表.

本模块中考虑的命题是指明确地给出条件和结论的命题，对"命题的逆命题、否命题与逆否命题"只做一般性的了解．这些内容在刚开始学习时，是非常困难和难以理解的，但当学生经过一段时间的学习，有了数学上具体命题的积累后，对这些问题的理解就不成问题了．因此，本模块中，重点是要求学生关注四种命题的相互关系和命题的必要条件、充分条件、充要条件，并在今后的使用过程中加深理解．

对逻辑联结词"或""且""非"的含义，主要目的是让学生学会用这些逻辑联结词有效地表达相关的数学内容．因此，要求通过具体的数学实例来进行展开，避免抽象的讨论．

对于全称量词与存在量词，要求通过具体的案例来展开，不要追求形式化的定义．形式化的定义对于学生来说很难理解，并且很难找到具体应用的背景．

4.6.2　圆锥曲线与方程

4.6.2.1　具体内容

这部分内容包括曲线与方程、椭圆及其标准方程、椭圆的简单几何性质、双曲线及其标准方程、双曲线的简单几何性质、抛物线及其标准方程、抛物线的简单几何性质．

4.6.2.2　教育价值

圆锥曲线在数学上是一个非常重要的几何模型，有很多非常好的几何性质．这些重要的几何性质在日常生活、社会生产及其他科学中都有着重要而广泛的应用，所以学习这部分内容对于提高学生自身的数学素养是非常重要的．

圆锥曲线是较好体现数形结合思想的一个素材．高中阶段对圆锥曲线的学习，主要是结合已学过的曲线及其方程的实例，了解曲线与方程的对应关系；在平面解析几何初步的基础上，学习圆锥曲线与方程，了解圆锥曲线与二次方程的关系，掌握圆锥曲线的基本几何性质．因此，圆锥曲线的学习可使学生进一步深化对数形结合思想的理解，感受圆锥曲线在刻画现实世界和解决实际问题中的作用，促进数学应用意识的进一步发展．

4.6.2.3　内容解析

要求通过丰富的实例来引入圆锥曲线，如行星运行轨道、抛物运动轨迹、探照灯的镜面．如此强调让学生了解圆锥曲线的背景与应用，目的是让学更加深刻地理解学习圆锥曲线的必要性.

要求学生能够经历从具体情境中抽象出椭圆、抛物线模型的过程，目的是让学生对圆锥曲线的定义和几何背景有一个比较深入的了解. 虽然规定是"了解"，但这是一个非常重要的教学环节. 在内容设计上，可以向学生展现一些圆锥曲线在日常生活中的实际应用，如投掷铅球的运行轨迹、卫星的运行轨迹等.

掌握椭圆、抛物线的定义、标准方程、几何图形及简单性质是这部分内容学习的基本要求，而对双曲线只要求了解.

4.6.3　空间中的向量与立体几何

4.6.3.1　具体内容

这部分内容包括空间向量及其运算、立体几何中的向量方法.

4.6.3.2　教育价值

空间向量为处理立体几何问题提供了新的视角，为解决三维空间中图形的位置关系与度量问题提供了一个十分有效的工具. 在本模块中，学生将在平面向量的基础上，把平面向量及其运算推广到空间，运用空间向量解决有关直线、平面位置关系的问题. 因此，这部分内容的学习，有助于学生体会向量方法在研究几何图形中的作用，进一步发展空间想象能力和几何直观能力，深化对数学的认识.

4.6.3.3　内容解析

空间向量及其运算，要求学生经历由平面向空间推广的过程，目的是让学生体会数学的思想方法（类比与归纳），体验数学在结构上的和谐性与在推广过程中的问题，并尝试如何解决这些问题. 同时，在这个过程中，也让学生见识一个数学概念的推广可能带来很多更好的性质. 教学过程中应注意维数增加所带来的影响.

掌握空间向量的基本概念及其性质是对学生学习这部分内容的基本要求，也是后续学习的前提. 在向量运算的教学过程中，注意引导学生思考向量运算与通常的实数运算的联系与区别.

利用向量来解决立体几何问题是学习这部分内容的重点，要让学生体会向量的思想方法，以及如何用向量来表示点、线、面及其位置关系. 在教学中，可以鼓励学生灵活选择运用向量方法与综合方法，从不同角度解决立体几何问题.

4.7 统计、概率及计数内容解读

4.7.1 统计案例

4.7.1.1 具体内容

这部分内容包括实际推断原理、假设检验、回归分析、独立性检验的基本思想及其初步应用.

4.7.1.2 教育价值

在必修课程已学习统计的基础上,通过对典型案例的讨论,使学生能够了解和使用一些常用的统计方法,进一步体会运用统计方法解决实际问题的基本思想,认识统计方法在决策中的作用.

一些案例所涉及的统计模型都是学生将来走向社会时所要面临的、常见的统计模型,如质量控制、回归、独立性、聚类分析、假设检验等.在一定程度上,很好地理解和应用这些统计模型会对学生将来的生活和工作起到一定的促进作用.

通过这些统计模型的学习,学生将认识到一些经典的统计方法与统计思想,体验解决特殊问题的统计过程及统计方法,进而感受到统计思想在解决实际问题过程中的作用.

4.7.1.3 内容解析

关于这部分内容,主要是通过案例来学习一些统计方法,但更重要的是统计思想.

实际推断原理和假设检验的基本思想是通过典型案例讲述的,但没有给出检验的水平和否定域等概念.这告诉我们:不应把大学教材精简下放,不要讲假设检验理论,而应着重讲解其思想.

在聚类分析中,应关注如何刻画点与点、类与类之间的"远近",关心聚类的基本思想.鼓励学生给出不同的刻画"远近"的办法,并能让学生认识到用不同方法会得到不同的结果.

回归分析在必修部分已经有所讨论,由于它的应用极其广泛,因此要求进一步加深对回归分析的理解,并能用配方法导出其回归系数公式.

在统计案例的教学中,应培养学生对数据的直观感觉,认识统计方法的特点(如估计结果的随机性、统计推断可能犯错误等),体会统计方法应用的广泛性,理解其方法中蕴涵的思想.避免学生单纯记忆和机械套用公式进行计算. 教学中,应鼓励学生使用计算器、计算机等现代技术手段来处理数据. 应尽量给学生提供一定的实践活动机会,可结合数学建模活动,选择一个案例,要求学生亲自实践.

4.7.2 概率

4.7.2.1 具体内容

这部分内容包括离散型随机变量及其分布、超几何分布及其应用、二项分布及其应用、离散型随机变量的均值与方差、正态分布.

4.7.2.2 教育价值

在必修课程概率学习的基础上,通过学习某些离散型随机变量分布及其均值、方差等内容,可初步学会利离散型随机变量思想描述和分析某些随机现象的方法,并能用所学知识解决一些简单的实际问题. 这有助于学生进一步体会概率模型的作用及运用概率思考问题的特点,初步形成随机观念,增强观察、分析问题的意识及数学模型思想.

通过这部分内容的学习,学生将了解如何从定量的角度来刻画与反映离散型随机变量,这是随机观念从定性到定量的一次提升,有助于学生思维的发展.

4.7.2.3 内容解析

分布是概率论中重要的概念,均值、方差是刻画随机变量的数字特征. 在高中数学中,只学习有限值离散分布列,并简单介绍正态分布.

概率论是研究随机现象的. 随机现象有两个最基本的特点,一是结果的随机性,一是频率的稳定性.“随机性”是指:重复同样的试验时,所得结果并不相同,以至于在试验之前无法预料试验的结果.“稳定性”是指:在大量重复试验中每个试验结果发生的频率“稳定”在一个常数附近.

“了解”一个随机现象是指:知道这个随机现象中所有可能出现的结果;知道每个结果出现的概率. 了解随机现象就是要了解分布.

对于超几何分布和二项分布,要求通过实例展开学习,明确分布对了解随机现象的重要性.

对于有限值离散型随机变量的数学期望和方差,重要的是理解分布和数字特征的关系,以及数字性的背景和意义. 对此,需要明确:第一,数学期望和方差是用来刻画随机现象的,它们都是数,不是随机的;第二,分布比数字特征重要,因为分布完全描述了随机变量的规律,它完全确定了随机变量的数字特征，而仅知道数字特征是无法确定分布的；第三，在许多情形下，人们往往不需要知道随机变量的分布，只需要知道它的数字特征，有时是求不出随机变量的分布的，只能设法求其数字特征；第四，在求分布时，往往是先求出分布所在的类，然后再确定参数，而参数通常都是由数字特征决定的.

正态分布涉及连续型随机变量的分布密度，中学不应展开讨论. 但由于它在实际中应用极广，因此只做简单介绍. 要求通过实际问题，借助直观（如实际问题的直方图），认识正态分布曲线的特点及曲线所表示的意义；知道中心极限定理的直观意义（即若一个量 x 是许多微小的量的总和，当每一个微小的量和 x 相比都可以忽略不计时，则 x 近似服从正态分布）.

4.7.3　计数

4.7.3.1　具体内容

这部分内容包括分类加法、分步乘法计数原理、排列与组合、二项式定理.

4.7.3.2　教育价值

计数是人与生俱来的一种能力，也是了解客观世界的一种最基本的方法. 计数问题是数学中重要的研究对象之一，分类加法计数原理、分步乘法计数原理是解决计数问题的最基本、最重要的方法，它们为解决很多实际问题提供了思想和工具. 因此，通过这部分内容的学习，有利于提高学生对数学思想方法的认识，培养学生解决实际问题的能力.

4.7.3.3　内容解析

（1）分类加法计数原理、分步乘法计数原理.

分类加法计数原理、分步乘法计数原理，都是通过具体的实例来体现计数原理思想的. 对于具体的实例，要做到计数准确、有效，首先要搞清楚计数问题是否考虑次序，这样就可以知道是分类问题还是分步问题. 教学中，应引导学生根据计数原理分析、处理问题，而不应机械地套用公式，应避免烦琐的、技巧性过高的计数问题.

（2）排列与组合.

排列、组合概念的建立要通过具体的实例，让学生在具体的情境中理解. 排列数公式、组合数公式的推导是计数原理的一个重要应用，关于这个过程，重要的是让学生进一步理解计数原理的思想.

利用排列、组合解决简单的实际问题，对学生来说，是有一定困难的，教师应引导学生用计数原理来分析问题．在教学时，教师不应该脱离计数原理，只片面地把问题归为两类：排列、组合，让学生去套公式．值得注意的是，《高标》要求学生能较好地掌握计数原理，而不主张过分地讨论一题多解，更不应该去做一些繁难的、技巧性很高的题．

（3）二项式定理．

二项式定理的证明可以看成计数原理的又一个重要应用．关于证明，重要的是让学生根据问题建立适当的模型，然后根据计数原理加以证明．在此基础上，要让学生学会用二项式定理来解决与二项展开式有关的简单问题．

在学习二项式定理时，可以介绍我国古代数学成就——杨辉三角，以丰富学生对数学文化价值的认识．

4.8 导数及其应用内容解读

4.8.1.1 具体内容

这部分内容包括变化率与导数、导数的计算、导数在研究函数中的应用、生活中的优化问题举例、定积分的概念、微积分基本定理、定积分的简单应用．

4.8.1.2 教育价值

这部分内容的教育价值主要体现在：

（1）促进学生全面认识数学的价值．

微积分是全面认识数学价值的一个较好的载体．随着科技的进步和社会的发展，每个人都应对微积分的基本思想有所了解，尤其是变化率的概念．"导数及其应用"的学习可以帮助学生认识变化率，认识平均变化率与瞬时变化率的区别与联系，并对在实践中如何运用它们处理优化问题有所了解．此外，通过"导数及其应用"的学习，还可让学生体会人类文明与科技、社会的发展对微积分创立的促进作用，以及微积分的创立在人类科学文化发展中的意义和价值．总之，"导数及其应用"的学习将促进学生全面认识数学的应用价值、科学价值、文化价值．

（2）使学生对变量数学的思想方法有新的感受．

如果说"数"是用来描述静态事物的，函数是对运动变化的动态事物的描述，体现了变量数学在研究客观世界中的重要作用，那么，导数就是对事物变化快慢的一种描述，并由此可进一步处理和解决极大极小、最大最小等实际问题，它是研究客观事物变化率和优化问题的有力工具．通过学习导数，可以让学生从中体验研究和处理不同对象所用的不同数学概念和相关理论，以及变量数学的力量.

（3）发展高中学生的思维能力.

极限是重要的数学思想之一，也是人们认识世界的一种重要的思维模式，它和以前学到的思维模式有很大的不同. 导数是一种特殊的极限，在现实生活中，它有着非常广泛的应用. 在高中阶段，应通过大量的实例，让学生理解从平均变化到瞬时变化，从有限到无限的思想，通过认识和理解这种特殊的极限来了解这种认识世界的思维模式，进而提高中学生的思维能力.

（4）为学生进一步学习微积分打好基础.

在微积分的学习中，将会遇到各种不同形式的极限，如数列的极限、函数的极限，而连续、导数、高阶导数、定积分、线积分、面积分等概念都是通过极限来定义的. 在高中阶段，学生将通过丰富的具体实例，像速度、加速度等，经历从平均变化率过渡到瞬时变化率的过程，理解导数这种特殊的极限，使学生不仅可以理解导数应用的广泛性，也可以通过这些具体的实例理解极限，为进一步理解极限的理论奠定基础.

4.8.1.3　内容解析

对于导数的概念，不是把导数作为一种特殊的极限（增量比的极限）来处理，而是直接通过实际背景和具体应用实例——速度、膨胀率、效率、增长率等反映导数思想和本质的实例，引导学生经历由平均变化率到瞬时变化率的过程，认识和理解导数概念；同时加强对导数几何意义的认识和理解. 这体现了让学生在经历过程中感受数学的思想，认识数学的本质，主动参与数学教学活动的基本理念.

强调导数在研究事物的变化率、变化的快慢，研究函数的基本性质和优化问题中的应用，并通过与初等方法比较，感受和体会导数在处理上述问题中的一般性和有效性，以及导数在处理和解决客观世界变化率问题、最优化问题中的广泛应用.

在处理导数的计算时，首先对几个常见的函数，用导数定义求出它们的导数，然后直接给出其他基本初等函数的导数以及导数的运算法则. 只要求学生会用基本初等函数的导数以及导数的运算法则来计算导数，要避免过量的形式化运算练习.

反复通过图形去认识和感受导数的几何意义，以及用导数的几何意义去解决问题，并通过图形去认识和感受导数在研究函数性质中的作用. 提高对导数几何意义以及用导数的几何意义去解决问题的要求，其目的之一是加深对导数本质的认识和理解，之二是体现几何直观这一重要思想方法对于数学学习的意义和作用.

对于定积分，要求了解定积分的实际背景，借助几何直观体会定积分的基本思想，初步了解定积分的概念；通过实例直观了解微积分基本定理的含义.

4.9　推理与证明、框图、数系扩充与复数引入内容解读

4.9.1　具体内容

推理与证明内容包括合情推理与演绎推理、直接证明与间接证明.

框图内容包括流程图、结构图.

数系扩充与复数引入内容包括数系的扩充与复数的引入、复数代数形式的四则运算.

4.9.2　教育价值

这部分内容的教育价值体现在以下几个方面：

（1）有助于学生体会数学与其他学科以及实际生活的联系.

演绎推理与逻辑证明是数学的标志性思维方式，但数学的发现和分析过程也离不开合情推理. 人们在日常生活和其他学科中也在广泛使用推理与证明，但更为常用的是合情推理和实验、实践证明. 框图体现了用数学图形、符号表示解决问题过程和事物发生发展过程的简洁性、清晰性、逻辑性. 框图不仅在数学中运用，而且在实际生活和其他学科中也有着广泛的应用. 由于数学的对象及其之间的关系简单、严谨，使得推理与证明以及框图的特点在数学中体现得更加清晰，学生也更容易感受和体会强调推理与证明、框图与其他学科以及实际生活的联系. 提倡通过生活实例与数学实例让学生来认识、体会推理与证明的意义及其重要性，以及框图在解决实际问题中的作用. 这打破了以往数学与其他学科以及实际生活之间的人为壁垒，有助于学生体会数学与其他学科以及实际生活的联系.

（2）有助于学生理解数学的本质，形成对数学较为完整的认识.

演绎推理是证明数学结论、建构数学体系的重要思维方式. 就完成了的形式而言，数学是演绎科学，但数学结论和数学证明思路的发现过程主要靠合情推理，即观察、实验、归纳、猜测等. 因此，从数学发现过程以及数学研究方法的角度看，数学又是归纳科学. 将合情推理作为推理与证明的重要

内容，有助于学生对数学既是演绎科学又是归纳科学的认识，从而形成对数学较为完整的认识. 数系的扩充与复数引入体现了实际需求与数学内部的矛盾在数系扩充过程中的作用，以及数系扩充过程中数系结构与运算性质的变化. 这部分内容的学习，有助于学生体会数学理论产生与发展的过程，认识到数学发展既有来自外部的动力，也有来自数学内部的动力，从而形成正确的数学观.

（3）有助于发展学生的数学思维能力.

人们在学习数学和运用数学解决问题时，要不断地经历直观感知、观察发现、归纳类比、空间想象、抽象概括、符号表示、运算求解、数据处理、演绎证明、反思与建构等思维过程，它们是数学思维能力的具体体现. 合情推理与演绎推理既是上述数学思维过程的综合运用，又是数学发现过程和数学体系建构过程中两种重要的思维形式. 数系的扩充与复数的引入具体地综合体现了上述数学思维过程，因此，这部分内容的学习可使学生在以往经历各种具体数学思维方式的基础上，进一步理解数学思维，促进数学思维在更高层次上的发展.

（4）有助于发展学生的创新意识和创新能力.

经历数学发现过程，掌握从事数学发现的基本方法是发展学生创新意识和创新能力的有效途径. 归纳、类比是合情推理中常用的思维方法. 在解决问题的过程中，合情推理的结论往往超越了前提所包容的范围，具有猜测和发现结论、探索和提供思路的作用. 推理与证明、框图、数系扩充与复数引入充分展示了运用合情推理来探索与发现数学结论的过程，体现了合情推理在数学发现中的作用. 因此，这些内容的学习有助于发展学生的创新意识和创新能力.

4.9.3　内容解析

"推理与证明"是数学的基本思维过程，也是人们学习和生活中经常使用的思维方式. 推理一般包括合情推理和演绎推理. 关于这部分内容的学习，要结合已学过的数学实例和生活中的实例，以加深对推理与证明的理解，掌握推理与证明的基本方法，体会合情推理、演绎推理以及数学证明在数学结论发现、证明与数学体系建构中的作用，进而提高学生的数学思维能力，形成对数学较为完整的认识. 数学归纳法具有证明的功能，它将无穷的归纳过程根据归纳公理转化为有限的特殊演绎（直接验证和演绎推理相结合）过程，因此，理解数学归纳法对学生有一定的困难，供希望在理工（包括部分经济类）等方面发展的学生学习.

框图是表示一个系统各部分和各环节之间关系的图示，它能够清晰地表达比较复杂系统各部分之间的关系．框图已经广泛应用于算法、计算机程序设计、工序流程的表述、设计方案的比较、项目管理等方面，也是表示数学计算与证明过程中主要逻辑步骤的工具，并将成为日常生活和各门学科中进行交流的一种常用表达方式．它对提高学生思维的条理性、清晰性具有一定的作用，应让学生养成用框图清晰地表达和交流思想的习惯．

数的概念的发展与数系的扩充是数学发展的一条重要线索．数系扩充的过程体现了数学的发现和创造过程，也体现了数学发生、发展的客观需求．数系的扩充与复数的引入，突出了数系的扩充过程，实现了基础教育数学课程中数系从实数到复数的又一次扩充．这部分内容主要强调复数的代数表示法及代数形式的加减运算的几何意义，淡化烦琐的计算和技巧性训练．这样处理主要是为了使学生体会数学体系的建构过程、数形结合思想以及人类理性思维在数学发展中的作用．

4.10 数学探究、数学建模和数学文化解读

数学探究、数学建模和数学文化是体现课程标准理念的专题内容，也是高中数学课程的重要组成部分，它们与数学知识体系一起构成了高中数学课程．

4.10.1 数学探究

4.10.1.1 数学探究的涵义

数学探究即数学探究性课题学习，是指学生围绕某个数学问题，自主探究、学习的过程．这个过程包括：观察分析数学事实，提出有意义的数学问题，猜测、探求适当的数学结论或规律，给出解释或证明．

数学探究是高中数学课程的一种学习方式，它有助于学生初步了解数学概念和结论产生的过程、理解直观和抽象的关系、尝试数学研究的过程，体验创造的激情，建立严谨的科学态度和不怕困难的科学精神；有助于培养学生勇于质疑和善于反思的习惯，培养学生发现、提出、解决数学问题的能力；有助于发展学生的创新意识和实践能力．

4.10.1.2 数学探究的教学要求

对于数学探究的学习，《高标》提出了如下的教学要求：

（1）数学探究课题的选择是完成探究学习的关键．课题的选择要有助于学生对数学的理解，有助于学生体验数学研究的过程，有助于学生形成发现、探究问题的意识，有助于鼓励学生发挥自己的想象力和创造性．课题应具有一定的开放性，课题的预备知识最好不超出学生现有的知识范围．

（2）数学探究课题应该多样化，可以是某些数学结果的推广和深入，不同数学内容之间的联系和类比，也可以是发现和探索对自己来说是新的数学结果．

（3）数学探究课题可以从教材提供的案例和背景材料中发现和建立，也可以从教师提供的案例和背景材料中发现和建立，应该特别鼓励学生在学习数学知识、技能、方法、思想的过程中发现和提出自己的问题并加以研究．

（4）学生在数学探究的过程中，应学会查询资料、收集信息、阅读文献．

（5）学生在数学探究中，应养成独立思考和勇于质疑的习惯，同时也应学会与他人交流合作，建立严谨的科学态度和不怕困难的顽强精神．

（6）在数学探究中，学生将初步了解数学概念和结论的产生过程，体验数学研究的过程和创造的激情，提高发现、提出、解决数学问题的能力，发挥自己的想象力和创新精神．

（7）高中阶段至少应为学生安排一次数学探究活动，还应将课内与课外有机地结合起来．

4.10.1.3　数学探究教学建议

对于数学探究的教学，《高标》提出了如下的教学建议：

（1）教师应努力成为数学探究课题的创造者，有比较开阔的数学视野，了解与中学数学知识有关的扩展知识和内在的数学思想，认真地思考其中的一些问题，加深对数学的理解，提高数学能力，为指导学生进行数学探究做好充分的准备，并积累指导学生进行数学探究的资源．

（2）教师要成为学生进行数学探究的组织者、指导者、合作者．教师应该为学生提供较为丰富的数学探究课题的案例和背景材料；引导和帮助而不是代替学生发现和提出探究课题，特别应该鼓励和帮助学生独立地发现和提出问题；组织和鼓励学生组成课题组合作解决问题；指导和帮助学生养成查阅相关的参考书籍和资料、在计算机网络上查找和引证资料的习惯；一方面应该鼓励学生独立思考，帮助学生建立克服困难的毅力和勇气，另一方面应该指导学生在独立思考的基础上用各种方式寻求帮助；在学生需要的时候，教师应该成为学生平等的合作者，教师要有勇气和学生一起进行探究．

（3）教师应该根据学生的差异，进行有针对性的指导．在鼓励学生创新的同时，也允许一部分学生可以在模仿的基础上发挥自己的想象力和创造力．

（4）"数学探究"的结果以课题报告或课题论文的方式完成．课题报告包括课题名称、问题背景、对事实的观察分析、对结果的猜测、对结果的论证、对探究结果的体会或评论、引证的文献资料等方面．

（5）可以通过小组报告、班级报告、答辩会等方式交流探究成果，通过师生之间和学生之间的讨论来评价探究学习的成绩，评价主要是正面鼓励学生的探索精神，肯定学生的创造性劳动，同时也指出存在的问题和不足．

（6）数学探究报告及评语可以记入学生成长记录，作为反映学生数学学习过程的资料和推荐依据．对于学生中优秀的报告或论文应该给予鼓励，可以采取表扬、评奖、推荐杂志发表、编辑出版、向高等学校推荐等多种形式进行．

4.10.1.4　数学探究教学策略

（1）坚持以问题为中心，设置恰当的问题是开展探究教学的关键．教师应抓住问题组织教学，让学生在"认识情境—产生冲突—提出问题—分析问题—解决问题—交流评价"的教学模式中进行探究性学习．

（2）注重对探究活动的启发与引导．教学中，教师要精心创设问题情境，引起学生的注意与探究，从而引导其提出问题和解决问题．教师也可以提出一些深入思考的问题让学生自己去探索解决，并抓住时机、因势利导、恰当点拨，激发学生的兴趣和动机，引导学生主动学习，使数学活动尽可能丰富、有趣、富有感染力．同时需要注意，因已有知识经验的差异，有的学生不能即时提出和解决问题，出现学习焦虑，教师要及时观察，并恰当处理，引导学生尽可能地参与，在相互交流、合作学习中解决问题．

（3）留给学生足够的探究时间．数学探究教学对教师的要求很高，要仔细准备，但这并不意味着老师要解答学生的一切问题，教学中应留给学生足够的思考和讨论的时间，不要急于回答学生提出的一些问题，而要组织学生思考、讨论、交流．当问题解决之后，教师不要急于收场，要让学生思考有没有更多的解决办法，能否提出新的问题．

（4）鼓励学生不断反思探究的过程．反思和感悟是学习的一种重要形式，它既可以整理所学知识，又可以引导思维向更深、更广地伸展．教学中，教师要多问几个"你是怎么想到的？""你的方法还有其他用途吗？能推广这种方法吗？""能不能让问题更特殊一些或更一般一些？"同时，组织学生交流解决问题后的体会，特别是学习数学中的发现，以引导学生相互学习，让更多创新智慧的火花迸发出来．

4.10.2　数学建模

4.10.2.1　数学建模的涵义

数学建模就是根据具体问题，在一定的假设下找出解决问题的数学模型，求出模型的解，并对它进行验证的全过程．这一过程大致可以分为现实问题数学化、模型求解、数学模型解答、解释、验证五个阶段．数学化是指根据数学建模的目的和所具备的数据、图表、过程、现象等各种信息，将现实问题翻译为数学问题，并用数学语言将其准确地表述出来．求解是指利用已有的数学知识，选择适当的数学方法和数学解题策略，求出数学模型的解．解释是指把用数学语言表述的解答翻译转化为现实问题，给出实际问题的解答．验证是指用现实问题的各种信息检验所得到的实际问题的解答，以确认解答的正确性和数学模型的准确性．如果检验结果基本正确或者与实际情况的拟合度非常高，就可以用来指导实践，反之则应重复上述过程重新建立模型或者修正模型．这五个阶段实际上是完成从现实问题到数学模型，再从数学模型回到现实问题的不断循环、不断完善的过程．

数学建模是运用数学思想、方法和知识解决实际问题的过程，现已成为不同层次数学教育的重要内容．

数学建模作为数学学习的一种新的方式，它为学生提供了自主学习的空间，有助于学生体验数学在解决实际问题中的价值和作用，体验数学与日常生活和其他学科的联系，体验综合运用知识和方法解决实际问题的过程，增强应用意识，有助于激发学生学习数学的兴趣，发展学生的创新意识和实践能力．

通过数学建模，学生将经历解决实际问题的全过程．每一个学生可以根据自己的生活经验发现并提出问题．对同样的问题，可以发挥自己的特长和个性，从不同的角度、层次探索解决的方法，从而获得综合运用知识和方法解决实际问题的经验，发展创新意识．学生在发现和解决问题的过程中，应学会通过查询资料等手段获取信息．学生在数学建模中应采取各种合作方式解决问题，养成与人交流的习惯，并获得良好的情感体验．

4.10.2.2　数学建模的教学要求

对于数学探究的学习，《高标》提出了如下的教学要求：

（1）在数学建模中，问题是关键．数学建模的问题应是多样的，应是来自于学生的日常生活、现实世界、其他学科等多方面的问题．同时，解决问题所涉及的知识、思想、方法应与高中数学课程内容有联系．

（2）通过数学建模，学生将了解和体会解决实际问题的全过程，体验数学与日常生活及其他学科的联系，感受数学的实用价值，增强应用意识，提高实践能力．

（3）每一个学生可以根据自己的生活经验发现并提出问题，对同样的问题，可以发挥自己的特长和个性，从不同的角度、层次探索解决的方法，从而获得综合运用知识和方法解决实际问题的经验，发展创新意识．

（4）学生在发现和解决问题的过程中，应学会通过查阅资料等手段获取信息．

（5）学生在数学建模中应采取各种合作方式解决问题，养成与人交流的习惯，并获得良好的情感体验．

（6）高中阶段至少应为学生安排一次数学建模活动．还应将课内与课外有机地结合起来，把数学建模活动与综合实践活动有机地结合起来．

《高标》中没有对数学建模的课时和内容做具体安排，学校和教师可根据各自的实际情况，统筹安排数学建模活动的内容和时间．例如，可以结合统计、线性规划、数列等内容安排数学建模活动．

4.10.2.3　数学建模的教学建议

对于数学建模的教学，《高标》提出了如下的教学建议：

（1）学校和学生可根据各自的实际情况，确定数学建模活动的次数和时间安排．数学建模可以由教师根据教学内容以及学生的实际情况提出一些问题供学生选择；或者提供一些实际情景，引导学生提出问题；特别要鼓励学生从自己生活的世界中发现问题、提出问题．

（2）数学建模可以采取课题组的学习模式，教师应引导和组织学生学会独立思考、分工合作、交流讨论、寻求帮助．教师应成为学生的合作伙伴和参谋．

（3）数学建模活动中，教师应鼓励学生使用计算机、计算器等工具，必要时应给予适当的指导．

（4）教师应指导学生完成数学建模报告，报告中应包括问题提出的背景、问题解决方案的设计、问题解决的过程、合作过程、结果的评价以及参考文献等．

（5）评价学生在数学建模中的表现时，要重过程、重参与，不要苛求数学建模过程的严密、结果的准确．

（6）对数学建模的评价可以采取答辩会、报告会、交流会等形式进行，通过师生之间、学生之间的提问交流给出定性的评价，应该特别鼓励学生工作中的"闪光点"．

（7）数学建模报告及评价可以记入学生成长记录，作为反映学生数学学习过程的资料和推荐依据．对于学生中优秀的论文应该给予鼓励，可以采取表扬、评奖、推荐杂志发表、编辑出版、向高等学校推荐等多种形式进行．

（8）教材中应该提供一些适合学生水平的数学建模问题和背景材料供学生和教师参考；教材中可以提供一些由学生完成的数学建模的案例，以激发学生的兴趣．

4.10.2.4 数学建模的教学策略

通过数学建模的教与学，为学生创设一个学数学、用数学的环境，为学生提供自主学习、自主探索、自主提出问题、自主解决问题的机会．要尽量为不同水平的学生提供展现他们创造力的舞台，提高他们应用所学的数学知识解决实际问题的能力．通过数学建模的教与学（或者说在教师有限的指导下，学生进行更多的自主实践），让学生把学习知识、应用知识、探索发现、使用计算机工具、培养良好的科学态度与思维品质更好地结合起来，使学生在问题解决的过程中得到学数学、用数学的实际体验，加深对数学的理解．

在数学建模的教与学的过程中应该充分发挥数学建模的教育功能，培养学生的数学观念、科学态度、合作精神；激发学生的学习兴趣，培养学生认真求实、崇尚真理、追求完美、讲求效率、联系实际的学习态度和学习习惯．为此，我们要做好以下几项工作：

（1）适当地选择问题．

在数学建模中，问题是关键．数学建模的问题可以由教师根据教学内容以及学生的实际情况提出；或者教师提供一些实际情景，引导学生提出问题；更要鼓励学生从自己生活的世界中发现问题、提出问题．数学建模的问题应是多样的，应来自于学生的日常生活、现实世界、其他学科等多方面．同时，解决问题所涉及的知识、思想、方法应与数学课程的学习内容相联系．在选择问题时应特别注意以下几点：① 应选择与学生的生活实际相关的问题，并减少对问题不必要的人为加工和刻意雕琢；② 数学建模问题应能体现建模的全过程，而不仅仅是解决问题本身；③ 数学建模选用的问题最好有较为宽泛的数学背景，有不同层次，以便于不同水平的学生参与，并注意问题的开放性和可扩展性；④ 应鼓励学生在分析解决问题的过程中使用现代信息技术；⑤ 提倡教师自己动手，因地制宜地搜集、编制、改选数学应用或已有的数学建模问题，以便适合于学生使用，并根据学生的实际情况采取适当的教学策略．

（2）开展数学建模教学，应将课内与课外有机地结合起来．

课堂教学是进行数学建模教学的主要途径，如何围绕课堂教学选取典型素材激发学生兴趣、渗透数学建模思想、提高数学建模能力是数学教师面临的主要问题. 在课堂中, 进行数学建模教学主要采用在部分环节上"切入"应用和建模的内容. 这里的"切入"是指教师可以把一些较小的数学应用和数学建模的问题, 通过把问题解决的过程分解后, 放到正常教学的局部环节上去做, 特别是在新知识的引入和知识点的应用时穿插介绍数学应用或建模问题. "切入"的内容应该和正常的教学内容、教材要求比较接近, 对课本中出现的应用问题, 可以通过加工(如改变设问方式、变换题设条件、互换条件结论等)拓广类比成新的数学建模问题.

关于课外数学建模活动的开展, 教师可以适当增加和拓宽数学知识, 讲授数学建模的基本理论和基本方法. 教师指导的重点应放在分析问题、设计问题上, 介绍怎样建立数学模型, 建立数学模型应从哪些方面来思考. 课外活动要着重强调学生亲自动手, 让学生经历几个典型问题的数学建模的全过程. 在这个过程中, 要给出一定的时间, 让学生几人一组进行分析讨论, 去解决建模过程中碰到的有关问题(如从哪里入手, 怎样获得需要的知识和搜集需要的数据, 怎样运用这些知识和数据来建立模型, 怎样求解, 是否需要对数学模型进行修改, 这个模型是否可推广到其他方面). 教师在活动过程中, 有选择性地参与、指导, 鼓励学生克服困难, 获得数学建模的成功.

4.10.3 数学文化

4.10.3.1 数学文化的涵义

数学文化表现为在数学的起源、发展、完善和应用的过程中体现出的对于人类发展具有重大影响的方面. 它既包括对于人的观念、思想和思维方式的一种潜移默化的作用, 以及对于人的思维训练功能和发展人的创造性思维功能, 也包括在人类认识和发展数学的过程中体现出来的探索和进取的精神以及所能达到的崇高境界. 由此可见, 数学文化具有十分丰富的内涵.

数学文化的价值主要表现为:

第一, 数学对于人的观念、精神以及思维方式的形成具有十分重要的影响. 特别是数学的理性精神被看成是西方文明的核心, 而这种以理性精神为核心的西方文明如今在全世界产生了重要影响. 深刻理解西方文明就意味着必然要理解理性精神. 正像 M. Kline 在《西方文化中的数学》中指出的: "数学是一种精神, 一种理性精神. 正是这种精神, 激发、促进、鼓舞并驱使人类的思维得以运用到最完善的程度, 亦正是这种精神, 试图决定性地影响着人类的物质、道德和社会生活, 试图回答有关人类自身存在提出的问题, 努力去理解和控制自然,尽力去探求和确立已经获得知识的最深刻的和最完美的内涵."

第二,数学对人的思维具有重要的训练功能,这是数学所具有的最广泛的文化价值.思维是看不见、摸不着的无形之物,数学是基础教育科目中公认的训练思维的体操,数学的大部分具体知识在人们以后的工作、学习中并没有直接的应用,但是它的思维训练却使每一个受教育者在今后的工作中受益无穷.

第三,数学的科学价值、语言价值和工具价值一直以来都体现在人类历史和科学的发展中.

4.10.3.2 《高标》对数学文化的要求

数学是人类文化的重要组成部分.数学是人类社会进步的产物,也是推动社会发展的动力.通过在高中阶段数学文化的学习,学生将初步了解数学科学与人类社会发展之间的相互作用,体会数学的科学价值、应用价值、人文价值,开阔视野;并寻求数学进步的历史轨迹,激发对于数学创新原动力的认识;同时受到优秀文化的熏陶,领会数学的美学价值,从而提高自身的文化素养和创新意识.

数学文化应尽可能有机地结合高中数学课程的内容,选择介绍一些对数学发展起重大作用的历史事件和人物,反映数学在人类社会进步、人类文明发展中的作用,同时也反映社会发展对数学发展的促进作用.

学生通过数学文化的学习,了解人类社会发展与数学发展的相互作用,认识数学发生、发展的必然规律;了解人类从数学的角度认识客观世界的过程;发展求知、求实、勇于探索的情感和态度;体会数学的系统性、严密性、应用广泛性,了解数学真理的相对性;提高学习数学的兴趣.

4.10.3.3 高中数学文化的特点与渗透

对高中数学文化特点的认识和把握,是有效进行数学文化教学的前提,也是实现课程标准要求的保证.

(1)离散性.宏观上看,数学文化内容是没有逻辑结构的,主要来源于数学史和现实社会,其连续性和完整性都是较难把握的(从教育的角度讲,也没这个必要),因而它们只可能是数学史和现实社会中的某个片段.这个片段的信息量大小不一,可长可短.它可以是某个数学家的名字、名言,也可以是一个历史时间,一段历史(如宋元时期中国数学的发展),还可以是某个数学事件(如微积分发明优先权之争),某个数学命题的证明(如费马大定理的证明)等.

（2）相关性. 大部分的文化内容是内化在各模块内容之中的，而且多以"隐性"的形式存在，如数学精神、数学美等，它们只有与相关的教学内容结伴，才能更充分地发挥其文化教育功能.

（3）体验性. 数学文化内容侧重的是数学的观念性成分，主要是让学生通过了解数学思维的特征，树立数学意识，养成数学精神，体验数学之美，以达到强化学习数学的兴趣和信心，形成正确的世界观以及发展个性等文化教育的目的. 文化内容的学习方式主要通过交流、讨论、应用、欣赏等方式来直觉体验它们所蕴涵的文化精神，建构起学生对这些内容的"个人意义"，可以说数学文化教育是一种"体验性教育".

正是由于高中数学文化具有如此的特点，才使得数学文化的教学只能采用渗透的方式. 数学文化的渗透可以采取多样化的教学方式. 例如，教师可以在讲授数学知识时介绍有关的背景文化；可以作专题演讲；也可以鼓励和指导学生就某个专题查找、阅读、收集资料文献，在此基础上，撰写一些形式丰富的数学小作文、科普报告，并组织学生进行交流. 教师在讲授数学知识时应结合有关内容，有意识地强调数学的科学价值、文化价值、美学价值. 教材中有关数学文化的内容，要注意介绍重要的数学思想、优秀的数学成果，贯穿思想品德教育、人文精神教育；要短小、生动、有趣、自然、深入浅出、通俗易懂. 教师在教学中应尽可能使用图片、幻灯、录像以及计算机软件，对有关内容做形象化的处理. 有关反映数学文化的影片、书籍、新闻报道等都可以推荐给学生作为数学文化辅助学习材料.

5　课程标准下的数学教学

前几章，我们对数学课程标准从课程理念、目标、内容等方面进行了解读．为保证数学教学顺利高效地进行，我们有必要对课程标准下的数学教学问题做进一步的探讨．

5.1　对数学学习活动的理解

学生的数学学习过程是一个自主构建的对数学知识理解的过程：他们带着自己原有的知识背景、活动经验和理解走进学习活动，并通过自己的主动活动，包括独立思考、与他人交流和反思等，去建构对数学的理解．因此，学生数学学习的过程是一种再创造过程．具体来说，学生的有效数学学习活动主要呈现出如下一些特点：

5.1.1　学生数学学习的过程是建立在经验基础上的一个主动建构的过程

学生在来到学校之前，已经拥有了大量的日常生活经验，而伴随着学生的成长，他们从学校里所获得的经验会比在学校外的日常生活中所获得的经验更多、更重要．正是基于这些校内、校外的经验，学生才能够通过各种活动将新旧知识联系起来，思考现实中的数量关系和空间形式，由此发展他们对数学的理解．数学中量的关系、量的变化等都是以符号（关系符号、运算符号、图形、图表等）加以表示的．而学生身心发展的这一特点和数学的抽象性特征共同决定了学生数学学习基本是一种符号化语言与生活实际相结合的学习，两者之间的相互融合与转化，成为学生主动建构的重要途径．

5.1.2　学生数学学习的过程充满了观察、实验、猜想、验证、推理与交流等丰富多彩的数学活动

从学生认识发生、发展的规律来看，传统的数学学习中，教师讲授、学

生练习的单一学习方式已不能适应学生发展的需求了，这种方式甚至造成了学生学习的障碍（如过多的演练使学生对数学产生厌倦和畏惧），因此注重学生发展的数学学习应该提供多样化的活动方式，让学生积极参与，并在这些丰富的活动中进行交流.

从数学的发展来看，它本身也是充满了观察与猜想的活动. 学生在学校学习数学的目的不仅仅是获得计算的能力，而更重要的是获得自己去探索数学的体验和利用数学去解决实际问题的能力，获得对客观事实尊重的理性精神和对科学执著追求的态度. 因此，在数学教学中，必须通过学生主动的活动，包括观察、描述、操作、猜想、实验、收集整理、思考、推理、交流和应用等，让学生亲眼目睹数学过程形象而生动的性质，亲身体验如何"做数学"、如何实现数学的"再创造"，并从中感受到数学的力量，从而促进数学的学习. 教师在学生进行数学学习的过程中应当给他们留有充分的思维空间，使得学生能够真正地从事数学思维活动，并表达自己的理解，而不只是模仿与记忆.

教师的主要作用在于组织教学活动，激发学生主动从事数学活动，并在学生需要的时候给予恰当的帮助. 教学中不应追求知识的"一步到位"，要体现知识发展的阶段性，符合学生的认识规律；不能把概念过早地"符号化"，要延长知识的发生与发展的过程，要学生充分经历"非正式定义"的过程；教学中不要追求"统一化"和"最佳化"（知识的理解与表达方式、问题的求解思路等），应当致力于"多样化""合理化"，以使学生对知识的真正理解（自主建构）和个性化发展成为可能.

在设计教学时应充分考虑学生主体性的发挥，让学生经历自主"做数学"的过程；还要提供必要的机会，使他们能够从事反思活动. 研究表明，人的一般认知发展，包括认知能力的发展和认知水平的提高，这在很大程度上得益于深刻的反思活动.

5.1.3　学生的数学学习过程应当是富有个性、体现多样化学习需求的过程

不同发展阶段的学生在认知水平、认知风格和发展趋势上存在着差异，处于同一发展阶段的不同学生在认知水平、认知风格和发展趋势上也存在着差异. 例如，学生对字母的理解分为好几个水平：从最初把字母当作具体的东西，到忽略字母，再到把字母当作特定的一个数，把字母当作一个未知数，把字母当作可以取不同的数，最后到把字母当作变量. 而十四五岁的学生中，

真正达到把字母当作变量这一级抽象学习水平的只有 10%~20%. 学生个体的差异很大，同一年级的差异甚至可能达到 7 岁.

人的智力结构是多元的，有些人善于形象思维，有些人擅长计算，有些人擅长逻辑推理，这本没有优劣之分，只是表现出不同的特征与适应性. 另外，每个学生都有自己的生活背景、家庭环境和一定的文化感受，从而导致不同的学生有不同的思维方式和解决问题的策略. 就个体的整个数学学习而言，多种风格的认知方式可以为其形成良好的数学认知结构提供保证. 因此，学生在学习过程中应当尽可能多地经历数学交流的活动，使得他们能够在活动中感受别人的思维方法和思维过程，以改变自己在认知方式上的单一性，促进其全面发展. 同时，通过向他人表达自己的思维过程，有助于反思与完善自我认知方式，从而达到个性发展的目的. 因此，学生的数学学习过程应当是富有个性、体现多样化学习需求的过程.

数学教学要把学生的一般发展视为首要目标，要极为关注学生数学学习的个别差异. 数学不应当采用目标为本的模式（要求所有的学生都把教科书所呈现的知识形态作为模本，复制到自己的头脑中去），而应当作为学生数学学习的起点和素材，使他们在对内容的处理过程中获得发展. 重要的数学观念、数学思想方法和数学活动应当成为数学教学的主线，并且尽可能早地以不同的形式，反复出现在学生的数学学习活动中，呈现出一种螺旋式. 这一方面可以使学生有机会逐步建构对同一知识的不同层次的理解，另一方面也和处于不同认知发展阶段的学生的思维方式相适应.

5.2　对数学教学活动的理解

数学课程的价值追求和课程目标是实现知识与技能，过程与方法以及情感、态度与价值观三个方面的整合. 因此，我们对作为实现数学课程价值主渠道的数学教学活动应当正确地进行理解.

5.2.1　数学教学活动是结论与过程相统一的活动，应注重让学生经历数学知识的形成与应用过程

从数学教学的角度讲，重结论、轻过程的教学只是一种形式上走捷径的教学，把形成数学结论的生动过程变成了单调刻板的条文背诵，它从源头上剥离了数学知识与智力的内在联系，是对学生智慧的扼杀和个性的摧残.

正因为如此，我们强调过程，强调学生探索新知的经历和获得新知的体验．学生通过过程，理解一个数学问题是怎样提出来的、一个数学概念是怎样形成的、一个数学结论是怎样获得和应用的，通过这个过程学习和应用数学．在一个充满探索的过程中，让已经存在于学生头脑中的那些不那么正规的数学知识和数学体验上升发展为科学的结论，从中感受数学发现的乐趣，增进学好数学的信心，形成应用意识、创新意识，使人的理智和情感世界获得实质性的发展和提升．当然，强调探索过程意味着学生要面临问题和困惑、挫折和失败，这正是学生学习、生存、生长、发展、创造所必须经历的过程，也是学生的能力、智慧发展的内在要求．

数学课程标准指出，"要让学生亲身经历将实际问题抽象成数学模型并进行解释与应用的过程"，数学课程的内容"应当是现实的、有意义的、富有挑战性的，这些内容要有利于学生主动地进行观察、实验、猜测、验证、推理与交流"．这里的"过程"大体上要包括两个方面：发现实际问题中的数学成分，并对这些成分做符号化处理，把一个实际问题转化为数学问题；在数学范畴之内对已经符号化了的问题做进一步抽象化处理，从符号一直到尝试建立和使用不同的数学模型，发展更为完善、合理的数学概念框架．这一理念从内容上强调了过程，不仅与创新意识和实践能力的培养紧密相连，而且使学生的探索经历和得出新发现的体验成为数学学习的重要途径．

数学教学要让学生经历知识的形成与应用的过程，从而更好地理解数学知识的意义，掌握必要的基础知识与基本技能，发展应用数学知识的意识与能力，增强学好数学的愿望和信心．抽象数学概念的教学，要关注概念的实际背景与形成过程，帮助学生克服机械记忆概念的学习方式．比如函数概念，不应只关注对其表达式、定义域和值域的讨论，而应选具体实例，让学生体会函数能够反映实际事物的变化规律．

例如，已知摄氏温度（℃）和华氏温度（℉）有如下关系：

摄氏温度（℃）	0	10	20	30	40	50
华氏温度（℉）	32	50	68	86	104	122

在平面直角坐标系中，通过描点，观察点的分布，建立满足上述关系的函数表达式．

教学中，可指导学生开展如下的活动：

（1）描点：根据表中的数据在平面直角坐标系中描出相应的点．

（2）判断：判断各点的位置是否在同一直线上．（可以用直尺去试，或顺次连接各点，观察所有的点是否在同一直线上）

（3）求解：在判断出这些点在同一直线的情况下，选择两个点的坐标，求出一次函数的表达式：$y = \dfrac{9}{5}x + 32$.

（4）验证：验证其余点的坐标是否满足所求的一次函数表达式.

5.2.2　数学教学活动是教师和学生之间协作与互动的活动

数学教学是教师与学生围绕着数学教材这一教学文本进行对话的过程. 在教学过程中，教和学是不能分离的，需要"沟通"与"协作"，教师与学生是人格平等的主体. 教学过程是师生间进行平等对话的过程，这种对话的内容包括知识信息、情感、态度、行为规范和价值观等各个方面，对话的形式也是多种多样的. 课堂互动就是通过这种对话和交流来实现的.

正是因为数学教学过程是学生对有关的数学学习内容进行探索、实践与思考的学习过程，所以学生是学习活动的主体，教师是学生数学学习活动的组织者、引导者与合作者. 在教学中，教师首先要充分调动学生的主动性与积极性，引导学生开展观察、操作、比较、概括、猜想、推理、交流、反思等多种形式的数学活动，掌握基本的数学知识和技能，初步学会从数学的角度去观察事物和思考问题，产生学习数学的愿望和兴趣.

教师在发挥组织、引导作用的同时，还应是学生的合作者和好朋友，而非居高临下的管理者. 首先，教师要引导学生投入到学习活动中去. 教师要调动学生的学习积极性，激发学生的学习动机；当学生遇到困难时，教师应该成为一个鼓励者和启发者；当学生取得进展时，教师应充分肯定学生的成绩，树立其学习的自信心；当学习进行到一定阶段时，教师要鼓励学生进行回顾与反思. 其次，教师要真正参与到学生的数学学习活动当中去. 教师要了解学生的想法，注意学生的学习过程，有针对性地进行指导，适时、适当地进行"解惑"；要鼓励不同的观点，参与学生的讨论；要评估学生的学习情况，以便对自己的教学做出适当的调整. 最后，教师要为学生的学习创造一个良好的课堂环境，包括情感环境、思考环境和人际关系等多个方面，以引导学生开展数学活动.

5.2.3　数学教学是促进学生认知与情意协调统一发展的活动

数学教学是在教师的指导下，通过对数学知识技能和数学思想方法的学习，发展学生的数学能力，使学生体会数学的应用价值和文化价值，促进学生认知与情意和谐发展的活动. 学生的学习是以人的整体的心理活动为基础的认知活动和情意活动相统一的过程. 认知因素和情意因素在学习过程中是同时发生、交互作用的, 它们共同组成学生学习心理的两个不同方面. 如果没有认知因素的参与, 学习任务不可能完成; 同样如果没有情意因素的参与, 学习活动既不能发生也不能维持. 现代数学教学要求摆脱唯知主义的框框, 进入认知与情意和谐统一的轨道.

义务教育的基本任务是促进学生的终身可持续发展.《义标》的一个特色就是明确将"数学思考、问题解决、情感与态度"和"知识与技能"并列起来, 作为义务教育阶段数学课程的整体目标. 这就克服了过去只重视数学知识的学习与技能、能力的培养, 而将情感与态度方面的发展视为数学学习过程中一个"副产品"的状况.

《高标》的一个突出特点就是把情感、态度的培养作为一个基本理念融入到课程目标、内容与要求、实施建议中, 突出数学的人文价值. 把数学文化作为一个独立的要求纳入课程内容中, 设置了数学文化、数学建模、数学探究的学习活动, 并分别提出了具体要求. 这就使学生在学习数学的同时, 能够感受数学历史的发展、数学对于人类发展的作用、数学在社会发展中的地位、数学的发展趋势, 形成合理的数学观.

5.3 课程标准理念下的数学教师

课程标准的理念与实施为教师的成长提供了新舞台, 并为教师提供广阔发展的空间, 促进教师发挥自身的聪明才智和创造才能. 教师只有对自己有了充分的认识, 才能做好自身的本职工作, 为教育事业做出应有的贡献.

5.3.1 课程标准理念下教师角色的变化

教师的角色是随着社会的变化而变化的. 在历史上, 教师这一社会角色的特征经历了从长者为师到有文化知识者为师, 再到教师即文化科学知识传递者的演变历程. 我国长期以来形成的传统师生关系, 实际上是一种不平等的关系, 即教师不仅是教学过程的控制者、教学活动的组织者、教学内容的制定者和学生学习成绩的评判者, 而且是绝对的权威. 这也使得教师已经习惯了根据自己的设计思路进行教学, 他们总是千方百计地将学生虽不大规范、但却完全正确甚至是有创造的见地, 按自己的要求"格式化"了. 然而在 21 世纪, 教师这一角色的特征正在发生着新的变化, 我们必须站在时代的前列,将历史的和现代的价值意义重新审视，实现教师角色的转变．

课程标准强调，教师是学生学习的合作者、引导者和参与者，教学过程是师生交往、共同发展的互动过程．交往意味着人人参与，意味着平等对话，教师将由居高临下的权威转向"平等中的首席"．在现代课程中，传统意义上的教师教和学生学，将不断让位于师生互教互学，彼此形成一个真正的"学习共同体"．教学过程不只是忠实地执行课程计划（方案）的过程，而且是师生共同开发课程、丰富课程的过程，真正成为师生富有个性化的创造过程．因此，教师作为教学活动的主要参与者，其所扮演的角色应与时代的发展相适应．具体来说，教师的角色变化主要体现为以下几点：

（1）教师的职业观，从"教书匠"式的教师，转向"学者型"的教师．

（2）教师的教育主体观，由以教师为本或以教材为本，转向以学生为本．

（3）教师的师生观，由传统的"师道尊严"转变为教师是学生发展的促进者，师生是互动的合作关系、朋友关系．

（4）教师的责任观，由为学生升学负责，转向为学生的一生发展负责．

（5）教师的教学观，由"为教而教"转变为"教是为了不教"．

（6）教师的功能观，由知识的传授者转向学生发展的促进者．

（7）教师的管理观，由学生的管理者转化为学生全面发展的引导者．

（8）教师的课程观，由课程与教材的忠实执行者，转化为以教材为知识载体的师生课程文化的共建者．

5.3.2　在课堂教学活动中，教师常规教学行为的改变

随着课程改革的不断深入，教师的角色在逐渐改变．相应地，教师在课堂教学活动中的常规教学行为也在改变．具体表现为以下三个方面：

（1）课堂中知识结构的变化．在现代的课堂上，知识将由三方面组成：教科书及教学参考书提供的知识、教师个人的知识、师生互动产生的新知识．现代课程将改变教科书一统课堂的局面，教师不再只是传授知识，教师个人的知识也将被激活，师生互动产生的新知识的比重将大大增加．课堂知识结构的变化，必然导致师生关系的改变，使得教师必须平等地参与到学生的学习活动当中，与学生一起进行数学研究，而不是仅仅传授数学知识．

（2）课堂控制方式的变化．课堂知识结构的变化，决定了教师课堂控制方式的变化．传统课堂教学中的教师往往倾向于"结构化""封闭式"的权力型控制方式，非常强调学生对教科书内容的记忆与内化，因而，教科书知识占绝对优势，很少有教师个人知识的发挥，几乎没有师生互动知识的产生，

这是一种权力型、维持型的控制方式. 而教师在授受现代课程时，将更多地采取"非结构""开放式"的控制方式，特别注重学生创新品质的培养，因而教科书知识的比例相对较少，教师个人知识和师生互动产生新知识的比例较大. 这样一种控制方式是对权力型控制方式的挑战，是一种可生成、持续发展式的控制方式.

（3）课堂常规经验的变化. 在以知识传递为重点的时代，教师课堂教学的常规经验是：将知识、技能分解，并从部分到整体地、有组织地加以呈现，学生通过倾听、练习和记忆，再现由教师所传授的知识；让学生回答教材中的问题，记课堂笔记. 现在，教学是以促进学生的全面发展为中心，因此教师课堂教学的经验做法是：通过相互矛盾的现象引起学生认知的不平衡，引导学生完成问题解决的探究活动，监测他们发现后的反思；教师引发并适应学生的观念，参与学生开放式的探究，引导学生掌握真正的数学研究策略、方法和步骤；关注学生在数学探究活动中情感、态度和价值观的变化.

5.3.3　课程标准下数学教师的主要任务

数学课程标准的实施，促进了数学教师的成长，为教师的发展提供了广阔的天地. 在数学教学中，通过数学活动过程中师生的互动与协作，教师的水平得到了发挥，自身素质也得到了发展.

随着课程改革的不断深入，教学工作越来越找不到一套放之四海而皆准的模式，教师必须在教学中不断地进行学习、反思、研究和创新. 课堂教学中，数学教师的主要任务可以从以下几方面来认识.

（1）为学生创设适宜的问题情境. "问题"是数学的心脏，问题解决是从问题情境开始的. 教师不是将问题及结论和盘托出，而是在适当的条件下，为学生创设适宜的问题情境，通过设计有趣味、富有挑战性的数学问题，使学生产生认识冲突，形成解决问题的心向和驱动.

（2）鼓励学生争论数学问题，展开思维活动，帮助学生解决疑难. 在学生问题解决的过程中，教师要引导学生独立思考，展开思维过程，鼓励学生争论，促进学生的学习. 要使学生能够展开对问题的争论，设计的问题就应具有这样一些特征：问题具有适度的挑战性，能激发思考；注重与现实生活的联系，注意从社会生活中提出新问题，能带来重要的事实或信息；注重提炼问题所反映的数学思想，引导学生将结论用一定的数学模式表示.

（3）组织学生小组活动，发展学生合作学习的互动意识. 教师要努力设计适当的数学任务，促进学生小组互动式的合作学习. 好的任务应该是：以一种生动的线索，吸引学生的兴趣，有足够的难度与复杂性，从而挑战学生的兴趣；控制难度，不要让学生望而生畏；可以用多种方法解决；有利于发展数学与实际的联系.

（4）帮助学生建构数学知识，掌握科学的思维方法. 通过教师有效地组织课堂教学活动，完成数学的知识技能目标是数学教学的基本任务. 因此教师要适时引导学生归纳、整理所学的数学知识和方法，纳入知识系统，形成鲜活的，可以检索、灵活运用的知识结构体系，并帮助学生归纳总结科学的思维方法，促进学生对数学的有意义学习.

（5）指导学生应用数学，增强学生对数学的体验和感受. 数学教学的目标之一是促进学生运用数学去认识周围的世界，在运用中体会数学的价值. 教师需要注意培养学生不断用数学观点分析、探索周围的世界，把学数学与用数学结合起来，形成自然的数学应用意识，增加自觉的社会责任感. 例如，对于统计与概率的内容应重视渗透统计与概率之间的联系，通过频率来估计事件的概率，通过样本的有关数据对总体的可能性做出估计等. 还应将统计与概率和其他领域的内容联系起来，从统计与概率的角度为他们提供问题情境，在解决统计与概率问题时自然地使用其他领域的知识和方法，为培养学生综合运用知识解决问题提供机会.

（6）根据学生的年龄特征和认知特点组织教学. 数学新课程要求教师要充分考虑学生的身心发展特点，结合他们的已有知识和生活经验，设计富有情趣的数学教学活动.

《义标》指出：第一学段的学生主要通过对实物和具体模型的感知和操作，获得基本的数学知识和技能，如数和图形的认识、简单的计算、简单的测量和数据统计等. 为此，数学教学必须以学生熟悉的生活、感兴趣的事物为背景提供观察和操作的机会，使他们体会到数学就在身边，感受到数学的趣味和作用，对数学产生亲切感. 第二学段的学生已经开始能够理解和表达简单事物的性质，领会事物之间的简单关系. 此时，应结合实际问题，在认识、使用和学习数学知识的过程中，初步体验数学知识之间的联系，进一步感受数学与现实生活的密切联系. 第三学段的学生，其抽象思维已有一定程度的发展，具有初步的推理能力，在数学和其他学科领域积累了较为丰富的知识和经验. 因此，除了注重利用与生活实际有关的具体情境学习新知识外，应更多地运用符号、表达式、图表等数学语言，联系数学以及其他学科的知识，在比较抽象的水平上提出数学问题，加深和扩展学生对数学的理解.

《高标》在教学建议中指出："以学生发展为本，指导学生合理选择课程、制订学习计划. 为了体现时代性、基础性、选择性、多样性的基本理念，使不同学生学习不同的数学，在数学上获得不同的发展，高中数学课程设置了必修和选修系列课程. 教学中，要鼓励学生根据国家规定的课程方案和要求，以及各自的潜能和兴趣爱好，制定数学学习计划，自主选择数学课程；在学生选择课程的过程中，教师要根据学生的不同基础、不同水平、不同志趣和发展方向给予具体指导."

5.4 课程标准下义务教育阶段的数学教学

数学教学应根据具体的教学内容，从学生实际出发，创设有助于学生自主学习的问题情境，引导学生通过实践、思考、探索、交流等，获得数学的基础知识、基本技能、基本思想、基本活动经验，促使学生主动地、富有个性地学习，不断提高发现问题和提出问题的能力、分析问题和解决问题的能力，最终实现课程目标. 为此，义务教育阶段的数学教学要关注以下几个方面.

5.4.1 注重学生对基础知识、基本技能的理解和掌握

"知识技能"既是学生发展的基础性目标，又是落实"数学思考""问题解决""情感态度"目标的载体. 因此，教学中应注重学生对基础知识、基本技能的理解和掌握.

（1）数学知识的教学，应注重学生对所学知识的理解，体会数学知识之间的关联.

学生对数学知识的学习，应以理解为基础，并在知识的应用中不断巩固和深化. 为了帮助学生真正理解数学知识，教师应注重数学知识与学生生活经验的联系以及与其他学科知识的联系，组织学生开展实验、操作、尝试等活动，引导学生进行观察、分析、抽象概括，运用知识解决有关问题. 同时，还应揭示数学知识的实质及其体现的数学思想，帮助学生理清相关知识之间的区别和联系.

数学知识的教学，要注重知识的"生长点"（所学知识的背景和由来）与"延伸点"（所学知识的发展和应用），把每课的知识置于整体知识的体系中，注重知识的结构和体系，处理好局部知识与整体知识的关系，引导学生感受数学的整体性，体会对于某些数学知识可以从不同的角度加以分析、从不同的层次进行理解.

（2）数学基本技能表现为以某些数学知识为依据的一定的操作程序和步

骤. 因此, 在基本技能的教学中, 不仅要使学生掌握技能操作的程序和步骤, 还要使学生理解程序和步骤的道理. 例如, 对于整数乘法计算, 学生不仅要掌握如何进行计算, 而且还要知道相应的算理; 对于尺规作图, 学生不仅要知道作图的步骤, 而且还要知道实施这些步骤的理由.

基本技能的形成, 需要一定量的训练, 但要适度, 不能依赖机械地重复操作, 要注重训练的实效性. 教师应把握技能形成的阶段性, 根据内容的要求和学生的实际, 分层次地落实.

5.4.2 重视数学知识的形成与应用过程

经历数学知识的形成与应用过程是课程标准的基本要求, 也是促进学生全面发展的基本途径. 因此, 在学习新的数学知识时, 应从对相关问题情境的研究开始, 这是学习这些知识的有效切入点; 然后, 通过对一个个问题的研讨, 逐步展开相应内容的学习, 让学生经历真正的 "做数学" "用数学" 的过程, 从而加深学生对数学的认识与理解, 形成正确的数学观、数学学习观.

另外, 教科书 "读一读" 等栏目所提供的有关数学史料或背景知识的介绍、数学在现实世界和科学技术中的应用实例、有趣或有挑战性问题的讨论、有关数学知识延伸的介绍, 都为学生提供了进一步理解数学、研究数学的机会. 因此, 我们应当重视这些栏目在展示数学知识形成与应用过程方面的作用, 以促进学生数学学习水平的全面提升.

5.4.3 合理定位师生关系

有效的数学教学活动是教师教与学生学的统一, 应体现 "以人为本" 的理念, 促进学生的全面发展.

（1）学生在积极参与学习活动的过程中才能不断得到发展.

学生获得知识, 必须建立在自己思考的基础上, 可以通过接受学习的方式, 也可以通过自主探索等方式; 学生应用知识并逐步形成技能, 离不开自己的实践; 学生在获得知识技能的过程中, 只有亲身参与教师精心设计的教学活动, 才能在数学思考、问题解决和情感态度方面得到发展.

（2）教师要真正成为学生数学学习的组织者、引导者与合作者.

教师的 "组织" 作用主要体现在两个方面: 第一, 教师应当准确把握教学内容的数学实质和学生的实际情况, 确定合理的教学目标, 设计一个好的教学方案; 第二, 在教学活动中, 教师要选择适当的教学方式, 因势利导、适时调控, 努力营造师生互动、生生互动的生动活泼的课堂氛围, 形成有效的学习活动.

教师的"引导"作用主要体现在：通过恰当的问题，或者准确、清晰、富有启发性的讲授，引导学生积极思考、求知求真，激发学生的好奇心；通过恰当的归纳和示范，使学生理解知识、掌握技能、积累经验、感悟思想；能关注学生的差异，用不同层次的问题或教学手段，引导每一个学生都能积极参与学习活动，提高教学活动的针对性和有效性.

教师与学生的"合作"主要体现在：教师以平等、尊重的态度鼓励学生积极参与教学活动，启发学生共同探索，与学生一起感受成功和挫折、分享发现和研究成果.

（3）学生主体地位和教师主导作用应达到和谐统一.

好的教学活动，应是学生主体地位和教师主导作用的和谐统一. 一方面，学生主体地位的真正落实，依赖于教师主导作用的有效发挥；另一方面，有效发挥教师主导作用的标志，是学生能够真正成为学习的主体，并得到全面的发展.

教师富有启发性的讲授；创设情境、设计问题，引导学生自主探索、合作交流；组织学生操作实验、观察现象、提出猜想、推理论证等，都能有效地启发学生的思考，使学生成为学习的主体，逐步学会学习.

5.4.4　引领学生感悟数学思想

数学思想蕴涵在数学知识形成、发展和应用的过程中，是数学知识和方法在更高层次上的抽象与概括，如抽象、分类、转化、数形结合、推理、归纳、演绎、模型等. 其中，最基本的数学思想是抽象、推理和模型.

（1）数学思想需要在反复理解的过程中逐步形成.

一个数学思想的形成需要经历从模糊到清晰，从理解到应用的长期发展过程，需要在不同的数学内容教学中通过提炼、总结、理解、应用等循环往复的过程逐步形成，学生只有经历这样的过程才能"悟"出数学知识技能中所蕴含的数学思想. 例如，分类是一种重要的数学思想. 学习数学的过程中经常会遇到分类问题，如数的分类、图形的分类、代数式的分类、函数的分类等. 在研究数学问题中，常常需要通过分类讨论解决问题，分类的过程就是对事物共性的抽象过程. 教学活动中，要使学生逐步体会为什么要分类，如何分类，如何确定分类的标准，在分类的过程中如何认识对象的性质，如何区别不同对象的不同性质. 通过多次反复的思考和长时间的积累，使学生逐步感悟分类是一种重要的思想. 学会分类，有助于学习新的数学知识，有助于分析和解决新的数学问题.

（2）数学思想蕴涵在数学知识之中.

数学思想与数学知识是紧密联系的，数学思想蕴涵在数学知识之中. 数学知识的发生、发展过程，也是数学思想发生和凸显的过程. 正是数学知识与数学思想方法的这种辩证统一性，决定了数学思想的教学需要依附于数学知识的教学. 只有对数学内容进行深入的思考，才能逐步体会其中蕴涵的数学思想；只有对相关的数学内容进行联想、类比，才能感悟数学思想；只有不断思考问题，才能体会数学思想的作用. 比如，在分数的教学中，用饼形图帮助学生理解分数的含义；在有理数的教学中，借助数轴表示相反数、理解绝对值的意义、比较有理数大小、表示不等式组的公共解集；等等. 这些都体现了相关知识中所蕴涵的数形结合思想.

在教学中，教师要对具体的数学知识进行深入的分析，挖掘这部分内容蕴涵的数学思想，进行反复渗透，提高学生对数学思想的认识水平.

（3）学生只有在积极参与教学活动的过程中，通过独立思考、合作交流，才能逐步感悟数学思想.

数学思想的形成需要在过程中实现，只有经历问题解决的过程，才能体会到数学思想的作用，才能理解数学的精髓，才能进行知识的迁移. 凸显知识的形成过程，让学生感悟数学思想和方法，关键是应让学生经历和体验一些数学知识的获取过程，让学生在"读（理解）""疑（提问）""做（解决问题）""说（表达交流）"中获得对数学思想方法的感悟. 无论是数学概念的概括与形成，还是公式、法则、定理的发现与推导，教师都应通过创设问题情境，激发学生探索问题的需要，并通过观察、实验、分析、综合、归纳、概括等过程，让学生不仅获得问题的解决，而且获得对数学思想方法的认识和感悟.

比如，"四边形分类"的教学，可以先给学生不同形状的四边形卡片，让学生分小组探讨如何对四边形进行分类，并给出明确的分类标准，讨论同一类的判定、性质，不同四边形的关系. 学生在思考和解决这样问题的过程中，不断对"如何进行分类"这个问题进行深入思考，并且在与其他同学探讨的过程中不断修正和调整自己的想法，进而逐步找到合理的分类标准. 经历这样的过程，学生对"分类"思想的认识要比教师直接讲结论深刻得多. 这就是"悟"的过程，而数学思想的理解就是在"悟"的过程中逐渐实现的.

5.4.5　帮助学生积累数学活动经验

数学活动经验的积累是提高学生数学素养的重要标志. 帮助学生积累数

学活动经验是数学教学的重要目标，是学生不断经历、体验各种数学活动过程的结果.

（1）数学活动经验需要在"做"的过程和"思考"的过程中积淀，是在数学学习活动过程中逐步积累的.

数学活动的形式多种多样，观察、试验、猜测、验证、推理与交流、抽象概括、符号表示、运算求解、数据处理、反思与建构等都是数学活动. 在数学教学中，进行数学活动的目的是让学生通过经历探究、思考、抽象、预测、推理、反思等过程，逐步达到对数学知识的感悟和理解，积累分析和解决问题的基本经验，并将这些经验迁移运用到后续的数学学习中去. 这些经验是教师没有办法"教"给学生的，必须由学生通过经历大量的数学活动逐步获得，在"做"中获得. 在数学学习中，要使学生真正理解数学知识，感悟数学的理性精神，形成创新能力，就需要让学生积累丰富而有效的数学活动经验. 充足的数学活动经验是学生学好数学、提高数学素养的重要基础，数学的基本知识和基本技能只有通过一定的"数学活动经验"才能内化为学生的数学素养.

"数学活动经验"是在"做"中积累起来的. 在义务教育阶段，学生的数学学习很多时候需要借助一定的外部活动来完成，这是由学生的年龄和认知特点所决定的. 学生从数学课堂上的"剪一剪""拼一拼""做一做""猜一猜"等数学活动中可获得丰富的数学活动经验，这种经验只是教学的起点，它还需要学生在自主探究、教师指导、同学交流等过程中去粗取精、反思、抽象、概括，从而内化为自身的活动经验.

（2）结合具体的学习内容，设计有效的数学活动，使学生经历数学的发生发展过程，这是学生积累数学活动经验的重要途径.

分析学生已有的数学活动经验与新知识之间的结合点，是设计有效的数学活动的前提. 什么才是"有效的数学活动"？"数学活动"并不完全是动手实践、小组合作讨论. 数学活动，首先是"数学"的，所从事的活动要有明确的数学目标，到底要不要动手实践、小组合作交流，都是形式上的保证. 最重要的是如何能够通过这项活动深化学生对数学知识及其应用的理解. 数学建模、数学探究都是很好的数学活动，有时，一道数学问题的分析和解决过程也是一个"有效的数学活动". 教学中，要根据学段的不同、教学内容的不同，设计适合学生实际的"有效的数学活动". 例如，在学习"探索三角形的三边关系"时，可以设计一个让学生通过自己发现问题、研究问题和解决问题的数学活动，在这个活动过程中，学生不仅获得了"三角形任意两条边的和大于第三边"的结论，而且积累了如何去发现问题、研究问题的经验.

（3）"综合与实践"是积累数学活动经验的重要载体.

在经历具体的"综合与实践"问题的过程中，引导学生体验如何发现问题，如何选择适合自己完成的问题，如何把实际问题变成数学问题，如何设计解决问题的方案，如何选择合作的伙伴，如何有效地呈现实践的成果，让别人体会自己成果的价值. 通过这样的教学活动，学生就会逐步积累运用数学解决问题的经验.

例如，在学习统计内容时，可以让学生利用所学的统计知识和统计方法分小组开展一项统计调查活动. 要完成一次统计调查活动，学生需要制订调查方案，包括如何确定调查问题、如何编制调查问卷、如何进行数据收集、如何进行数据分析、如何得到统计结论并对统计结论进行解释等. 讨论和解决这些问题的过程，就是小组成员之间不断分享经验的过程，也是学生积累基本活动经验的过程. 只有亲自参与统计调查活动，才能体会到统计结论会受到问卷设计、数据收集、分析方法等各种因素的影响，统计活动是一个逐渐改进和完善、不断接近真理的过程.

5.4.6　关注学生情感态度的发展

情感态度目标是数学课程目标的有机组成部分，因此要把落实情感态度的目标有机地融合在具体数学内容的教学过程之中. 设计教学方案、进行课堂教学活动时，应当经常考虑如下问题：

如何引导学生积极参与教学过程？

如何组织学生探索，鼓励学生创新？

如何引导学生感受数学的价值？

如何使学生愿意学，喜欢学，对数学感兴趣？

如何让学生体验成功的喜悦，从而增强自信心？

如何引导学生善于与同伴合作交流，既能理解、尊重他人的意见，又能独立思考、大胆质疑？

如何让学生做自己能做的事，并对自己做的事情负责？

如何帮助学生锻炼克服困难的意志？

如何让学生养成良好的学习习惯？

在数学教学活动中，教师要尊重学生，以强烈的责任心、严谨的治学态度、健全的人格感染和影响学生；要不断提高自身的数学素养，善于挖掘教学内容的教育价值；要在教学实践中善于用《义标》的理念分析各种现象，恰当地进行情感态度的养成教育.

5.4.7 重视"综合与实践"的教学

"综合与实践"的实施是以问题为载体、以学生自主参与为主的学习活动. 它有别于学习具体知识的探索活动，更有别于课堂上教师的直接讲授. 它是教师通过问题引领、学生全程参与、实践过程相对完整的学习活动.

积累数学活动经验、培养学生应用意识和创新意识是数学课程的重要目标，应贯穿整个数学课程之中. "综合与实践"是实现这些目标的有效的重要载体. "综合与实践"的教学中，学生要自主参与、全程参与，积极动脑、动手、动口，体会数学与生活实际、数学与其他学科、数学内部知识的联系和综合应用.

教师在教学设计和实施时应特别关注的几个环节是：问题的选择，问题的展开过程，学生参与的方式，学生的合作交流，活动过程和结果的展示与评价等.

要使学生能充分、自主地参与"综合与实践"活动，选择恰当的问题是关键. 这些问题既可来自教材，也可以由教师、学生开发. 我们提倡教师研发，生成出更多适合本地学生特点的且有利于实现"综合与实践"课程目标的好问题.

实施"综合与实践"时，教师要放手让学生参与，启发和引导学生进入角色，组织好学生之间的合作交流，并照顾到所有的学生. 教师不仅要关注结果，更要关注过程，不要急于求成，要鼓励引导学生充分利用"综合与实践"的过程，积累活动经验、展现思考过程、交流收获体会、激发创造潜能.

在实施过程中，教师要注意观察、积累、分析、反思，使"综合与实践"的实施成为提高师生素质的互动过程.

教师应该根据不同学段的学生的年龄特征和认知水平，根据学段目标，合理设计并组织实施"综合与实践"活动.

5.4.8 恰当处理合情推理与演绎推理的关系

推理贯穿于数学教学的始终，推理能力的形成和提高需要一个长期的、循序渐进的过程. 义务教育阶段要注重学生思考的条理性，不要过分强调推理的形式.

推理包括合情推理和演绎推理. 在教学过程中，应该设计适当的学习活动，引导学生通过观察、尝试、估算、归纳、类比、画图等活动发现一些规律，猜测某些结论，发展合情推理能力；通过实例使学生逐步意识到，结论的正确性需要演绎推理的确认，可以根据学生的年龄特征提出不同程度的要求.

在第三学段中，应把证明作为探索活动的自然延续和必要发展，使学生知道合情推理与演绎推理是相辅相成的两种推理形式."证明"的教学应关注学生对证明必要性的感受，对证明基本方法的掌握和证明过程的体验. 证明命题时，应要求证明过程及其表述符合逻辑，清晰而有条理. 此外，还可以恰当地引导学生探索证明同一命题的不同思路和方法，并进行比较和讨论，从而激发学生对数学证明的兴趣，发展学生思维的广阔性和灵活性.

5.4.9　合理使用现代信息技术

积极开发和有效利用各种课程资源，合理地应用现代信息技术，注重信息技术与课程内容的整合，能有效地改变教学方式，提高课堂教学的效益. 教学中要尽可能地使用计算器、计算机以及有关软件. 在学生理解并能正确应用公式、法则进行计算的基础上，鼓励学生用计算器完成较为繁杂的计算. 课堂教学、课外作业、实践活动中，应当根据课程内容的要求，允许学生使用计算器，还应当鼓励学生用计算器进行探索规律等活动.

现代信息技术的作用不能完全替代原有的教学手段，其真正价值在于实现原有的教学手段难以达到甚至达不到的效果. 例如：利用计算机展示函数图像、几何图形的运动变化过程；从数据库中获得数据，绘制合适的统计图表；利用计算机的随机模拟结果，引导学生更好地理解随机事件以及随机事件发生的概率；等等. 在应用现代信息技术的同时，教师还应注重课堂教学的板书设计. 必要的板书有利于实现学生的思维与教学过程同步，有助于学生更好地把握学习内容的脉络.

5.4.10　注重课程目标的整体实现

为使每个学生都受到良好的数学教育，数学教学不仅要使学生获得数学的知识技能，而且要把知识技能、数学思考、问题解决、情感态度四个方面目标有机结合，整体实现课程目标.

课程目标的整体实现需要日积月累，因此，在日常的教学活动中，教师应努力挖掘教学内容中蕴涵的有关的教育价值，通过长期的教学过程，逐渐实现课程的整体目标. 因此，无论是设计、实施课堂教学方案，还是组织各类教学活动，不仅要重视学生获得知识技能，而且要激发学生的学习兴趣，通过独立思考或者合作交流感悟数学的基本思想，引导学生在参与数学活动的过程中积累基本经验，帮助学生形成认真勤奋、独立思考、合作交流、反思质疑等良好的学习习惯. 例如，关于"零指数"的教学目标不仅要包括了解零指数幂的"规定"、会进行简单计算，还要包括感受这个"规定"的合理性，并在这个过程中学会数学思考、感悟数学的理性精神.

5.5 课程标准下的高中数学教学

数学教学要体现课程改革的基本理念. 在教学中应充分考虑数学的学科特点、学生的心理特点、不同水平学生的兴趣与学习需要，运用多种教学方法和手段，引导学生积极主动地学习，全面提高学生的数学素养. 在高中数学教学中，应该把握好以下几个方面.

5.5.1 与时俱进地处理基础知识和基本技能，帮助学生打好数学基础

《高标》强调对基本概念和基本思想的理解和掌握，重视基本技能的训练，提出"以发展的眼光，与时俱进地审视基础知识和基本技能"，这是对教师在基础知识、基本技能方面的教学提出的更高要求.

（1）强调对基本概念和基本思想的理解和掌握.

数学课程在理念、目标上的一个发展是在数学教学和数学学习中，更加强调对数学的认识和理解. 无论是基础知识、基本技能的教学，还是数学应用的教学，都要帮助学生更好地认识数学、认识数学的思想和本质. 因此，要特别重视对基本概念和基本思想的理解和掌握，对于一些核心的概念和基本思想（如函数、向量、算法、统计、空间观念、运算、数形结合、随机观念等）要贯穿在整个高中数学的学习中. 在教学中要引导学生经历从具体实例抽象出数学概念的过程，在运用中不断加深对概念的认识和理解.

例如，函数是高中数学中一个最重要的核心概念. 对于函数概念真正的认识和理解，要经历一个多次接触、不断深化的过程. 首先，在必修课程"数学 1"模块的学习中，要在义务教育阶段学习的基础上，通过提出恰当的问题，创设适宜的情境，使学生产生进一步学习函数概念的积极情感，帮助学生从三个主要方面来进一步认识和理解函数概念：① 现实世界中的大量变化现象需要用函数来刻画，需要认识函数的要素；② 需要用集合的语言来刻画函数概念；③ 需要提升对函数概念的符号化、形式化的表示等. 其次，通过对基本初等函数（指数函数、对数函数、幂函数、三角函数）的学习，进一步感悟函数概念的本质以及为什么函数是高中数学的一个核心概念. 然后，在"导

数及其应用"的学习中，通过对函数性质的研究，再次提升对函数概念的认识和理解．同时，要结合具体实例（如分段函数的实例，只能用图像来表示的实例等），强调对函数概念本质的认识和理解，并要把握好对求定义域、值域的训练，不能做过多、过繁的技巧训练．这样，学生就能够在螺旋式上升的学习过程中理解和掌握函数的有关内容．

再如，对于统计的学习，应强调对统计基本思想和方法的认识和理解，而不能把统计作为计算统计量的学习．要让学生比较系统地参与收集数据、整理数据、分析数据、从数据中提取信息、进行估计、做出推断的全过程，并在这一过程中，感受和体验用样本估计总体（即从局部推断整体）的统计思想，学会收集数据的一些基本方法，体会统计思维与确定性思维的差异．在收集数据过程中学习随机抽样方法时，要结合实际问题的背景和解决问题的过程，使学生感受和认识简单随机抽样、分层抽样、系统抽样这三种抽样方法适用的对象，并从中理解三种抽样方法各自的特点、区别；在解决一些实际问题时，由于总体的复杂性，需要引导学生综合使用这几种不同的抽样方法去解决问题；在解决实际问题的过程中展开整理数据、分析数据、提取信息、进行估计、做出推断的统计过程；在问题解决中学习用样本估计总体的方法，体会用样本估计总体的思想；在用样本频率分布和特征数估计总体分布和总体特征数时，有意识地引导学生注意样本频率分布和特征数的随机性，强调样本代表性的意义；在变量之间相关关系的教学中，不能简单地将求回归直线作为目的，要引导学生体会如何从随机性中寻找规律性的思想方法，以及回归直线的意义和作用．此外，还可通过适当的例子，使学生认识用统计结果进行推断是有可能出错的，体会统计思维与确定性思维的差异．

（2）与时俱进地审视基础知识和基本技能．

随着时代和数学的发展，高中数学的基础知识也在发生变化，教学中要与时俱进地认识基础知识．一些知识被删减，一些新的知识添加了进来．如减弱了对求函数定义域、值域的要求，弱化了反函数的要求；三角函数中降低了恒等变形的要求；算法、向量、推理与证明、框图等，成为了高中数学的基础知识．

熟练掌握一些基本技能，对学好数学是非常重要的．例如，在学习概念中要求学生能举出正、反面例子的训练；在学习公式、法则中既要有对公式、法则掌握的训练，也要注重对运算算理认识和理解的训练；在学习推理证明时，不仅仅是在推理证明形式上的训练，更要关注对落笔有据、言之有理的理性思维的训练；在立体几何学习中不仅要有对基本作图、识图的训练，而且要有从整体观察入手，从整体到局部与从局部到整体相结合，从具体到抽象、从一般到特殊的认识事物的方法的训练；在学习统计时，要有在实际问题中处理数据，从数据中提取信息的训练；等等．但随着时代的发展，数学技能的内涵也在深化，既要掌握前面所述的技能，又要掌握更为广泛的技能．如：能熟练地完成心算与估计；能决定什么情况下需寻求精确的答案，什么情况下只需估计就够了；能正确地、自信地、适当地使用计算器或计算机；能估计数量级的大小，判断心算或计算机结果的合理性，判断别人提供的数量结果的正确性；能用各种各样的表、图、统计方法来组织、解释并提供数据信息；能把模糊不清的问题用明晰的语言表达出来（包括口头和书面的表达能力）；能从具体的前后联系中，确定该问题采用什么数学方法最合适，会选择有效的解题策略；等等．对学生基本技能的训练，不能单纯地为了熟练技巧，而要使学生通过训练更好地理解数学内容的实质，体会数学的价值，学会数学地思考问题．

5.5.2 注重联系，提高对数学价值和数学教育价值的整体认识

注重联系是数学学科系统性的要求，是课程结构的要求，也是学生认知的要求．在高中数学教学中，要注重数学的不同分支和不同内容之间的联系，数学与日常生活的联系，数学与其他学科的联系．学生只有明确了这些联系，才能对数学的价值和数学的教育价值有所感悟和认识．

（1）注重数学内部的联系，提高对数学整体的认识．

高中数学课程是以模块和专题的形式呈现的，因此，在教学中要注意沟通各部分内容之间的联系，并通过类比、联想、知识的迁移和应用等方式，使学生体会知识之间的有机联系，感受数学的整体性．

例如，要把握好函数与其他内容之间的联系，通过内容之间的种种联系，理解函数的概念及其应用，体会为什么函数是高中数学的核心概念．为此，在学习函数时，要结合函数的图像了解函数的零点与方程根的联系，根据具体函数的图像，借助计算器或计算机求相应方程的近似解；在平面解析几何的学习中，通过类比、联想，体会直线的斜截式与一次函数的联系；在数列的学习中，体会等差数列与一次函数的联系，等比数列与指数函数的联系；在导数的学习中，体会导数在研究函数性质时的一般性和有效性；通过具体实例，使学生感受并理解社会生活中所说的直线上升、指数爆炸、对数增长等不同的变化规律，就是一次函数、指数函数、对数函数等不同函数模型的增长含义．

又如，在向量的学习过程中，要有意识地将向量与三角恒等变形、几何、

代数等相应内容有机地进行联系，并通过比较、感受和体验向量在处理三角、几何、代数等各个不同数学问题中的独到之处和桥梁作用，认识数学的整体性.

（2）注重数学与现实生活的联系，发展学生的应用意识和实践能力.

首先，教师要指导学生运用所学的数学知识解决一些力所能及的实际问题，使学生亲身感受数学与现实生活的联系，体会数学在现实社会中的应用价值. 例如，在学习统计分布时，就可以引入城市用水量的分布、用电量的分布等实例，并运用统计分布的有关知识，解决城市规划中的制定用水、用电的标准等实际问题；在学习数列知识时，可结合投资、购房贷款、购车贷款、教育储蓄等实际问题，用数列的有关知识去解决；在导数的学习中，用导数去解决生活中的优化问题（如，如何使汽车的耗油率最低，如何比较工厂排污能力的强弱、生产效益的高低）；在概率的学习中，通过日常生活中的大量实例，使学生正确理解随机事件发生的不确定性及其频率的稳定性，并澄清日常生活中的一些错误认识.

其次，要鼓励、引导学生从实际情境中发现数学问题，并归结为数学模型，进而尝试用有关的数学知识和方法去解决. 例如，在函数内容的学习中，可鼓励学生自己去寻找、收集分段函数的情境和实例；在学习圆锥曲线时，可以激发学生从实际情境中去发现圆锥曲线的现实背景（如行星运行的轨道、抛物运动的轨迹、探照灯的镜面等）以及圆锥曲线在现实世界中的应用，并用圆锥曲线的有关知识去解释、解决一些实际问题；在推理与证明的教学中，可引导学生从现实生活中去找出合情推理的情境，并运用合情推理去做出判断；在学习变量的相关性时，可指导学生用回归分析来配曲线，学习建立数学模型的基本方法，并且尝试着用所得到的数学模型去解决问题；等等. 在上述过程中，可以逐步提高他们的实践能力.

（3）把握好数学与其他学科之间的联系.

比如，教学中要重视向量与力、速度、加速度的联系；三角函数 $y = A\sin(\omega x + \varphi)$ 与力学中单摆运动、波的传播、交流电之间的联系；导数与其他学科中的种种变化率（如运动物体的瞬时速度和加速度、药物浓度在人体内的瞬时变化率）的联系.

5.5.3　改善和丰富教学方式，促使学生主动地学习

教学方式的改变，要以促进学生积极主动地学习为目的. 对此，我们要做好以下几个方面的工作.

（1）鼓励学生积极参与教学活动，帮助学生用内心的体验与创造来学习

数学，认识和理解基本概念，掌握基础知识．

为了鼓励学生积极参与教学活动，帮助学生用内心的体验与创造来学习数学，在教学设计时不仅要考虑如何将数学知识传授给学生，还要考虑如何引导学生参与到数学教学活动当中来．如，以什么样的形式能给学生带来最大的思考空间；在什么时候提什么样的问题才会调动学生的参与热情，帮助学生认识和理解基本概念，掌握基础知识．

例如，在用集合、对应的语言给出函数概念时，可以给出有不同背景，但在数学上有共同本质特性（从数集到数集的对应关系）的实例，与学生一起分析它们的共同特性，引导学生自己归纳出用集合、对应的语言表述函数定义．

在课堂上，要针对不同学生的情况，充分尊重学生的人格和学习上的差异，鼓励学生积极参与．比如，对学习有困难、自信心较差的学生，可以在巡视中看到他们写出正确答案时让他们回答或上黑板演示，适时给予表扬和鼓励，让这些学生也体验到成功的乐趣，增强他们的自信心；而对喜欢表现自己、心理承受力也较强的学生，可以在他们出错，并且这种错误又有一定代表性的时候让他们回答或上黑板演示，这对他们和其他学生都具有警示作用．

此外，还可以提出一个错误的命题或似是而非的命题，称之为"猜想"，让学生来判断，甚至可以鼓励学生自己提出"猜想"，让学生一起进行讨论，以激发更多的学生闪现更多的"火花"．

当我们把学生学习的积极情感调动起来，学生的思维被激活时，学生会积极参与到教学活动中来，也就会提高教与学的效率．也许在某一个内容的教学中多用了课时，但有了整体上的把握和安排就不会对教学进度造成影响．

（2）借助几何直观揭示研究对象的性质和关系．

几何直观能够启迪思路、帮助理解．借助几何直观学习和理解数学，是数学学习中的重要方面．在教学中，要鼓励学生借助几何直观进行思考，揭示研究对象的性质和关系，并且学会利用几何直观来学习和理解数学．例如，在导数的学习中，函数的图形有助于学生体会和理解导数在研究函数的变化过程中的作用；可以帮助学生认识和理解为什么由导数的符号可以判断函数的增减性，为什么由导数绝对值的大小可以判断函数变化是急剧还是缓慢．对于一些只能直接给出函数图形的问题（如心电图），则更能显示几何直观的作用．

同时也要注意：由于几何直观有时会带来认识上的片面性，因此不能用几何直观来代替证明．

（3）处理好形式化表达与揭示数学本质的关系．

学习形式化的表达是数学学习的一项基本要求，如何处理好数学形式化的表达和对数学本质认识的关系，是数学教学中需要解决的一个重要问题.

如，关于"导数及其应用"是这样处理的：不讲极限概念，直接学习导数概念及其应用. 这是为了使学生更好地理解导数的本质，感受用导数去研究函数的性质更为一般、也更有效，体验导数在现实生活中的应用. 让学生在经历从平均变化率过渡到瞬时变化率的过程中，体验和了解导数概念的实际背景，认识瞬时变化率就是导数，体会导数的思想及其内涵. 这样就避免因对形式化极限概念的难以理解而影响对导数概念本身的理解. 在经历了上述过程后，再结合自然语言的叙述，给出导数形式化的符号，学生就能较好地理解导数的概念.

（4）针对不同内容采用不同的教学方式.

不同的教学内容，可采用不同的教学方式.

对于必修课程的内容，尤其是一些核心概念与基本思想（如函数、向量、导数、算法、统计、数形结合、空间观念、随机观念等）的教学，要注重使学生在丰富的背景下经历知识形成和发展的过程，引导学生通过观察、操作、归纳、类比、思考、探索、交流、反思等行为参与和思维参与活动，去认识、理解和掌握数学知识，学会学习.

对于统计内容的教学，可以较多地采用在教师的指导下，让学生去收集资料、调查研究、实践探究的教学方式. 在学生进行调查研究、实践探究时，要帮助学生确定调查对象、调查内容、调查方式和实践探究的线索，提高效率.

对于选修系列专题的学习，可在上课之前由教师提供一些配合教材的阅读材料和思考题，在课堂上采用教师讲解和小组讨论、全班交流相结合的教学方式，课后可采用写读书报告、撰写论文等形式. 提供的阅读材料尽可能贴近学生的经验基础和认知水平. 思考题应该是对所学内容理解和掌握的关键所在，也可以是需要学生自己进行推证的问题. 在学生撰写论文时，可针对不同学生的具体情况，帮助学生合理选择论文题目、构建论文框架.

在合作学习中，一要做到独立思考与合作交流相结合，不能用合作学习代替学生个体的独立思考，造成部分学生的依赖性，失去合作学习的意义；二要发挥好教师的指导作用，不能放任自流，要对合作学习提出明确的任务和要求；三要进行合理分组.

5.5.4　关注数学的文化价值，提高学生的数学素养

数学教育是以数学科学为载体教育人、培养人和发展人的素质教育. 通过高中数学课程的学习，让学生初步领略数学的科学价值、应用价值、人文价值、美学价值，从而提高他们对数学的整体认识，同时获得自身的和谐发

展，而"关注数学的文化价值"正是实现这一目标的重要方面.

数学文化是高中数学课程内容中的有机组成部分，恰当地把握有关选题的内容和要求，是数学文化教学的基本要求. 数学文化的教学不只是有关资料的介绍，而是应将资料中蕴涵的文化价值显现出来. 例如，关于解析几何与微积分的创立、发展过程的资料比比皆是，选取和整理成教学素材时应关注那些体现社会发展和数学发展相互促进的内容，或反映数学家为追求真理表现出来的求真求实、说理、批判、质疑、锲而不舍的精神等方面的内容. 通过恰当的提示与引导，让学生在对相关资料了解的基础上，认识其中蕴涵的数学文化价值.

数学文化的学习可以穿插于数学知识的教学之中. 比如，对函数、向量、统计、概率、导数等重要概念，可以通过介绍它们发生、发展的过程，使学生认识数学发生、发展的规律，同时也了解人类从数学的角度认识客观世界的过程.

数学文化的学习也可以以专题或活动的形式开展. 如数系的发展和扩充过程，可以将教师的讲授和学生的讨论相结合，让学生从数系具体的发展、扩充过程中感受到数学内部的动力，以及人类理性思维对数学产生和发展的作用.

总之，我们要以数学知识为载体，使学生体会和认识数学的文化价值，全面提高学生的数学素养.

5.5.5　恰当使用信息技术，提高教学质量

现代信息技术的广泛应用正在对数学课程的内容、数学教学、数学学习等方面产生深刻的影响. 信息技术在教学中的优势主要表现在：快捷的计算功能、丰富的图形呈现与制作功能、大量数据的处理功能、提供交互式的学习和研究环境等方面. 因此，在教学中，应重视与现代信息技术的有机结合，恰当地使用现代信息技术，发挥现代信息技术的优势，帮助学生更好地认识和理解数学，增强学生对数学学习的兴趣，改善学生的学习方式，全面提高教学质量.

在函数概念、指数函数、对数函数、三角函数、算法初步、统计、立体几何初步、曲线与方程等内容的教学中，可以借助计算器或计算机进行. 但是，使用信息技术的目的是帮助学生理解和掌握知识、增强学习兴趣、改善学习方式，这一点我们应当明确.

在运用现代信息技术时，既要考虑数学内容的特点，又要考虑信息技术的特点与局限性，只有把两者有机结合，才能对学生的学习和教师的教学起

到促进作用，有助于学生对数学本质的认识.

　　例如，在开始教学立体几何初步时，可以运用信息技术丰富的图形呈现功能，提供大量的、丰富的几何图形；通过其制作功能，从不同角度多次观察图形并进行思考. 这有助于学生认识和理解这些几何体的结构特征、初步建立空间观念. 但是，随着学习的展开和深入，就要逐步摆脱信息技术提供的图形，建立空间观念，形成空间想象能力. 由此可见，信息技术的图形呈现与制作功能，只是学生建立空间观念和形成空间想象能力的一种辅助手段，利用这一技术帮助学生建立空间观念和形成空间想象能力才是我们的最终目的.

　　在进行统计教学时，计算器和计算机对大量数据的处理功能就凸显出来了. 教师可以通过对实际问题的解决，或恰当的案例，指导学生运用计算器或计算机，通过学生自己的操作、观察、思考、比较、分析，做出判断，充分利用计算器和计算机快捷的计算功能，提高学习效率.

　　应当注意：由于现代信息技术不能替代艰苦的学习和人脑精密的思考，它只是作为达到目的的一种手段、工具，因此，我们要合理而非盲目地使用信息技术.

下篇　数学教材分析研究

6　数学教材概述

6.1　教材与数学教材

6.1.1　教材

《中国大百科全书》对教材有两种解释：一是根据一定学科的任务，选编和组织具有一定范围和深度的知识、技能体系，它一般以教科书的形式来具体反映；二是教师指导学生学习的一切教学材料，它包括教科书、讲义、讲授提纲、参考书刊、辅导材料以及教学辅助材料（如图表、教学影片、唱片、录音、录像磁带等）。教科书、讲义、讲授提纲是教材整体中的主体部分。

《辞海》对教材的解释是：根据教学大纲为师生教学应用而编造的材料，主要有教科书、讲义、讲授提纲等，有时也包括供教师和学生用的教学参考书、教学辅助材料等。

《教育大辞典》关于"教材"词条的内容表述为：教师和学生据以进行教学活动的材料，教学的主要媒体。通常按照课程标准的规定，分学科门类和年级顺序编辑。它包括文字教材（含教科书、讲义、讲授提纲、图表和教学参考书等）和视听教材。编辑时要求妥善处理思想性与科学性、观点与材料、理论与实际、知识与技能的广度和深度，以及基础知识与当代科学新成就的关系。总原则是，从一定的教育目标出发，符合学科体系，适合并促进受教育者的身心发展。要求兼顾学科知识的逻辑顺序和受教育者学习的心理顺序，兼顾同一学科各年级教材之间的衔接和同一年级各门学科教材之间的联系；突出重点，分散难点，适当采取直线式或螺旋式的编排方式。

可见，教材的含义有广义和狭义之分。广义的教材是一个教材系统，包括教科书、练习册、教师手册、教学参考书以及教学软件等，而狭义的教材就指教科书，亦称课本. 本书所指的教材是狭义教材.

教材一般由目录、课文、作业、注释和附录等构成. 其中最重要的是课文部分；作业部分也很重要，作业应紧密结合课文的要求，分别提出相应的思考题、习题、练习作业和实验作业等，这对于学生掌握基础知识和基本技能、发展各种能力具有重要作用.

教材是课程标准的进一步展开和具体化，是教育教学过程中教师和学生使用的材料，也是教学的工具和媒介. 教师利用教材创设学习情境，组织教学活动，进行教学评价. 学生通过教材的学习，体验学习的过程、积累学习的经验、获取必要的知识、构建自己的知识框架，学会探究并形成对自然、社会的正确观念，促进智能的发展.

6.1.2 数学教材

数学教材是指依据数学课程标准编写的系统地阐述数学内容的教学用书，它是数学课程标准的具体化，是实现数学教育目标的重要工具，也是进行数学教与学的主要材料.

传统的数学教材通常由一个个精确的概念、一条条深刻的定理、一串串抽象的证明、一道道繁杂的难题（有时伴随着一些奇妙的解法）组成. 它向学生提供的是一个被成人社会所认同的、客观的数学知识体系，其主要职责是向学生传递一些已成定论的、"成熟"的数学. 无论是内容、结构，还是表现形式，都是学生从事数学学习和教师从事数学教学的一个"范本". 这样的教材能够使学生理解数学原理的含义和掌握解决一些规范数学问题所需要的技能等. 与此同时，传递出这样的信息：数学活动的主要任务是对给定问题做出正确解答，而这些问题通常表述严谨，并有确切的、既定的解法；数学活动的实质是正确回忆并运用学过的程序解决这些给定的问题；作为一种最终产品，数学知识不是对就是错，不存在受主观判断或价值观影响的灰色区域. 在这样的数学教材之下，学生所能够从事的主要活动就是"复制"，即通过模仿与记忆教材中的内容和方法，期望在自己的头脑中形成与教材有着相似表征形式的数学知识结构；通过将教师或教材中列出的解题程序运用到给定的问题中，再做足够数量的练习. 对教师而言，如果能将教材"复印"到学生的头脑里，那就是最成功的教学. 显然，这与《数学课程标准》不符.

《数学课程标准》所持有的数学教学理念是：数学教学的最终目的是实现学生的整体发展. 对不同的学生而言，由于他们在所处的文化环境、家庭背景、自身的兴趣爱好和思维方式等方面存在着差异，因此，他们头脑中所理解的数学带有明显的"个性色彩"，他们的数学学习活动就应当是一个生动活泼的、主动的和富有个性的过程.

在这个意义之下，数学教材改变了原有的内涵和形式，不再是学生从事数学学习活动时的模仿对象（或者说，它向学生提供的不再是一种"不容改变"的、定论式的客观数学知识结构），而是一个有利于学生从事探索与交流、猜测与论证的数学活动的"平台"，其中充满了有价值的数学主题、有挑战性的数学任务、有启发性的数学学习素材、有意义的数学活动. 面对这样的教材，学生需要从事的数学活动不再只是模仿和记忆，而应该包括观察、实验、猜测、验证、推理、交流等有利于其全面发展的活动.

比如，就"代数式"的概念而言，如果将数学看作"现成的产品"，那么教材通常可以采用如下的呈现方式：

（1）罗列学生以前曾经学过的许多数学公式；

（2）给出代数式的定义、有关概念的说明；

（3）提供一些旨在帮助学生理解定义与相关概念的例题；

（4）要求学生完成一些旨在复习、巩固先前所学知识与方法的练习题.

显而易见，这是以"现成数学"的形式出现的：直接向学生呈现"代数式"的含义（定义）以及相关的概念，一些旨在熟悉这些概念的例题和用于模仿例题的习题；主要的教学目的就是让学生知道"什么是代数式""如何求解有关代数式的类似题目"（最好是能够熟练求解）. 而学生在上述教学活动中所需要做的（或者能够做的）活动主要就是记忆相关概念的含义，知道求解一类问题的基本程序，模仿既定的方法解决一些类似的问题，并达到熟练的程度.

如果将数学教材视为学生从事数学活动的平台，那么教材就会这样呈现：

（1）提供具有挑战性的问题情境（数学的或有现实背景的），或者有趣的数学游戏，学生在解决这些问题过程中将接触到"代数式"；

（2）提出若干供学生思考、交流的问题，帮助学生通过归纳、概括等方式去获得"代数式"的本质特征；

（3）列举一些具有共同本质特征的典型实例，形成"代数式"的"定义"；

（4）在回顾解决问题过程的活动中，了解代数式的相关概念.

其用意在于让学生体会"为什么要学习代数式"、"代数式是怎样产生的"，并让学生通过各种活动（尝试与计算、归纳与概括、思考与交流等）获得代数式的基本含义. 这不仅为学生提供了从事数学活动的"平台"，而且使学生在从事这些活动的过程中学到认识新事物的基本途径、获得新知识的基本方法，从而有利于发展自身的一般能力．相比之下，获得代数式概念本身就不是最为重要的目的了．

在这样的意义之下，数学教材就不再是学生数学学习的目标（以理解或掌握教材上呈现的内容作为学生学习数学的最重要任务），而应当成为学生数学学习的基本出发点（让学生在教材所搭建的数学活动平台上展开数学学习）．

6.2 数学教材内容的选择

教材是课程标准的具体体现，因此数学教材的内容必须按照课程标准的要求进行选取．为了能够更加有效地落实数学课程目标，数学教材内容的选择还要遵循以下原则．

（1）教材内容的选择应当体现数学知识的基础性．

数学知识基础性包括两方面的含义：一是对于基础教育阶段的学生而言是基础的，应是学生能掌握的，而且也是社会生活中所必需的；二是对于数学学科而言是基础的．

由于当今数学的知识量巨大且增长迅速，究竟应该选择哪些知识作为基础就有一个价值判断的过程．教材所应挑选的就是那些最基本的、最重要的，并能够被学生内化的、以形成数学功底的数学知识内容．

（2）教材内容的选择应当符合学生的心理特点和认识规律．

数学教学以学生的知识基础和心理发展水平为前提，以促进学生的全面发展为结果．因此，教材内容的选择既要充分考虑学生已有的知识和经验，又要难易适度，避免给学生造成过重的学习负担．

（3）数学教材内容的选择要体现促进学生数学学习的发展．

数学教材中所选的数学知识应促成不同学生的不同发展，实现不同的人学习不同的数学．首先，为不同学生提供不同水平的数学知识、数学习题；其次，通过数学问题的设计，不同水平的学生对同一问题可以做出不同层次的解答．比如，可以设计类似于这样的问题：甲同学离学校 10 km，乙同学离甲同学 3 km，问乙同学离学校多少千米？

（4）教材内容的选择要体现数学的文化价值．

数学的内容、思想、方法和语言是现代文明的重要组成部分，因此，数学教材的内容要注重体现数学的文化价值，既可以通过数学史的介绍与渗透，展现数学产生与发展的背景，又可以通过现实问题，展现数学的应用价值．

（5）教材选取的内容应当具有一定的弹性和灵活性，以适应不同地区、不同学校办学条件的差异和学生个性化、多样化发展的需要.

在按照课程内容标准编写必学内容的基础上，可以适当安排一些选学内容或选做的活动，以拓宽学生的知识面，发展学生的爱好和特长，培养学生的创新精神和探究能力.

6.3　数学教材内容的编排

教材编排体例是教材内容组织的重要方面，是对数学课程内容的纵向设计. 教材内容安排所展现的知识序列及其相互联系的结构，是数学科学知识体系经教学法加工而得到的学科知识体系.

6.3.1　设计教材编排体例的基本原则

在设计教材的编排体例时，要遵行下列基本原则：

（1）教材的编排要符合学生的认知规律与心理发展规律. 数学教学以学生的心理发展水平为前提，以促进学生心理的进一步发展为结果，因此，教材编排体例必须符合学生的认知规律与心理发展规律.

第一，教学内容应按照由浅入深、由直观到抽象的顺序呈现，要返璞归真、循序渐进，要符合学生的认知规律和接受能力. 特别是对于比较抽象的近现代数学知识，如集合、逻辑、微积分、概率等内容，应从感性到理性，尽量避免过度的抽象化、形式化.

第二，课程内容的编排应揭示数学知识发展、理解、掌握、应用的过程，尽量避免从理论到理论、从抽象到抽象的纯理论形式. 一般由生活实例、直观模型、历史故事或典型例题引入新课题，通过对事物的比较、分析、抽象、概括去掌握概念与原理，再通过典型问题的解决，把数学知识应用于实际问题.

第三，学生学习的最大动力是自身的学习兴趣，因此教材中应兼顾到教学内容以及内容呈现形式的趣味性. 例如，在可能的情况下，可穿插一些图示、趣题、悖论、实验以及生活中的数学等内容，以激发学生的学习兴趣.

第四，要考虑学生数学学习的阶段性. 心理学研究结果表明，从十二三岁到十六七岁的学生，思维发展的过程一般是从具体形象思维到经验性抽象思维，再到理论性抽象思维，最后逐步产生辩证思维. 因此，每一学习阶段教材内容的编排，应当与学生的认知结构、思维特点与年龄特征相适应. 在中学阶段，学生的数学学习一般要经历下列五次转折与飞跃：从算术到代数；从代数演算到几何推理论证；从演绎几何到解析几何；从常量数学到变量数学；从确定性数学到随机性数学．数学教材内容的编排必须注意这些重大转折，并采取学生易于接受的编排方式引导学生顺利地实现转折，以帮助学生越过一个又一个的学习障碍．

（2）教材的编排要符合数学科学的基本特性．

数学课程的内容来自于数学科学，因此数学教材的编排体例必须具有数学科学的最基本特性．首先，要尽可能地保持数学知识的系统性，由易到难，由浅入深，清晰地呈现数学知识内容．其次，要突出数学学科的知识结构．强调知识结构的学习，有利于学生掌握系统化的知识，掌握具有较大迁移价值的一般原理，并提供进一步学习的意义与方法．根据这一原则，数学课程要尽可能保持数学知识之间的逻辑体系，尽可能突出几何、代数、微积分、概率统计各分支之间的相互联系，突出数学与其他学科的联系，突出各分支的应用，使前面知识的学习为后续知识学习提供必要的理论基础或相对具体的背景．

综上所述，数学教材的编排体例既要符合学生的心理发展规律与认知规律，也不能违背学科内容的逻辑顺序，使学生的知识学习和认识水平，从一个高度发展到另一个新的高度．

6.3.2　数学教材编排的两种体例

（1）直线式编排体例．

直线式编排体例是对数学教材内容采取环环紧扣、直线推进、不再重复的排列方式．在直线式编排体例下，教材内容根据学科的逻辑顺序来组织，强调学科固有的逻辑顺序的排列．数学是具有明显学科结构的典型学科，因此传统的数学教材也多采用此种编排体例，特别是在平面几何部分．这种教材体例的优点在于节省教学时间，教学效率高，但不利于学生消化所学内容，不符合认识规律．实践证明，直线式编排的数学教材在抹掉了数学创造时那些不太严格甚至看起来很粗糙的数学活动后，虽然能满足数学科学严格性的要求，却也给学生的数学学习带来了很大的困难．

（2）螺旋式编排体例．

螺旋式编排体例是针对数学学科特点和学生接受能力及认知特点，按照繁简、深浅、难易的不同程度，使数学教材的基本概念和基本原理分层次地重复出现，逐步扩展，螺旋上升的排列方式．

编排数学教材，既要考虑数学自身的严谨性，也要考虑学生数学学习和认识发展的阶段性．对于重要的数学概念与思想方法的学习应当逐级递进、螺旋上升（但要避免不必要的重复），以符合学生的数学认知规律．

例如，对方程和函数的处理，传统教材往往先集中学习方程，再集中学习函数．但根据螺旋上升的思想，在教材编写时按照"次数"使方程和函数的学习交替进行，即按一次方程（组）、一次函数、二次方程、二次函数的顺序螺旋上升．其目的是：一方面克服直线式发展所产生的不易理解、消化的弊病，分阶段不断地深化对方程和函数的理解；另一方面强化基本概念之间的内在联系，从函数角度提高对方程等内容的认识和理解．

6.4 教材的审定与选用

教材的审定与选用是教材管理的重要环节，是学生最终能用上高质量教材的重要保证．

6.4.1 教材的审定

6.4.1.1 教材审定的主体

《中小学教材编写审定管理办法》规定，教材的编写、审定实行国家和省级教育行政部门两级管理．教育部负责国家课程教材的编写管理和审定，地方课程教材的编写管理和审定由省级教育行政部门负责．教育部成立全国中小学教材审定委员会，负责国家课程教材的初审、审定及跨省（自治区、直辖市）使用的地方课程教材的审定．各省、自治区、直辖市教育行政部门成立省级中小学教材审定委员会，负责地方课程教材的初审和审定．

中小学教材审定委员会的职责是：审议全国中小学各学科课程标准；审定全国中小学各学科教材；指导各学科教材审查委员会的工作，研究解决课程标准审议和教材审查中提出的问题；指导优秀中小学教材的评选工作；对中小学课程教材改革进行调查研究，向教育部提出建议；教育部交办的有关工作．

审定委员会设立办公室作为常设工作机构，办公室设在教育部基础教育司．其职责是负责处理审定委员会日常工作，联系并协调各学科教材审查委员会与教材编写及出版单位的工作，组织审定（审查）委员对课程教材建设进行调查研究，处理审查、审定中小学教材的有关事务．依据国家规定的中小学课程设置，审定委员会下设学科审查委员会．

学科教材审查委员会的职责是：审议本学科的教学大纲和审查本学科的教材，向审定委员会提出审议意见和审查报告；研究本学科在审议教学大纲和审查教材中发现的问题并提出处理意见；对本学科教材建设进行调查研究，向教育部提出建议；参与中小学优秀教材的评选工作；教育部、审定委员会交办的有关工作．

审定委员会由教育部聘请专家、教师和教育行政领导干部组成，设主任 1 人、副主任若干人，任期 3 年，可以连聘连任，每届更换委员人数不超过三分之一．各学科教材审定委员会也设主任 1 人、委员 5～11 人，由教育部聘任，任期 3 年，可以连聘连任，每届更换委员人数不超过三分之一．全国少数民族教材审查委员会下设各学科教材审查小组．审定委员会委员年龄在 70 岁以下，学科教材审查委员会委员年龄在 65 岁以下．

教材审查实行编审分离，需要通过两次审查和审定．经全国中小学教材审定委员会审定通过的教材，由教育部批准后，将列入全国中小学教学用书目录，供学校选用．经省级中小学教材审定委员会审定通过地方教材，由省级教育行政部门批准，将列入本省（自治区、直辖市）中小学教学书目录，供学校选用．

6.4.1.2 教材审定的内容

审定（审查）中小学教材应当遵循以下原则：符合国家的有关法律、法规、政策；体现教育要面向现代化、面向世界、面向未来的要求；贯彻教育方针，体现基础教育的性质、任务和学科教学目标；符合教育部颁布的课程计划、课程标准所规定的各项要求；符合教育教学规律，具有自身的风格和特色．

根据上述原则，教材审定的内容分为以下几方面．

第一，教材内容应符合以下基本要求：

（1）观点正确．它既有利于对学生进行爱国主义、社会主义、集体主义教育以及辩证唯物主义和历史唯物主义教育，又有利于弘扬中华民族优秀文化传统，培养学生良好的思想品德、坚强的意志和健康的心理素质．

（2）内容科学，材料、数据准确、可靠，编写顺序合理．

（3）符合我国国情，体现时代精神．根据学生所能接受的程度，反映现代教育改革的成果和科学技术发展的成就．

（4）从学生所熟悉的环境和事物出发，做到理论与实际相联系．注重结合基础知识、基本训练以及实验等实践活动培养学生分析和解决实际问题的能力．

（5）教材的容量和深广度适当，内容精练、深入浅出，可读性强，富有启发性．

第二，教材体系应符合以下基本要求：

（1）符合儿童、青少年身心发展规律．按照不同年龄阶段学生的生理和心理特点，建立适合学生学习的知识体系．根据学生的认识规律、学习水平和学科自身的知识结构，合理安排各学科教学内容的顺序、层次和逻辑关系，建立学科的教学体系．

（2）有利于实现学科的课程目标．要使学生在获取和掌握知识的过程中，促进智力的发展、能力的提高，形成良好的思想、情感、意志和品格，养成科学的态度和方法．

（3）注意本学科各部分内容间的相互衔接以及与其他学科内容间的联系．

第三，教材的文字、插图应当符合以下基本要求：

（1）语言文字要规范、简练，注意不同年龄阶段学生的语言特点．形式要生动活泼、富有启发性和趣味性．

（2）照片、地图、插图和图表要和教材内容紧密配合，地图应按照国家有关规定送审．

（3）引文、摘录要准确．

（4）名称、名词、术语均应采取国际统一名称或国家统一规定名称．外国人名、地名采用通用译名．简化字要符合国家正式公布的字表．

（5）标题、字母、符号、体例必须规范、统一．

（6）计量单位采用国际单位制和国家统一规定的名称和符号．

第四，教材中的作业和练习应当符合以下几点要求：

（1）配合教学，内容要体现教学目标和要求，分量要适当，题目要精选．

（2）注意能力的培养，富有启发性，安排要有层次，能适应不同程度学生的需要．

（3）形式要多样．

（4）要重视观察、实验、动手制作和社会调查．

（5）要因地制宜，讲求实效，尽可能利用简便易行的器材和已有的条件．

（6）要注意联系学生的生活实际和生产实际，引用的事例、数据要准确．

第五，教学软件、音像教材与教学挂图应当画面构图合理、主体突出、形象生动．内容要科学，富有教育性．教学软件和音像教材要充分体现先进的教学思想和科学的教学方法. 音像教材要符合教育部电教部门颁发的技术质量标准.

6.4.2　教材的选用

在"一标多本"、教材多样化的现实情况下,教材选用问题也变得十分重要,已成为教育行政部门和校长、教师、学生以及家长共同关心的问题. 下面,介绍几种教材选用的模式.

（1）专家、师生参与下的政府采购模式.

政府采购就是在统一招标下进行集中采购. 在采购过程中不仅不单纯以价格来决定,而且还要看教材的质量,但教材的质量不能由政府管理人员来决定. 因此,在教材的政府采购中,需吸纳专家学者、教师代表、学生代表甚至家长代表参加. 政府注重宏观管理职能,专家、教师、学生等则注重教材的质量及其适应性等.

（2）学校自主选用模式.

学校自主选用模式就是由学校根据自身的办学特色、教师素质、学生意愿等,自主选择不同版本的教材. 学校自主选择教材并不是校长或某个人自己选择,而是要求学校组成一个教材选用小组,小组成员应包括学校领导、教师代表、学生代表、家长代表等. 在认真分析本校实际的基础上,仔细了解不同版本教材的特点,选择最适合本校的教材.

（3）教育行政部门和专家指导下的教材选用模式.

此种模式就是学校在教育行政部门和专家指导下,依据自身的实际,自主选择不同版本的教材.

这种模式既能发挥学校的主导作用,也能发挥政府、专家的指导作用;不仅能避免政府的指令性或完全包办的做法,还能避免完全由学校来选择而造成的弊端;既照顾了学校自身的办学特色、办学条件和学生特点等特殊要求,也兼顾到了学校之间、地区之间的统一;确保了教材选用中的规范有序,公正透明,民主科学及多方参与性;专家和政府的参与,有利于学校管理者培养教师、学生和家长的课程意识.

6.5　我国数学教材发展简述

数学是科学技术的一门重要学科. 中国数学发展源远流长,成就辉煌,我国的数学教育为此做出了巨大的贡献.

6.5.1　我国古代的数学教材

我国的数学教育在夏商开始萌芽，西周开始形成，春秋战国初步定型. 春秋末年人们已经掌握了完备的十进位值制记数法，普遍使用了算筹这种先进的计算工具. 人们已谙熟九九乘法表、整数四则运算，并使用了分数. 这些内容分别在《墨经》《庄子》《易经》中都有记载. 这一时期，数学是贵族子弟教育中的六艺之一，由于没有专门独立的数学专著，因此没有专门的数学教材.

汉代完成的《九章算术》，不仅是数学经典著作，而且是我国古代数学教材的典范，它对中国数学和数学教育的发展起了巨大的作用.《九章算术》之后，中国的数学著述基本上采取两种方式：一是为《九章算术》作注；二是以《九章算术》为楷模编纂新的著作.

唐代李淳风于显庆元年为《周髀算经》《九章算术》《海岛算经》《孙子算经》《夏侯阳算经》《缀术》《张丘建算经》《五曹算经》《五经算术》《缉古算经》等十部算经作注，作为算学馆教材，这就是著名的《算经十书》《算经十书》不仅是对中国古代数学奠基时期的总结，而且是世界上第一次由国家颁布实行的数学教材，成为后世数学教育的经典教材.

在宋元时期，《算经十书》仍是学校数学教育的教材. 但由于《缀术》和《夏侯阳算经》的失传，《夏侯阳算经》以《韩延算术》代之，仍用《夏侯阳算经》之名，《缀术》以《数书记遗》代之. 数学教育的发展，推动了中国数学的发展. 中国古代数学在宋元时期达到顶峰，涌现出了一批卓有成就的数学家，其中以秦九韶、杨辉、李冶和朱世杰为代表. 秦九韶著有《数书九章》，杨辉著有《详解九章算法》，李冶著有《测圆海镜》和《益古演段》，朱世杰著有《算学启蒙》和《四元玉鉴》. 这些著作的出现，也标志着中国数学在当时达到了世界最高水平.

16 世纪末，利玛窦等欧洲传教士来华，与徐光启等一起翻译《几何原本》等著作. 后来，传教士们又引入了三角学、对数等西方初等数学，从此，中国数学开始了中西会通的阶段. 1773 年乾隆帝决定修《四库全书》，戴震从《永乐大典》中辑出《周髀算经》《九章算术》《海岛算经》《孙子算经》《五曹算经》《五经算术》以及赝本《夏侯阳算经》等七部汉唐算经，并加校勘，《数书九章》《测圆海镜》《四元玉鉴》等久佚的宋元算书也陆续辑出或发现，从此掀起了乾嘉时期研究整理中国古典数学的热潮，其中李潢的《九章算术细草图说》、罗士琳的《四元玉鉴细草》、焦循的《里堂学算记》、汪莱的《衡斋算学》、李锐的《李氏算学遗书》最为有名. 李善兰的《方圆阐幽》《弧矢启秘》《对数探源》在三角函数与对数函数的研究上取得了更大的成就. 华衡芳与英国人傅兰雅合译了《代数术》《微积溯源》《三角数理》《决疑数学》等书，后者是中国第一部概率论译著. 这些著作作为这一时期的数学教材，为中国数学的传播和发展起了重要作用.

6.5.2　近代数学教材

1840 年鸦片战争以后，随着西方数学的传入和数学教育的改革，数学教科书内容发生了巨大变化，普遍采用从西方翻译过来的代数、几何、三角、数学分析等数学教材. 数学教学内容主要包括整数、分数四则，代数、几何、三角的基本知识及在日常生产、生活和天文、历算等方面的实际应用问题.

随着洋务运动的兴起，为培养实学人才各地建立了洋务学堂，京师天文馆是其中最典型的代表，也是中国近代最早成立的新式教育机构. 洋务学堂比较重视数学课程，如同文馆《算学课艺》涉及理学启蒙、代数学、几何原本、平三角、弧三角、微积分等内容. 这一时期的教材主要有三大类：学堂自编讲义，私家编纂课本和编译西方成书. 数学教育的制度化以学制（壬寅学制和癸卯学制）的颁布为标志，其中将算术、代数、几何、三角、微积分、函数论、偏微分方程和整数论作为数学教材的主要内容. 癸卯学制之后教科书以日本原著或者日译西著为底，国人自行编译为主.

民国时期，数学教育得到了长足的发展，主要以民间、官办和教会三种形式为主. 民国时期教材有两个特点：一是它的民间性，民间在编纂教科书上有较大的自主权，只报教育主管部门审核即可；二是它的编纂者都是具有现代思想的一流教育家，如胡适、舒新城、郭秉文、朱经农、黎锦晖、廖世承等.

6.5.3　现代数学教材

中华人民共和国成立以后，人民教育出版社作为官方教材出版机构成为了中小学教材编写出版的主力军. 在 1950—2000 年这 50 年的教材发展历程中，经历了几次重大的变革.

6.5.3.1　全面学习苏联，照搬苏联教材

与中华人民共和国成立初期的政治形势相适应，1952 年，数学课程以当时苏联的数学教学大纲、数学教材为蓝本，通过编译、改编的方式，颁布和

出版了《小学算术教学大纲（草案）》、《中学数学教学大纲（草案）》及其相应的数学教材，中国教材完全进入"一纲一本"的时代. 这套教材的主要特点是：

第一，强调知识的系统性和严密性，知识面窄，理论深. 代数中无理数和几何中无公度线段的阐述，以及两者的配合堪称典型.

第二，重视函数. 小学就要求"理解数量和数量间的相依关系"，学习如何依已知数的变化而变化；初中各年级都要"注意那些数与数之间的相依关系"，以使学生打下学习函数的基础；高中学习基本初等函数.

第三，大量减少教学内容. 没有解析几何、概率统计，把苏联中小学十年学习的内容拉长为十二年.

第四，教材内容安排独特. 算术重复学习，学七年（苏联是六年）；中学代数与几何采用直线式，与三角共学五年（苏联是四年）.

第五，在教学上，强调理解. 要求学生"自觉地"掌握数学知识，不仅要知道是什么和怎么做，而且还要知道为什么.

第六，重视应用. 小学要求"以算术课及其课外作业全部时间的一半左右来学习解答应用题"，应用题的选材"不应只以日常生活需要的范围为限，还可以加入必须用特殊算法来解答的应用题"，中学要求"应用数学知识去解决实际问题".

6.5.3.2　编写适合中国国情的教材的初次探索

由于在学习外国经验时采用"照搬"的方法，存在严重的教条主义，为此受到了批判. 为了纠正学习苏联经验过程中出现的偏差，解决数学教材知识面窄、内容少、程度低的问题，从 1957 年开始，教育部决定调整中小学数学课程和教学内容，编写中小学数学暂用课本，自此开始了编写适合中国国情的数学教材的探索之路.

1963 年 3 月，中共中央印发《全日制中学暂行工作条例》，要求："全日制中学必须以教学为主，加强基础知识的教学和基本技能的训练，为学生毕业后就业和升学打好必要的文化基础.""数学课应该使学生在小学学好算术，初中学好代数和平面几何，在高中学好大代数、三角、立体几何和平面解析几何，正确地理解数学概念，掌握定理公式，计算正确、熟练，能够进行综合运算."根据这些要求，通过总结 1950 年以来编写教学大纲和教材的经验教训，吸收各种教改方案和试验教材的优点等，教育部在已有"教学大纲草案征求意见稿"的基础上，按照专题研究的结果，经过反复讨论、修改后，于 1963 年 5 月颁发了《全日制小学算术教学大纲（草案）》和《全日制中学数学教学大纲（草案）》，作为今后一个时期编写教材和学校教学的依据.

1963 年的教学大纲和这一时期的教材，全面而深入地总结了中国"双基"教学的经验，对中国数学教育产生了巨大而深远的影响．具体表现在：

第一，创建了教学大纲的新体系，这一体系在后续教学大纲的制定中得到继承和发展．

第二，教学内容和要求趋于合理、科学，小学完成算术学习，初中完成实数、二次方程、函数初步和全部平面几何的学习，高中恢复平面解析几何等．

第三，教学大纲明确提出了三大能力，即"正确而且迅速的计算能力、逻辑推理能力和空间想象能力"．

第四，小学不分科，中学分代数、平面几何、立体几何、三角、平面解析几何等科，直线式安排教材体系．

第五，教材扎扎实实地加强了基础知识和基本技能，内容充实、理论严谨、编排科学、讲解细致，注意抓关键、抓重点、分散难点，例、习题充足，易教易学．

第六，教材注重辩证地处理教学中的各种矛盾关系，强调讲清概念和原理，突出重点、抓住关键、解决难点，切实加强训练以保证学生牢固掌握数学基础知识和基本技能，提高学生的计算能力、逻辑推理能力和空间想象能力．形成了中国数学教育注重双基和数学基本能力的传统．

6.5.3.3　改革开放初期编写统编教材

1977 年，"文化大革命"后的中国百废待兴，科技和教育受到高度重视．教育部于 1977 年 9 月成立了教材编审领导小组，制定新的教学大纲，编写全国中小学通用教材．为了迅速扭转混乱局面，这套教材采取边编写边试用的方式，于 1978 年秋季开学起，在全国的小学、初中和高中的起始年级同时试用，到 1980 年基本编写完成．这套教材吸取了国内数学教材改革的经验，注意加强基础知识和基本训练，这对拨乱反正，统一全国中小学数学教学内容，提高教学质量，起了积极作用．但是，在师资遭到严重破坏、学生基础参差不齐、教学设施破坏殆尽的情况下，这套教材在使用中遇到了很大困难，不少学校和教师反映存在"深、难、重"的问题．于是，从 1981 年开始对这套教材进行全面修订，并进一步编写 6 年制小学、3 年制初中和 3 年制高中的数学教材，到 1986 年编写成了一套 12 年制的中小学数学教材．不过，由于"文化大革命"使教师队伍遭到严重破坏，老师们对新增内容普遍感到不适应，于是又将增加的微积分、概率初步和逻辑代数初步等改为选学．因为这些内容没有纳入高考范围，因而也就不教不学了．

6.5.3.4　编写适应实施九年义务教育需要的教材

1986年，全国人大委员会通过了《中华人民共和国义务教育法》，规定"国家实行九年制义务教育"，小学和初中属于义务教育阶段，高中作为较高层次的基础教育阶段．随后，在大量调查研究的基础上，国家教育委员会制订了九年义务教育"五四制"和"六三制"两种学制的教学计划和教学大纲，对教材实行"一纲多本、编审分开"的制度，并于1988年开始组织编写多套教材，从1990年秋开始实验．根据实验结果，1992年对大纲和教材进行了修改并通过审查后，于1993年秋在全国试行．

根据义务教育的性质，数学教学大纲在教学目的、教学内容和教学方法等各方面都有改变．例如，初中数学教学目的改为：使学生学好当代社会中每一个公民适应日常生活、参加生产和进一步学习所必需的代数、几何的基础知识和基本技能，进一步培养运算能力，发展逻辑思维能力和空间观念，并能够运用所学知识解决简单的实际问题．培养学生良好的个性品质和初步的辩证唯物主义观点．在教学内容方面，强调"精选一个公民所必需的代数、几何中最基本最有用的部分"，还规定在毕业班级可以"选学一些应用方面的知识或适当加宽加深的内容"．在教学方面，把"面向全体学生"作为教学中应该注意的第一个问题，"要对每一个学生负责，使所有学生都达到基本要求"，并强调要"切实培养学生解决实际问题的能力"，同时也要"重视基础知识的教学，基本技能的训练和能力的培养"．在基础知识中首次指出了数学思想和方法，在能力中则指出发展思维能力是培养能力的核心．1996年，为了与九年义务教育相衔接，国家教育委员会颁布了新的高中课程计划和教学大纲．高中数学在高一、高二年级设必修课，高三年级设理科、文科和实科三种限定选修课，并有任意选修课．必修课内容包括集合，简易逻辑，函数，不等式，平面向量，三角函数，数列，数学归纳法，平面解析几何，立体几何，排列，组合，二项式定理，概率；限定选修课的内容，理科有概率与统计，极限，导数与微分，积分，复数；文科和实科有统计，极限与导数，复数；任意选修课则提出一些建议内容．1997年秋开始教材试验，试验工作于2000年完成，经修订后在全国推广使用．

6.5.4　新时期数学教材

进入世纪之交，我国教育面临着新的机遇和挑战．1999年6月，中共中央国务院作出了《关于深化教育改革，全面推进素质教育的决定》，标志着我国教育将进入一个新的改革发展阶段．为贯彻中央的这一决定，全面落实《面向二十一世纪教育振兴行动计划》，用五到十年的时间建立一个现代化的基础教育课程体系，教育部基础教育司于 1999 年组建了国家数学课程标准研制工作组，研究、起草义务教育国家数学课程标准.

2001 年 6 月，教育部正式颁布了《基础教育课程改革纲要》和各学科课程标准（实验稿）. 由北京师范大学编辑出版的（北师大版）义务教育数学实验教科书于 2001 年秋率先在全国 7 个国家级实验区实验；2003 年初人民教育出版社出版发行的初中数学实验教科书（人教版）也通过了全国中小学教材审定委员会的审定. 同时，由 14 家出版社参与编写各学科实验教材（共 49 种），在全国 42 个实验区实验. 在此背景下，相继出版发行了多种版本的以"数学课程标准"实验教科书，这些教科书都采取混编的办法，不再分科. 2012 年，各出版社又根据《义标》，编写出版了修订的"义务教育数学教科书"，至今还在使用.

随着高中数学课程标准（实验）的发布，众多出版社编写了高中数学教材，并于 2004 年逐步开始使用. 从 2017 年开始，我国将进入《高标》数学教材的时代.

在新课程改革中，教科书已从"一纲一本"转变为"一标多本". 到目前为止，小学数学教材主要有 6 个版本，分别是人教版、北师大版、苏教版、西师大版、青岛版、河北版. 初中数学教材主要有 9 个版本，分别是人教版、上海科技版、北师大版、华东师大版、江苏科技版、河北版、青岛版、浙江版、湖南版. 高中数学教材主要有 6 个版本，分别是人教 A 版、人教 B 版、北师大版、苏教版、湖南版、湖北版.

7 数学教材分析

7.1 数学教材分析的内涵、意义与方法

教材分析是教师工作的重要内容. 教师对教材的分析状况直接影响着其课程的设计、组织与实施，从而间接影响着教学的质量. 因此，深刻理解教材分析的内涵及其意义，掌握教材分析的方法对教师而言就显得至关重要.

7.1.1 数学教材分析的内涵

数学教材分析就是对教材内容进行具体分析，包括教材内容概况、教材内容分析、教学中应注意的有关问题、重难点的确定、教学目标分析、课时安排等，以便为教学设计、教学实施以及教学评价等做好前期准备.

教材一般是以定型化、规范化的形式把数学学科知识表述出来的，因此，尽管它在内容上包含着深刻的思维和丰富的智慧，但它在形式上往往是简单、呆板、现成的结论. 为了便于学生理解所学的数学知识，教师在备课时就要避免只停留在对教材表面的数学结论和表述的理解上，要对教材做深入的研究分析，挖掘出有利于学生理解和接受知识并能展开思维去发现知识的最佳教学途径.

因此，教材只是知识的一个载体，实际使用中还需要教师去挖掘、去创造. 教材分析是一个再创造的过程，是对课程与教材的不断发展、不断丰富的过程.

有一位教育家曾经说过"教材无非是例子". 这就告诉我们：可以创造性地使用教材，通过教材分析把"例子"里最本质的东西挖掘出来，让学生通过一个"例子"，领会比"例子"更为普遍、更为本质的东西.

7.1.2 数学教材分析的意义

现代教学论认为，要实现教学最优化，就必须实现教学目标最优化和教学过程最优化，而教材的分析和教法的研究，正是实现教学过程最优化的重要内容和手段. 教材分析是教师工作的重要内容，是教师备好课、上好课的

前提，它关系到教师的课程设计、课程组织与实施，更关系到教学目标的实现、教育目标的达成．教师在授课之前，必须深入学习数学课程标准，认真分析和研究教材，领会教材的编写意图，在此基础上科学地组织数学教学内容，选用教法，从而精心进行教学设计，实施教学，圆满实现教学目标，完成教学任务．教材分析的过程，既是教师教学工作的重要内容，又是教师进行教学研究的一种主要方法，这个过程能够充分体现教师的教学能力和创造性的劳动．所以，教材分析的过程，就是教师不断提高业务素质和加深对教育理论理解的过程，它对提高数学教学质量和自身的数学教育素养都具有十分重要的意义．

7.1.3　数学教材分析的方法

教材分析有多种方法，常用的教材分析法一般有知识分析法、心理分析法和方法论分析法等，其中知识分析法是最主要的一种．

7.1.3.1　知识分析法

所谓知识分析法，就是在全面阅读教材的基础上，以知识为主线对教材进行全面分析的一种分析方法．它是教材分析最常用的一种方法．具体分析时，可以由整体到局部依次进行．通过分析把握数学知识体系，并根据这些知识的内在联系，形成知识结构图，以便全面深刻地理解教材和处理教材．

通过知识分析法，可以帮助教师分析教材的编写意图，教材所选内容的特点、作用与地位，教材的体系及逻辑结构，明确教材的重点、难点，进而确定教学目标．

运用知识分析法，首先应认真"通读"整个教材，对教材做到心中有数，然后按顺序分析如下内容：

（1）分析教材的编写意图和特点．主要分析教材能否贯彻体现以学生为主、传授知识与培养能力相结合，能否体现以培养学生的数学素养为根本目的；分析教材编写的结构与形式，注意章、节的安排次序、文字叙述的特点等．搞清这些问题，有助于我们从整体上把握教材，更好地发挥教材的优点，克服教材的不足．

（2）分析教材知识体系与逻辑结构．所谓教材体系是指教材的"章节安排次序所体现出来的知识体系的主干或整体"．任何一本教材均由一定的知识所组成，自有其完整相对独立的一面，从总体上剖析、理清教材的体系与逻辑结构，才能较好地对某一章或某一节教材进行分析．

7.1.3.2　心理分析法

心理分析法是从学生的学习心理过程分析入手，挖掘和研究教材与教学中的心理因素. 教材的心理分析一般都通过两条途径进行：一是从分析教材的心理因素入手，分析教材编写者在全书的整体结构设计、内容选取与安排、教材的主要风格和特点等方面是如何适应学生心理发展的. 二是分析学生在学习的具体环节的心理过程、特点及其障碍，以便在教学实施过程中更好地落实教学目标.

现行数学教材充分注意到了学生的心理特征，内容设计生动活泼、图文并茂. 例如：有生动有趣的"阅读与思考""观察与猜想"，也有让学生亲自参与的"数学活动"，还有引导学生学习的"思考""归纳""探究""交流"等栏目，让学生在有意义的真实情境中带着问题去学习、思考、探究和实践，充分调动学生学习的主动性，增强他们学习数学的兴趣. 这些都是符合学生心理特征的，在教材分析中要认真挖掘，并落实到教学过程中.

从学生的心理特征来看，不同学段的学生往往表现出不同的心理特点. 例如：初中学生生理、心理尚未成熟，一般表现为好动、上课不易长时集中注意力，但交流发言比较积极；而高中生随着年龄的增长，性格上逐渐趋于成熟，多表现为比较深沉，主动性差.

所以，在对教材进行分析时，要合理地采用心理分析法，将教材的心理因素分析与学生的心理因素分析结合起来，适度地调整教学策略，最大限度地调动学生学习的积极性.

7.1.3.3　方法论分析法

方法论分析法就是运用方法论的思想对教材从整体到局部、从简单到复杂、从具体到抽象的一种分析方法.

方法论分析法是分析复杂事物的一种行之有效的方法，在现实生活中应用很广. 例如，要分析一本教材，首先应搞清这本教材分了几大章，每章主要讲了哪些主题；分析每一章的主题，又首先应分析该章分为哪几节，每节主要讲了哪些小题；分析每一节的小题，又首先要分析该节分为哪些知识点……这样层层分解，搞清每个局部的分析，再综合起来，就可以形成对一本教材的整体分析.

上述三种是教材分析中常用的方法. 掌握教材分析的方法，有利于我们对教材进行深刻的分析. 同时注意，在进行教材分析时，针对不同教材的特点，可突出某些方面的分析，不可面面俱到，更不可机械套用.

7.2 数学教材分析的类型

按照教材分析目的的不同,我们可将教材分析分为异本分析和同本分析.

7.2.1 异本分析

异本分析是指针对不同版本的教材所进行的分析. 其目的是弄清各个版本教材的内容体系及其编写特色,从而为教材的选取与使用提供依据. 分析的内容主要是比较各个不同版本的教材在编写方面的差异.

下面,我们以人教版、北师大版和华东师大版 2013 年修订的初中数学教材为例,进行比较分析.

7.2.1.1 教材编排体系的比较

三个版本的教材在体系编排上,各有其特点. 具体比较见表 7-1.

表 7-1 三个版本的实践数学教材内容体系比较表

	人教版	北师大版	华东师大版
七年级上册	第 1 章 有理数 第 2 章 整式的加减 第 3 章 一元一次方程 第 4 章 几何图形初步	第 1 章 丰富的图形世界 第 2 章 有理数及其运算 第 3 章 整式及其加减 第 4 章 基本平面图形 第 5 章 一元一次方程 第 6 章 数据的收集与整理	第 1 章 走进数学世界 第 2 章 有理数 第 3 章 整式的加减 第 4 章 图形的初步认识 第 5 章 相交线与平行线
七年级下册	第 5 章 相交线与平行线 第 6 章 实数 第 7 章 平面直角坐标系 第 8 章 二元一次方程组 第 9 章 不等式与不等式组 第 10 章 数据的收集、整理与描述	第 7 章 整式的乘除 第 8 章 相交线与平行线 第 9 章 变量之间的关系 第 10 章 三角形 第 11 章 生活中的轴对称 第 12 章 概率初步	第 6 章 一元一次方程 第 7 章 一次方程组 第 8 章 一元一次不等式 第 9 章 多边形 第 10 章 轴对称、平移与旋转
八年级上册	第 11 章 三角形 第 12 章 全等三角形 第 13 章 轴对称 第 14 章 整式的乘法与因式分解 第 15 章 分式	第 13 章 勾股定理 第 14 章 实数 第 15 章 位置与坐标 第 16 章 一次函数 第 17 章 二元一次方程组 第 18 章 数据的分析 第 19 章 平行线的证明	第 11 章 数的开方 第 12 章 整式的乘除 第 13 章 全等三角形 第 14 章 勾股定理 第 15 章 数据的收集与表示

续表

	人教版	北师大版	华东师大版
八年级下册	第16章 二次根式 第17章 勾股定理 第18章 平行四边形 第19章 一次函数 第20章 数据的分析	第20章 三角形的证明 第21章 一元一次不等式与 一元一次不等式组 第22章 图形的平移与旋转 第23章 因式分解 第24章 分式与分式方程 第25章 平行四边形	第16章 分式 第17章 函数及其图像 第18章 平行四边形 第19章 矩形、菱形与 正方形 第20章 数据的整理与 初步处理
九年级上册	第21章 一元二次方程 第22章 二次函数 第23章 旋转 第24章 圆 第25章 概率初步	第26章 特殊平行四边形 第27章 一元二次方程 第28章 概率的进一步认识 第29章 图形的相似 第30章 投影与视图 第31章 反比例函数	第21章 二次根式 第22章 一元二次方程 第23章 图形的相似 第24章 解直角三角形 第25章 随机事件的概率
九年级下册	第26章 反比例函数 第27章 相似 第28章 锐角三角函数 第29章 投影与视图	第32章 直角三角形的边角 关系 第33章 二次函数 第34章 圆	第26章 二次函数 第27章 圆 第28章 样本与总体

7.2.1.2 教材编写结构的比较

人教版教材的结构如图 7-1 所示：

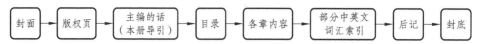

图 7-1 人教版教材的结构

北师大版教材的结构如图 7-2 所示：

图 7-2 北师大版教材的结构

华东师大版教材的结构如图 7-3 所示：

图 7-3 华东师大版教材的结构

7.2.1.3 教材内容呈现的比较.

从总体上讲，三个版本的教材都体现了数学课程标准的要求，教材内容的呈现具有以下共同的特点：

第一，"数与代数""图形与几何""统计与概率""综合与实践"的内容采用混合编排，每一册基本上都有四大领域的内容."数与代数"的内容按照"数""式""方程""不等式""函数"的顺序编排；"图形与几何"按照先从整体上认识几何图形，然后按"点""线""角""三角形""四边形""圆"的顺序编排，同时将"直角坐标系""相似"和"三视图"等内容穿插其中，丰富研究几何图形的手段和方法；"统计与概率"都先从"数据的收集整理与描述"入手，再到"数据的分析"，最后是"概率初步"；"综合与实践"以各自的方式渗透在"数与代数""图形与几何""统计与概率"的内容之中.

第二，具体内容采用螺旋式编排，由浅入深，层层递进. 例如，人教版教材对"数与代数"的安排为：七年级上册学习"有理数"，七年级下册学习"实数"；七年级上册学习"一元一次方程"，七年级下册学习"二元一次方程组"，九年级上册学习"一元二次方程"；对于"函数"，八年级下册学习"一次函数"，九年级上册学习"二次函数"，九年级下册学习"反比例函数".

第三，各领域内容相对比较集中，衔接得比较好，特别是"数与代数"和"图形与几何"的内容. 例如，人教版教材在七年级上册最后一章是"几何图形初步"，而七年级下册第一章为"相交线与平行线"；八年级上册最后一章"分式"，八年级下册第一章为"二次根式".

第四，注重现代信息技术与数学课程内容的结合.

当然，教材的编写也存在着差异，具体表现为：

第一，引言各有特色. 引言是写在教材具体内容之前的作为全书概述或导学的部分，也称前言、序言，一般位于教材版权页之后. 教材引言的主要功能是引导读者阅读和理解全书. 人教版以"主编的话"或"本册导引"作为教材导言，北师大版是"走进数学新天地"，华东师大版是"致亲爱的同学".

第二，以不同的方式进入初中数学的学习. 人教版以"数与代数"的内容踏上数学学习之路，第一章学习"有理数"；北师大版以"图形与几何"的内容开始数学学习的征程，第一章学习"丰富的图形世界"；华东师大版则是先开启数学学习之门，第一章是"走进数学世界"，然后学习"有理数".

第三，在呈现数学内容时，通过设置不同的学习栏目，以各自的方式为学生提供思考空间，让学生能更好地自主学习. 人教版设置了"思考""探究""归纳""猜测"等学习栏目；北师大版设置了"做一做""想一想""议一议"

等学习栏目；华东师大版设置了"回忆""思考""探索""概括""做一做""读一读""想一想""试一试"等学习活动栏目.

第四，以各自的方式为学生提供体现"不同的人在数学上得到不同发展"的基本理念的选学内容. 人教版设置了"观察与猜想""信息技术应用""阅读与思考"等学习内容；华东师大版设置了"阅读材料""信息收集""调查研究"等栏目的学习内容；北师大版没有设置.

第五，习题的设置特色各异. 人教版在节、章之后都设置了"复习巩固""综合运用""拓广探索"等不同层次的习题，每章后面都有"数学活动"；北师大版在节、章之后设置了"知识技能""数学理解""问题解决"和"联系拓广"多个栏目的习题；华东师大版每一章的复习题，突出不同的层次性，分成 A 组、B 组和 C 组.

第六，以不同的方式呈现"综合与实践的内容". 人教版以"数学活动"的方式在每一章中呈现，以"课题学习"的方式在每册的一章或两章的后面呈现；北师大版在每章之后都设有两到三个"综合与实践"的内容；华东师大版在适当的章节以"课题学习"的方式来体现.

第七，每章的结束方式不同. 三个教版的教材都以章引言和章导图相结合的方式开始本章内容，但结束的方式各异. 人教版以包含"本章知识结构图"和"回顾与思考"的小结结束；北师大版以"回顾与思考"结束；华东师大版以包含"知识结构"和"注意事项"的小结结束.

7.2.2　同本分析

同本分析是指针对同一版本的教材所进行的分析，主要目的是对教材进行总体把握，明确其特色，从而为设计教学计划和教学实施奠定扎实的基础. 根据分析内容的广度和目的的不同，同本分析又可分为整套分析、单本分析、章分析和节分析.

7.2.2.1　整套分析

整套分析，是指对某一版本的教材所进行的分析. 其目的是弄清该版本教材的内容体系及其编写特色，从而为教材的高效使用提供依据. 分析的内容主要有教材内容概况、内容体系、教材特色、教学中需要注意的有关问题. 具体分析参见 8.1.

7.2.2.2　单本分析

单本分析，是指对某一册教材所进行的分析. 其目的是弄清某一本教材的内容体系及其编写特色，从而以此为基础制订教学计划．分析的内容主要有本教材内容概况、主要内容分析、教学中需要注意的问题，确定学期教学目标．具体分析参见 8.2.

7.2.2.3　章分析

章分析，是指对某一章教材内容所进行的分析．其目的是弄清一章教材的内容体系及其内容的呈现方式，从而以此为基础进行本章的教学设计．分析的内容主要有本章教材的主要内容、主要内容分析、教学中需要注意的问题，确定教学的重点和难点、确定本章教学目标、安排本章的教学课时．具体分析参见 8.3.

7.2.2.4　节分析

节分析，是指对某一节教材内容所进行的分析．其目的是深层次地认识和理解该节内容以及其内容的呈现方式，从而为课堂教学设计和课堂教学做好准备．它是对教学内容所进行的微观分析，而整套分析、单本分析和章分析是不同层次的宏观分析．节分析主要从四个方面进行分析，即教学内容的背景分析、教学内容的功能分析、教学内容的结构分析和教学内容的要素分析．

数学教学内容的背景分析主要是指分析数学知识发生、发展的过程，即它与其他有关知识之间的联系，以及它在社会生产、生活和科学技术中的应用．通过背景分析，可以使教师对有关的数学知识有整体的、全面的和系统的了解，不仅知道这些数学知识产生、形成和发展的过程，而且知道它和数学其他部分知识以及其他学科知识之间有什么关系，知道它在实际中有些什么用处．这样，既有利于拓宽教师的知识面，加深对教材的理解，也有利于教师明确在教学中如何培养学生的应用数学的意识、解决实际问题的能力和辩证唯物主义观点．

数学教学内容的功能分析是指通过对数学内容在培养和提高学生数学素质方面的功能分析，明确这部分内容在整个教材中所处的地位和作用，及其学习价值，包括智力价值、思想教育价值和应用价值．数学智力价值是指数学思维品质的培养、思想方法的训练、数学能力的提高等．数学的思想教育价值是指个性品质的培养、人格精神的塑造、世界观和人生观的形成等．数学的应用价值是指数学知识在生活、生产实践和科学技术中的应用．数学的学习价值往往隐含在教学内容之中，是潜在的因素，需要教师深入钻研、积极挖掘．

必须指出，数学教学内容的功能分析是设计数学教学目标的基本依据．

数学教学内容的结构分析主要是指分析这节内容有哪些知识要点，它们是如何安排的，前后次序如何，其中哪些是重点、难点和关键．它是教学顺序设计的基本依据．

数学教学内容的要素分析就是对构成数学教学内容的"感性材料""概念和命题""例题""习题"这四个要素分别进行分析，从而为合理地进行教学活动的设计提供依据．

8 初中数学教材分析

本章，我们首先以人教版《义务教育教科书·数学》为例，做整套教材分析；其次以人教版《义务教育教科书·数学》八年级上册为例，做单本教材分析；最后以人教版《义务教育教科书·数学》八年级上册第十二章"全等三角形"为例，做章教材分析，期望能够抛砖引玉.

8.1 人教版《义务教育教科书·数学》分析

8.1.1 教材内容简介

人教版《义务教育教科书·数学》初中全套教科书，共 6 册，29 章，包含了《义标》规定的"数与代数""图形与几何""统计与概率""综合与实践"四个领域的内容. 各册内容安排如表 8-1 所示.

表 8-1　人教版《义务教育教科书·数学》初中数学内容

七年级 上　册	第 1 章	有理数
	第 2 章	整式的加减
	第 3 章	一元一次方程
	第 4 章	几何图形初步
七年级 下　册	第 5 章	相交线与平行线
	第 6 章	实数
	第 7 章	平面直角坐标系
	第 8 章	二元一次方程组
	第 9 章	不等式与不等式组
	第 10 章	数据的收集、整理与描述
八年级 上　册	第 11 章	三角形
	第 12 章	全等三角形
	第 13 章	轴对称
	第 14 章	整式的乘法与因式分解
	第 15 章	分式

八年级 下册	第 16 章　二次根式 第 17 章　勾股定理 第 18 章　平行四边形 第 19 章　一次函数 第 20 章　数据的分析
九年级 上册	第 21 章　一元二次方程 第 22 章　二次函数 第 23 章　旋转 第 24 章　圆 第 25 章　概率初步
九年级 下册	第 26 章　反比例函数 第 27 章　相似 第 28 章　锐角三角函数 第 29 章　投影与视图

8.1.2　教材内容体系

　　人教版初中数学教材在体系结构上力求反映"数与代数""图形与几何""统计与概率""综合与实践"之间的联系与综合，使它们形成一个有机的整体，四个领域内容的安排处理具有一定的独特性.

　　（1）"数与代数"主要是最基本的数、式、方程（不等式）、函数的内容，在编排方式上有以下特点.

　　第一，螺旋上升地呈现重要的概念和思想，不断深化对它们的认识. 本套教材改变了"先集中学习方程，后集中学习函数"的做法，按照"一次"和"二次"的数量关系，使方程和函数交替出现，即按一次方程（组）、一次函数、二次方程、二次函数的顺序螺旋上升. 这样处理，一方面克服了直线式发展所产生的不易理解和消化的弊病，分阶段地不断深化对方程和函数的理解；另一方面强化了基本概念之间的内在联系，从函数角度提高对方程等内容的认识，为此，教材安排了用函数观点分析解方程组与一元二次方程根的分布等内容.

　　第二，联系实际，体现知识的形成和应用过程，突出建立数学模型的思想. 教材中方程、函数等内容均注意尽可能地以实际问题为出发点和归宿，在分析和解决实际问题的过程中，建立数学模型，讨论有关概念和方法，然后再运用所学知识进一步探究新的实际问题，提高对数学内容及其应用的理解，从而体现"实践—理论—实践"的认识过程．例如，第 3 章"一元一次方程"改变了"概念—解法—应用"分三段的传统教材结构，而以实际问题为主要线索，将概念与解法融于对实际问题的分析和解决过程之中．

（2）图形与几何内容包括"图形的性质""图形的变化""图形与坐标"等，在编排上，以图形的性质为主线，将其他内容与它有机地整合，螺旋上升．

第一，加强数形结合思想的渗透，体现各部分知识之间的横向联系．例如，为更好地反映数与形之间的内在联系，提前安排了平面直角坐标系的内容（第 7 章），使坐标这种能充分体现数形结合思想的工具能更早更多地得到使用（用坐标方法分析平移变换、对称变换等的本质特征，处理某些图形问题，加深对函数及二元一次方程组等的认识）．

第二，循序渐进地培养推理能力，做好由实验几何到论证几何的过渡．对于推理能力的培养，按照"说点儿理""说理""简单推理""符号表示推理"等不同层次分阶段逐步加深地安排，使推理论证成为学生通过观察、探究得到数学结论的自然延续．教材从七年级上册开始渗透推理的初步训练，到七年级下册的"相交线与平行线"中开始正式出现证明．对于推理能力的培养不拘泥于形式，不局限于"图形与几何"，而是结合各领域内容中适宜的内容自然地进行．

第三，从感性到理性，从静到动地提高对图形性质的认识能力．学习"图形与几何"的重要目的是提高对图形性质的认识能力．这套教材按照"从感性直观认识逐步上升到理性本质认识，从对静止状态的认识发展到对运动状态的认识，从定性描述向定量刻画过渡"的顺序编排"图形与几何"的内容，注意对"图形的性质""图形的变化""图形与坐标"的把握达到适宜的程度，并注意这四个方面之间的联系．例如，在"相交线与平行线"的最后，初步介绍了平移；在学习了"平面直角坐标系"之后，又进一步从坐标的角度对平移变换做了描述；在"平行四边形"中，对平移的"对应点连线平行且相等"的特征又做了进一步的阐释；在"课题学习：图案设计"中，再将平移与其他几何变换结合，并进行综合性应用的讨论．

（3）统计与概率的内容分专题编排为三章，依次安排于三个年级，即第 10 章"数据的收集、整理与描述"，安排于七年级下册；第 20 章"数据的分析"，安排于八年级下册；第 25 章"概率初步"，安排于九年级上册．教材编排具有突出的特点．

第一，侧重于统计和概率中蕴涵的基本思想．教材改变了以往处理这部分内容时过于偏重计算的做法，转而特别注意体现"通过统计数据探究规律"

的归纳思想，重视反映统计与概率之间的联系，通过频率来估计事件的概率，通过样本的有关数据对总体的可能性做出估计等.

第二，注重实际，发挥案例的典型性. 这部分内容注意加强探究性和活动性，反映统计内容的各章都安排实践性较强的"课题学习"，结合现代社会生活中丰富的实例，发挥典型案例的引导作用，避免脱离实际例子来讲述概念与计算.

（4）"综合与实践"与其他三个领域既有密切联系，又具有综合性.《义标》将它作为与"数与代数""图形与几何""统计与概率"并列的内容，足见对这一领域的重视."综合与实践"为学生进行实践性、探索性和研究性的学习提供了一条课程渠道，对于积累基本数学活动经验有重要作用. 实践中，既要充分认识到这一领域的内容对培养学生创新意识和实践能力的重要作用，又要注意到它与数学基础知识的关系，要为这一内容的学习做好必要铺垫. 因此，教材对"综合与实践"没有作为独立的一块内容，而是与其最接近的知识内容相结合，以"课题学习""数学活动"的形式出现在各章内容之中. 这样处理，使得"综合与实践"化整为零，经常化和生活化.

8.1.3 教材的特点

这套教材注重让学生经历知识的形成与应用过程，充分注意体现普及性、基础性和发展性. 它具有以下特点：

（1）落实普及性、基础性和发展性，具有普适性.

为了体现义务教育阶段数学课程的性质，为了培养公民素质提供优良的教学资源，教材在充分保证全体学生学好必备的数学基础知识的同时，加强了习题、数学活动、选学材料等方面的创新设计，为师生提供不同层次的、可以自主选择的数学学习素材，从而提高了教材对教学的适应性，能更好地适应不同地区、不同层次学生的教学需要. 例如，教材在习题安排上设置了不同层次，在"复习巩固""综合运用""拓广探索"等栏目下，有针对性地选配习题，落实基本要求，提供拓展空间，各章都安排了具有开放性和探索性的"数学活动"；安排"阅读与思考""观察与猜想""实验与探究""信息技术应用"等选学内容；等等. 这些设计，为全体学生提供了自主选择的机会，不同水平的学生都有适合自己的学习内容，从而使全体学生都能在自己已有知识的基础上得到发展和提高.

（2）兼顾数学的严谨性和学生的认知特点，使教材有利于教学.

教材特别注重知识结构体系的合理性，强调数学基础的落实和提高，在教学内容的展开过程中注意数学的逻辑性要求. 同时，教材充分重视初中学生的年龄特征和认知特点，对于核心的数学概念和重要的数学思想方法等循序渐进地安排，让学生有螺旋上升地反复接触它们的机会，为学生铺设合理、有效的数学认知台阶，同时也为教师提供明确的、具有较强指导性的教学设计思路. 例如，教材在分析问题时，注意"三结合"，即直观感知和推理论证相结合、合情推理和演绎推理相结合、特例分析和一般推广相结合.

（3）突出学生的主体地位，体现学习方式的转变.

第一，贴近生活，注重过程. 内容素材的选取，力求贴近学生的生活实际和社会现实；学习内容的组织安排，注重知识的发生发展过程、学生的认知过程和情感体验过程，以便为数学学习提供丰富、便利的资源和合理、有效的线索.

第二，发展思维，引导探索. 内容的呈现努力体现数学思维规律，引导学生积极、主动地探索，通过分析和解决问题，使他们经历"观察、实验、比较、归纳、猜想、推理、反思"等理性思维活动的基本过程，优化思维品质，提高数学思维能力，培养创新精神.

第三，加强实践，促进交流. 精心选编现实生活和数学发展中的典型问题，使实际问题发挥更大的作用. 引导学生提高"数学地分析和解决实际问题"的意识和能力，为加强实践活动、合作学习、相互交流创设更多机会.

（4）加强思想性，体现数学的文化价值.

为了充分体现数学的育人价值，教材特别重视渗透和揭示基本的数学思想方法，重视数学的科学价值，通过教材这面镜子，深入浅出地反映数学的工具作用和人文精神. 就"一元一次方程"一章而言，在讨论方程的概念时注意体现从算术到代数的进步；在讨论解方程时注意体现化归思想；在讨论列方程时注意渗透数学建模思想；在"阅读与思考"栏目安排"方程史话"的内容. 教材的这种处理方式，不仅提升了全章的基本内容，而且使蕴涵于数学内容之中的思想方法和文化价值等得到了充分的反映.

（5）加强数学内容的背景与联系，突出学习方法的指导.

教材以精选的现实生活和数学发展中的典型问题为背景，让学生感受数学概念、原理的引入是水到渠成的；以问题引导学习，使学生经历数学概念的概括过程、数学原理的抽象过程，并从中体会数学的研究方法；通过解决具有真实背景的问题，让学生感受数学与生活及其他学科的联系，体现数学的模型思想，发展学生的应用意识. 在学习方法的指导上，教材特别注意以数学概念、结论的形成过程为载体，引导学生开展"观察、实验、比较、归纳、猜想、推理、反思"等理性思维活动，给学生提供自主探索的机会，在领悟数学知识内涵的过程中，提高学生的数学思维能力，逐步形成用数学的思想和方法来思考和处理问题的习惯. 例如，各章的结构设计都注意贯彻问题解决的总体目标要求，以问题解决的基本过程为线索进行设计. 在章前图、章引言中起步，在正文中展开，在章小结中归纳，这就使发现问题、提出问题、分析问题、解决问题、反思回顾等延续发展、贯穿始终.

（6）改进呈现方式，激发学生学习兴趣.

精心设计，用学生喜闻乐见的形式呈现教材内容，安排具有综合性、探究性、开放性的"数学活动"，以激发学生的学习兴趣，增强他们对教材的亲近感和认同感. 例如，阅读材料"数字 1 与字母 x 的对话"，用拟人的手法表现了用字母表示数所引起的数学上的变化，反映了数学中从算术到代数的进步；阅读材料"为什么要证明"用师生谈话的形式，讨论了证明的必要性.

同时，在适当的教学内容中，利用信息技术呈现其他教学手段难以呈现的内容，实现信息技术与数学课程内容的有机整合. 例如，为了扩大学生的学习空间，安排了"电子表格与数据计算""探索轴对称的性质""利用计算机画统计图"等与现代信息技术相关的内容. 这不仅反映了所学内容与信息技术的联系，而且开拓了学生的数学视野，为今后进一步发展创造了良好条件.

8.1.4　教学中需要关注的问题

为了更好地利用和使用教材，全面实现课程目标，在教学中要关注以下几个方面.

（1）重视章引言与章小结的作用.

引言是全章起始的序曲，是全章内容的引导性材料. 好的引言对于激发学习兴趣，加强基本思想教学，培养发现、提出问题的能力等都有重要作用. 为更好地发挥章引言的作用，教材着重从三个角度组织相关内容：第一，本章内容的引入，即借助适当的问题情境（实际的或数学内部的）引入本章内容；第二，本章内容的概述，即让学生了解本章内容的概貌；第三，本章方法的引导，即让学生了解本章的主要数学思想方法和学习（研究）方法.

对于不同的内容，章引言采取了不同的处理手法. 例如，"有理数"一章的引言，从学生熟悉的几个具体问题入手，以"数系的扩展"为指导思想，按"引入新的数—运算—运算律"的线索加以阐述. 又如，"不等式与不等式组"的引言，注重引导学生借助方程的学习经验，以知识的相互联系为切入点.

章头图与章引言是有机整体，图文并茂、相互映衬. 例如，"几何图形初步"以 2008 年北京奥运会的奥林匹克公园照片作为章头图，"平面直角坐标系"选取中华人民共和国成立 60 周年庆典活动中天安门广场上的背景图案照片作为章头图．这些章头图与文字叙述的相互配合，有助于学生抽象出相关的数学概念，而且具有很强的时代感．

章小结由"本章知识结构图"和"回顾与思考"组成，主要对本章的核心知识内容和其中包含的数学思想方法等言简意赅地进行归纳概括，帮助学生对所学内容进行"去粗取精，由厚到薄"地提炼，使他们对本章内容的认识有新的提升．例如：在"一元一次方程"的小结中指出方程是一种重要的数学模型；在"不等式与不等式组"的小结中指出不等式（组）是刻画不等关系的数学模型；"相交线与平行线"的小结则揭示研究几何图形的基本思路和方法；等等．

小结中的"本章知识结构图"直观清晰地给出了本章的知识结构体系，有助于学生数学认知结构的形成和完善．小结中的"回顾与思考"注意在重点、难点和关键点提出有思考力度的、具体的问题，深化学生对本章核心内容及其反映的数学思想方法的理解．例如，在"二元一次方程组"的"回顾与思考"中，提出了三个问题：举例说明怎样用代入法和加减消元法解二元一次方程组，"代入"和"加减"的目的是什么？比较解三元一次方程组与解二元一次方程组的联系与区别．你能说说"消元"的思想方法在解三元一次方程组中的体现吗？用二元或三元一次方程组解决一个实际问题，你能说说用方程组解决实际问题的基本思路吗？

教学中要充分重视章引言的"先行组织者"作用和章小结的"归纳、概括、提升"作用，对它们做出精心的教学设计和有实效的教学实施，使各章教学的思想性、整体性等得到很好的提升，使全章的学习在更高层次上完美"收官"．

（2）加强对数学学习方法的引导．

教材注意尊重学习规律，体现科学合理的学习方法，以利于学生在学数学的过程中不断提高学习能力．例如，"数与代数"内容中注意体现数、式、方程、函数的发展脉络，在相关章节（有理数、实数、整式加减、整式乘除、分式、二次根式等）体现"从数到式"的内容和方法等，将类比、抽象、概括等学习方法渗透其中，使学生通过学习这些知识逐步掌握"从特殊到一般，再到特殊""从具体到抽象，再到具体"等螺旋上升的认识方法．

教材中的"思考""探究""归纳"三种栏目，是根据数学知识的内部结构和学生对它的认识规律，在大量考察一般教学过程之后创设的．教材重点从知识内容的发展脉络、核心概念、思想方法、学习过程等方面出发，在一些关节点上设置了相应的栏目，力求使学生的思考、探究、归纳等活动能够有的放矢、收到实效.

教学中要关注对学习方法的引导,从优化学习方法的角度,结合具体的数学知识教学,渗透和概括"分析、综合、归纳、类比、推广、特殊化"等数学学习方法,帮助学生积累数学学习经验,让学生在"学会"的同时,达到"会学"的更高境界.

(3)重视思维能力和创新意识的培养.

发展学生的思维能力是学习数学价值的主要体现,培养学生的创新意识是科学发展和社会进步的要求. 教材非常重视思维能力和创新意识的培养,在内容的呈现上努力体现数学思维规律,倡导探究式学习,引导学生积极探索,使他们通过观察、实验、比较、归纳、猜想、推理、反思等理性思维活动,优化思维品质,提高数学思维能力,培养创新意识. 为此,教材根据知识内容和学生的认知规律设计适当的探究性问题,为学生进行具有创新意识的数学思维活动的学习提供素材. 例如:安排 5 个探究问题,组成对全等三角形判定条件的系列讨论;结合销售、球赛、通讯计费等背景,安排了多个探究问题,加强对建立方程模型的认识.

教学中要关注对思维能力和创新意识的培养,加强对探究式学习的研讨,引导学生积极进行自主探索. 在探究的过程中,教师不能完全包办代替,而要多加点拨、引导和鼓励,要促进学生思维品质的健全发展,从而更大限度地实现数学教学的育人价值.

(4)全面认识推理能力的培养.

推理能力包括演绎推理和合情推理. 以形式逻辑的三段论为基本形式的演绎推理,在数学中占重要地位,它对发展逻辑思维能力有重要作用;以联想、类比、归纳等形式进行的合情推理,对于发现问题、提出问题等有重要作用. 教材在对推理能力的培养方面通盘考虑,按照"说点儿理""说理""简单推理"和"符号表示推理"四个层次逐步提高. 每个层次适时安排,充分体现了数学的严谨性与学生的量力性相结合的数学教学原则.

根据初中学生的特点,教材将直接感受与推理论证相结合,引导学生将感性认识提升为理性思考,使推理成为学生观察、实验、探究得出结论的自然延续,从而使学生逐步养成严谨的思维习惯. 例如,在对等腰三角形性质的讨论中,从折纸、剪切中提出问题,得出猜想后进行演绎证明,得出结论后再做进一步的推广延伸,从而使推理过程逐步深入.

教师一定要理解教材对培养推理能力的设计意图,掌握不同阶段的教学要求,多方面、多途径地引导学生进行数学推理训练,从而使学生通过数学学习学会合乎逻辑的思考和表述.

（5）突出重点，克服难点，体现教学内容的特点.

教学过程中，要从教学内容和教学实际出发，对教学的重点、难点和教学内容所具有的特点进行认真研究和处理. 例如，"从数据特征看分布规律""用样本估计总体"是统计内容中的核心，教学中要充分认识和理解教材在章引言、各节内容、章小结都始终将数据分析观念置于重要位置的意图，突出"从数据特征看分布规律""用样本估计总体"中的统计思想，而不能使之淹没于具体统计知识中，让学生只见枝叶不见根本. 又如，"有理数乘法法则"在数学上是一种规定，而使学生认识到规定的合理性，自然流畅地接受这一规定却是一个难点. 以"观察数值渐变规律"引出乘法法则，就能启发学生通过观察和比较，发现"负负得正"规定的合理性. 再如，类比"线段大小比较"的方法展开"角的大小比较"的学习，既能体现几何度量问题的特点，又能利用类比实现"由此及彼"的认知转移，加强知识之间的横向联系.

8.2 八年级上册教材分析

8.2.1 教材内容简介

人教版《义务教育教科书·数学》八年级上册包括三角形、全等三角形、轴对称、整式的乘法与因式分解、分式.

三角形是最常见的一类几何图形. 第 11 章的主要内容就是介绍三角形的一些基本概念和性质，如三角形的分类，边、高、中线、角平分线的基本概念和某些性质，三角形的内角和、外角和的性质，三角形所特有的稳定性，另外也介绍多边形的基本概念和基本性质.

研究几何图形的性质常常借助于图形之间的全等关系. 第 12 章就介绍几何图形的全等概念、判定全等三角形的基本事实和方法. 首先认识形状、大小相同的图形，给出全等三角形的概念，然后探索两个三角形全等的条件，并运用有关结论进行证明，最后探讨角平分线的性质. 本章为后续研究各种平面几何图形提供了有力工具.

几何变换是几何研究的重要内容，也是研究图形的重要工具，而轴对称变换是一种基本的几何变换. 第 13 章介绍了轴对称的基础知识，并以轴对称为工具研究等腰三角形（包括更特殊的等边三角形）以及某些特殊类型的最短路径问题. 首先认识轴对称，探索它的性质；然后按要求作出简单图形经过轴对称后的图形，从而利用轴对称进行图案设计；在此基础上，展开等腰三角形的有关概念和性质的探究.

引进字母表示数,导致算术跃进到了代数.从对具体数的计算进入式的运算,产生了整式和分式.研究整式和分式的运算规律成为数学探究的必然.数与式的基本运算有加、减、乘、除,整式的加、减运算已经在七年级上册中进行了研究,在本册第 14 章"整式的乘法与因式分解"着重讨论整式的乘法,并简略地涉及整式除法,第 15 章则讨论分式的运算.

在第 14 章中,首先研究整式乘法的基础知识,包括幂的运算性质(同底数幂的乘法、幂的乘方和积的乘方),单项式、多项式的乘法运算法则,乘法公式;其次研究因式分解(整式乘法的相反运算),并介绍因式分解的两种最基本方法:提公因式法和公式法.由于整式除法的复杂和困难,并且课程标准没有提出要求,因此本章只涉及同底数幂的除法,并举例说明了某些简单情形的单项式除以单项式、多项式除以单项式的整式除法问题.

第 15 章"分式"介绍分式的概念和基本性质、分式的约分和通分、分式的四则运算,把幂的概念推广到整数指数幂并讨论了其运算,介绍了解分式方程.

8.2.2 教材内容分析

(1)重视从客观现实中的现象和问题引入教学内容.

数学教学必须重视揭示数学与客观现实的密切联系,揭示数学理论是怎样从现实世界中得到并不断发展的.教材尤其重视从客观现实世界中的现象和问题引入教学内容,让学生认识到所学知识的实践意义和价值.

五章教材都从与各章内容紧密相关的实际问题引入教学内容.前三章是用形象的手段,借助于精选的图片来引入,后两章则用典型的实际问题来引入.

在内容展开过程中,也关注这一点.如:从工程建筑中极常见的三角形结构实例引入三角形稳定性;从多边形的实际物体引入多边形概念;穿插了许多有关全等三角形性质和判定的应用实例;由超级计算机的高速运算速度问题引入同底数幂的乘法;以实际计算问题说明学习分式乘除运算的必要性.

(2)重视知识探究过程的教学设计.

为了让学生对于学习内容有较好的理解和掌握,就必须重视知识的形成过程,给学生以探究的时间和空间,让学生对所学知识有思考、理解、接受、内化的过程.教材重视对于教学过程的适度设计,安排了许多"思考""探究""归纳"栏目.

在三角形按边分类、三角形内角和定理、多边形内角和公式等内容中,安排了思考或探究栏目.

在"三角形全等的判定"一节设计了 5 个探究和 3 个思考,让学生经历三角形全等条件的探索过程,突出体现教材的设计思想. 首先让学生探索两个三角形满足三条边对应相等,三个角对应相等这六个条件中的一个或两个,两个三角形是否一定全等. 然后让学生探索两个三角形满足上述六个条件中的三个,两个三角形是否一定全等,并按如下的顺序展开:

三边对应相等;

两边及其夹角对应相等;

两边及其中一边所对的角对应相等;

两角和它们的夹边对应相等;

两角和其中一个角的对边对应相等;

三个角对应相等.

总的发展脉络是三边,两边一角,一边两角,三个角,这样学生容易把握探索的过程. 这样的处理也与先给出可判定全等的情况,再给出不一定能判定全等的情况的处理不同,尽量排除人为安排的因素,探索过程的脉络比较自然而清晰. 最后让学生将三角形全等的条件运用于直角三角形,讨论得出直角三角形全等的条件.

对于轴对称的性质、线段垂直平分线的性质、关于坐标轴对称的点的坐标的关系、等腰三角形的性质等内容,也都先安排了进行折叠、测量、计算等探究、思考活动.

整式乘法的一些基本性质是先进行一些具体计算后再归纳得到规律. 对于乘法公式,也让学生将多项式的乘法法则运用到某些特殊形式的多项式相乘,让学生自己去探索、发现规律. 在这一章还安排了"数学活动"栏目,活动的内容就是通过某些特殊的计算问题,让学生运用所学知识探索、发现简便的计算方法.

对于分式性质的学习充分注意让学生从分数的计算法则去思考和猜想分式的运算问题,使学生处于一种积极、主动的学习状态之中.

总之,各章都注意根据教学内容,适当安排一些学生的探究活动,让学生能够较充分地经历获得知识的过程,知道知识的来龙去脉.

(3)适当加强推理能力的培养.

发展学生的推理能力是初中数学教学的核心任务之一,其中演绎推理能力的发展又是重点. 结合特定的教学内容,教材在编写中对此进行了充分的展示.

三角形内角和定理的证明问题是"三角形"的一个重要教学内容. 对于

此定理，从小学的直观操作知道结论，到现在要认识证明结论的必要性，再到定理证明方法的获得，这实际上是提高数学特点认识的一次大飞跃，也是从合情推理水平提高到演绎推理水平的一次大飞跃，而这又是必须经历的过程．精心安排教学，帮助学生完成这一飞跃，是初中数学教学的一项重要任务，教材对于这一点给予了充分的重视．为此，教科书首先安排了一个画图找规律的"信息技术应用"栏目，让学生利用软件对某些结论做了探究，这为后续教学做了铺垫和准备．在第 11.2 节，则首先回顾结论，并回忆小学是怎样知道这一结论的，然后指出结论证明的必要性，再让学生通过操作发现证明的途径方法．不仅如此，教材在"阅读与思考 为什么要证明"里，又以师生对话的形式对此问题进一步加以阐述．这样的安排，对于帮助学生认识数学学科的特点，掌握学习数学的正确方法，正确认识几何结论，都具有重要意义．

当然，推理能力的培养途径，不仅仅局限于定理证明的教学中，而是贯穿于整个教学内容展开过程的各个环节之中，教材也正是这样来认识和安排的．例如，各类几何图形概念体系和结构的建立、三角形全等判定内容的展开、全等判定方法的辨析、整式和分式运算法则从一般到特殊的归纳和推导、分式方程增根问题的分析讨论，都比较典型地反映了对培养推理能力的设计．

另外，教材在推理能力的培养上也注意不脱离学生的普遍能力水平，注意减缓坡度，循序渐进，逐渐提高教学要求．

（4）注意加强相关知识的联系，合理安排内容结构．

合理组建内容结构体系直接影响学生对知识理解的程度，直接影响教学效果．教材注意加强相关知识的联系，合理安排内容结构．

在"全等三角形"一章，把三角形的画法与三角形全等条件的探索相结合．教材不是直接给出三角形全等的判定方法的基本事实，而是让学生画出与已知三角形某些元素对应相等的三角形，画完以后，再剪剪、量量、比比，在此基础上启发学生思考判定两个三角形全等需要什么条件．这样，让学生自己动手画图，就会对相关结论有深刻的印象．把三角形的画法与三角形全等条件的探索相结合，这样安排克服了单独讲三角形的画法容易让学生觉得单调、枯燥、乏味的缺陷，实验效果良好．

在"轴对称"一章，把图形的变换与对图形性质的研究紧密地相结合．教材先安排了轴对称，再安排等腰三角形．这样就可以从变换的角度认识等腰三角形，也应用轴对称变换研究等腰三角形，从而加强了两者之间的联系．

在"整式的乘法与因式分解"一章，将整式的乘法与因式分解一起安排，加强了它们之间的联系．另外，让学生用借助面积认识乘法公式，可以使学生从数形结合的角度加深对有关公式的理解，认识数与形之间的密切联系，并逐步培养学生应用数形结合的思想和方法分析、解决数学问题的能力．例如，在本章中的教学中，学生就很容易借助图形认识到 $(a+b)^2 = a^2 + b^2$ 是一个错误的结论．

（5）注重推理能力的培养

要求学生有理有据地推理证明并精练准确地表达推理过程，实践证明是比较困难的．为了解决这个难点，教材在内容安排方面做了一些努力，加强了数学推理能力的培养．体现在以下几个方面：

第一，比如在"全等三角形"一章，安排了较多证明的内容．

第二，注意减缓坡度，循序渐进．开始阶段，证明的方向明确，过程简单，书写容易规范化．这一阶段要求学生体会例题的证明思路及格式，然后再逐步增加题目的复杂程度，小步前进，每一步都为下一步做准备，下一步又注意复习前一步训练的内容．特别是在第 11 章里，通过精心选择全等三角形的证明问题，来减缓学生学习几何证明的坡度．

第三，在不同的阶段，安排不同的练习内容，突出一个重点，每个阶段都提出明确要求，便于教师掌握．例如，在"全等三角形"一章，先让学生学会证明两个三角形全等，接着，通过证明三角形全等来证明两条线段或两个角相等，从而熟悉证明的步骤和方法．在第 12 章与等腰三角形有关的内容中，重点培养学生会分析思路，会根据需要选择有关的结论去证明．

第四，注重分析思路，让学生学会思考问题，注重书写格式，让学生学会清楚地表达思考的过程．

第五，在与"数与代数"有关的章节安排证明的内容．例如，在"整式的乘法与因式分解"一章，让学生发现一些规律并加以证明（习题 14.4 第 10 题及数学活动），或直接让学生证明一些结论（复习题 14 第 11 题）．

8.2.3 教学中需要注意的问题

（1）重视培养学生学习数学的良好情感态度．

《义标》对培养学生良好的情感态度提出了新的更高的要求：了解数学的价值，提高学习数学的兴趣，增强学好数学的信心，养成良好的学习习惯，具有初步的创新意识和实事求是的科学态度．因此，在数学教学过程中，应重视这些要求的真正落实．

要注意培养学生良好的情感态度，首先要结合教学内容阐明学习数学知识的价值和意义，让学生初步了解所学知识的广泛应用价值，树立正确的学习目的；其次要在知识的探究过程中培养学生数学学习的兴趣；最后通过学生在知识学习过程中所取得的进步，让学生获得数学学习的信心.

教材中几何问题的证明增加了数量、加大了难度、方法多样，对学生具有更大的挑战性. 因此，在教学中要精选练习题，精心设计学生的训练过程，要让学生在练习的过程中有较多思考探究的时间和空间，给学生以探索、研究的机会，提倡一题多解和一解多题；教师要发挥主导作用，要多教给学生一些思考和解决问题的方法；既要重视通性通法的教学，也要教给学生解决特殊问题的方法和技巧. 通过循序渐进的教学，使学生在掌握基础知识和基本技能、发展能力的同时，形成良好的数学情感态度.

教材内容蕴含了数学来源于实践，又反过来作用于实践的观点，也蕴含了运动变化、普遍联系等观点. 如，由于实践的需要产生了整式和分式，并使整式和分式的理论得到丰富和发展，同时这些理论又用于解决实际问题. 而整式和分式的运算、轴对称等内容则生动地反映了变化发展、相互联系、相互转化的观点. 在教学中，要利用这些内容对学生进行辩证唯物主义教育，提高学生的思想水平.

（2）加强信息技术在教学中的运用.

现代信息技术为数学教学提供了有力工具，使数学教学更加生动、形象、高效. 在教学中要加强信息技术的应用，帮助学生更好地理解数学知识，提高教学质量.

前三章内容属于图形与几何领域，后两章的代数内容也有许多可以借助图形的形象思维，用数形结合的办法来进行教学. 在教学中重视信息技术工具的使用，就能更好地展示几何图形的性质，更好地说明图形的平移、对称、全等等图形的变换，从而使教学更加形象、生动. 为此，教材专门设置了一些"信息技术应用"的拓展内容供教学参考. 教师在实际教学中，也有更加宽广的拓展空间. 例如，利用图形软件通过图形的变化对某些几何结论进行合情推理，让学生对结论有更好的认识；可以直接展现一些图形以说明结论证明的多种方法、途径；也可以展示一些数学知识实际应用的多样性、丰富性；利用软件可以方便地画出一个图形的轴对称图形，由此观察对称点所连线段与对称轴的关系；利用软件也可以让轴对称图形或对称轴的位置发生变化，观察结论是否仍然成立.

（3）通过教学夯实基础.

本册的教学内容都是初等数学的基础知识，对于后续学习影响很大，因此要通过教学切实夯实基础，使学生的推理能力和运算能力都有较大的提高. 要特别重视培养学生的运算能力，提高正确性、迅速性、简捷性.

在教学中，还要注意抓住教学中的重点、关键，克服教学的难点．在第11章，要让学生理解三角形内角和定理证明的必要性，这不仅对于理解结论本身有意义，而且对于今后整个数学课程的学习都有重要意义；在第12章，要让学生真正掌握判定三角形全等的三个基本事实和判定三角形全等的常用方法，认识判定全等三角形是今后研究其他几何图形的重要工具；在第14章，要让学生熟练掌握幂的运算性质、单项式与单项式的运算性质，做到运算正确、迅速．因式分解不但在解方程等问题中极其重要，在数学科学的其他问题和一般科学研究中也具有广泛应用，是重要的数学基础知识，但因式分解历来是初中数学的教学难点，要研究克服这个难点的办法，让学生切实提高因式分解的水平；在第15章，分式运算能力也是应用极其广泛的运算能力，一定要采取有效措施夯实这一基础．

8.2.4　教学目标分析

鉴于上述分析，考虑到八年级学生的心理特征和学习水平，确定本册教材的教学目标如下：

（1）知识与技能目标．

通过探究实际问题，认识三角形、全等三角形、轴对称、整式的乘法和因式分解、分式，掌握有关规律、概念、性质和定理，并能进行简单的应用；进一步提高必要的运算技能和作图技能；进一步认识数学推理的必要性，理解数学证明的意义，掌握运用综合法进行数学证明的格式，能够证明一些适宜的数学命题．

（2）过程与方法目标．

经历三角形、全等三角形、轴对称、整式的乘法和因式分解、分式的认知过程，发展从实际问题中提取数学信息的能力，并能够运用有关的代数和几何知识表达数量之间的相互关系，提高数学语言的表达能力，初步建立数形结合的思维模式；在数学命题的探究和数学活动的学习过程中，进一步发展基本数学活动经验；通过探究全等三角形的判定、轴对称性质进一步提高识图能力，发展数学创新意识；通过数学问题的证明，初步形成数学证明的能力；通过对相关内容的探究，进一步提高发现规律和总结规律的能力，初步形成相应的数学思想方法（如数形结合、类比、证明等）．

（3）情感与态度、价值观目标．

通过对数学知识的探究，进一步认识数学与生活的密切联系，明确学习数学的意义，并用数学知识去解决实际问题，获得成功的体验，树立学好数学的信心；体会数学是解决实际问题的重要工具，了解数学对促进社会进步和发展的重要作用；认识数学学习是一个充满观察、实践、探究、归纳、类比、推理和创造性的过程；养成独立思考和合作交流相结合的良好思维品质；了解我国数学家的杰出贡献，增强民族的自豪感，增强爱国主义意识.

8.3 "全等三角形"教材分析

8.3.1 教材内容安排

"全等三角形"是人教版《义务教育教科书·数学》八年级上册的第 12 章. 本章的主要内容是全等三角形，主要学习全等三角形的性质及三角形全等的判定方法，同时学习如何利用全等三角形进行证明.

本章分三节，第一节介绍全等形，包括三角形全等的概念，全等三角形的性质. 第二节介绍一般三角形全等的判定方法，及直角三角形全等的一个特殊的判定方法. 第三节利用三角形全等的判定方法证明角平分线的性质，并利用角的平分线的性质进行证明.

8.3.2 教材内容分析

（1）本章知识结构如图 8-1 所示：

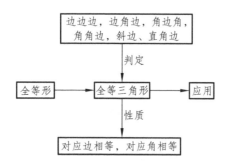

图 8-1 全等三角形知识结构

（2）主要内容分析.

学生已学过线段、角、相交线、平行线以及三角形的有关知识，七年级教材中安排了一些说理的内容，这些为学习全等三角形的有关内容做好了准备. 通过本章的学习，可以丰富和加深学生对已学图形的认识（如两个三角形满足一定的条件就完全一样了,角的平分线上的一点到角的两边的距离相等),同时为学习其他图形知识打好基础.全等三角形是研究图形的重要工具,学生只有掌握好全等三角形的内容,并且能灵活地运用它们,才能学好四边形、圆等内容.

从本章开始,要使学生理解证明的基本过程,掌握用综合法证明的格式.这既是本章的重点,也是教学的难点.教科书把研究三角形全等条件的重点放在第一个条件("边边边"条件)上,使学生以"边边边"条件为例,理解什么是三角形的判定,怎样判定.在掌握了"边边边"条件的基础上,使学生学会怎样运用"边边边"条件进行推理论证,怎样正确地表达证明过程."边边边"条件掌握好了,再学习其他条件就不困难了.

在"三角形全等的判定"一节设计了 5 个探究和 3 个思考,让学生经历三角形全等条件的探索过程,突出体现教材的设计思想.通过探究,得出可以判定两个三角形全等的如下结论:三边对应相等的两个三角形全等;两边和它们的夹角对应相等的两个三角形全等;两角和它们的夹边对应相等的两个三角形全等.教材中对上述判定方法都是作为基本事实(公理)提出来,并通过画图和实验,使学生确信它们的正确性.实际上,三角形全等的这些判定方法都是可以证明的,都可以作为定理处理.教材之所以如此处理,是因为这些定理(除"边边边"定理)的证明方法都比较特殊,这些特殊的证明方法,在正式学习推理证明的开始阶段,并不要求学生掌握,以便突出重点,突出判定方法这条主线.值得注意的是,另一个判定方法"两个角和其中一个角的对边对应相等的两个三角形全等",则是利用"两角和它们的夹边对应相等的两个三角形全等"证明的.

在三角形全等的判定方法的基础上,让学生将三角形全等的判定方法运用于直角三角形,讨论得出直角三角形全等的判定方法.其中,斜边和一条直角边对应相等不能运用三角形全等的判定方法,因此这个判定方法仍是作为基本事实(公理)提出来,也是通过画图和实验,使学生确信它的正确性.

在"角的平分线的性质"一节中,介绍了角的平分线的作法,以及"角的平分线上的点到角的两边的距离相等"和"角的内部到角的两边的距离相等的点在角的平分线上"两个结论.教材用三角形全等证明了前一个结论,并结合证明过程总结了证明一个几何命题的一般步骤.本节例题让学生证明三角形两条角的平分线的交点到三角形三边的距离相等,并进一步让学生得出这个交点在第三条角平分线上,即三角形的三条角平分线交于一点.这也为学生后面学习圆内心做好了准备.

8.3.3 教学中需要关注的问题

（1）重视渗透研究几何图形的基本问题和方法.

研究几何图形的基本问题和方法指的是研究几何图形的主要内容和一般性方法，对它的理解有利于学生在学习不同几何对象时产生正迁移. 在前面的几何学习中，学生学习了线段、角等基本几何元素，研究了相交线与平行线、三角形等基本几何图形，积累了一些几何研究的经验，本章进一步强化了这些经验. 例如，在七年级下册"相交线与平行线"一章，学生认识了图形的判定和图形的性质的含义，知道它们是研究几何图形的两个重要方面，这些已有的认识将有利于学生理解性质和判定也是研究全等三角形的重要内容，同时对将研究的内容做到心中有数. 此外，本章还利用了判定和性质在命题陈述上的互逆关系来引出对全等三角形进行判定的内容（在介绍三角形的判定方法之前，首先回顾了全等三角形的性质，然后将其中的条件和结论交换位置，来考虑判定三角形全等的方法）. 而在利用三角形全等证明线段相等或角相等时，注重体现判定和性质的综合运用，即先证明两个三角形全等，再进一步证明其中某些对应元素相等.

同时，在推出新结论时，多次应用了实验和论证相结合的方式. 例如，介绍角的平分线的性质时，先让学生通过作图、测量，猜想性质，再利用三角形全等进行证明. 又如，习题 12. 2 的第 13 题让学生先观察、分析，找出图中的全等三角形，再证明它们全等. 再如，"活动 2 用全等三角形研究'等形'"，让学生在已有研究平面图形的经验的基础上，通过作图、测量、折纸等多种方法探究"等形"的角、对角线的性质，再用全等三角形的知识证明.

（2）要注意数学内容之间的相互联系.

在"全等三角形"一节，让学生通过观察、思考得出平移、翻折、旋转前后的图形全等的结论. 这样处理一方面可以巩固全等三角形的概念，另一方面也使学生在某些情况下容易找到全等三角形的对应元素.

在"三角形全等的判定"一节，把三角形的画法与三角形全等判定方法的探索相结合. 也就是说，不直接给出三角形全等的判定方法，而是让学生画出与已知三角形某些元素对应相等的三角形，画完以后，再剪剪量量，在这个基础上启发学生思考，判定两个三角形全等需要什么条件. 这样让学生自己动手画图实验，就会对相关结论印象深刻. 这样做的另一个好处是，避免单独讲三角形画法的单调枯燥.

为了使学生更全面地认识"全等"和"全等三角形"，教科书安排了"阅读与思考全等与全等三角形". 这篇阅读材料以师生对话的形式对"全等"和

"全等三角形"的相关问题做了进一步的介绍．全等是几何中的重要概念，是学生今后几何学习的重要基础．以三角形为载体介绍全等的知识，原因主要包括两个方面：一是三角形是最简单的多边形，可使学生在相对简单的图形环境中学习全等；二是任意多边形都可以分解为若干三角形，从而有利于把全等的知识推广到其他多边形．对全等三角形的研究分为"性质"和"判定"两个方面，这两个方面是相辅相成的．认识到这一点，有利于学生今后对如平行四边形的性质和判定等知识的学习．

作图内容在本章中是分散安排的，小结时应注意复习本章中涉及的几种作图：已知三边作三角形；作一个角等于已知角；已知两边和它们的夹角作三角形；已知两角和它们的夹边作三角形；已知斜边和一条直角边作直角三角形；作已知角的平分线．

（3）注重自主探究的活动设计．

在几何学习中，学生的动手操作和自主探究对他们运用几何思想、发现几何结论具有积极的意义．本章设置了多处让学生自主探究的活动．例如，为了帮助学生理解和掌握判定两个三角形全等的方法，在第 12.2 节设计了一个完整的探究活动，提出了探究目标（在三条边分别相等，三个角也分别相等的六个条件中选择部分条件，简捷地判定两个三角形全等）和探究思路（从"一个条件"开始，逐渐增加条件的数量，对"一个条件""两个条件""三个条件"的情形分别进行探究），编排了一系列的探索活动．在探索活动中，将三角形的作图问题与判定三角形全等的问题结合起来，操作性强，便于学生自主探究．而信息技术应用栏目"探究三角形全等的条件"则是对正文中用尺规作三角形的补充，让学生用"几何画板"软件根据给定的边、角条件画三角形．这有助于学生加深理解哪些条件能决定三角形的形状和大小，学生也可以自己设计动态过程，在图形的运动变化中确定三角形全等的条件．又如，"数学活动 2"中所设计的用全等三角形研究"筝形"，就提出了探究的手段（用画图、测量、折纸等方法猜想，用全等三角形的知识证明猜想的结论）和探究的对象（"筝形"的角、对角线的性质），从而引导学生展开数学探究活动，学生也可以利用已有研究几何图形的经验自主完成探究．

（4）要重视数学证明教学．

解决推理入门难是本章的难点．除了教材的安排，教师在教学中要特别注意调动学生动脑．学生只有自己思考了，才能逐步熟悉推理的过程，掌握推理的方法．课堂上要注意与学生共同活动，不要形成教师讲、学生听的局面．教师课堂上多提些问题，并注意留给学生足够的思考时间．

一般情况下，证明一个几何中的命题有以下步骤：

明确命题中的已知和求证；

根据题意，画出图形，并用数学符号表示已知和求证；

经过分析，找出由已知推出求证的途径；

写出证明过程．

分析证明命题的途径，对学生而言比较困难，需要在学习中逐步培养学生的分析能力．在一般情况下，不要求写出分析的过程．有些题目已经画好了图形，写好了已知、求证，这时只要写出"证明"一项就可以了．

证明中的每一步推理都要有根据，不能"想当然"．这些根据，可以是已知条件，也可以是定义、公理、已经学过的重要结论．

在本章中还会遇到通过举反例说明两个三角形满足某些条件不一定全等．判断一个命题是假命题，只要举出一个反例．找反例对学生来说是比较困难的，学生在一般情况下不容易发现反例．教师要根据学生的情况进行指导，尽量多发现几个反例，使学生学会举反例．

8.3.4 教学的重难点

基于上述分析，可确定本章内容的重难点．

教学重点：全等三角形性质、判定及其应用；掌握综合法证明的格式．

教学难点：证明思路的分析；运用综合法证明的格式．

8.3.5 教学目标

依据数学课程总目标和本册教学目标，根据教学内容分析和学生的年龄特征及数学学习的水平，确定本章的教学目标如下：

（1）知识与技能．

了解全等三角形的概念和性质，能够准确地辨认全等三角形中的对应元素．

掌握全等三角形性质和判定方法，能利用三角形全等进行证明，掌握综合法证明的格式．

掌握三角形的作图方法，提高作图技能．

了解角的平分线的性质，能利用三角形全等证明角的平分线的性质，会利用角的平分线的性质进行证明．

能够综合运用全等三角形性质与判定以及角平分线的性质解决适宜的问题．

（2）过程与方法．

经历三角形全等条件的探索过程，体会利用操作、归纳获得数学结论的过程.

在全等三角形性质与判定和平分线的性质的探究和数学活动的学习过程中，进一步形成基本数学活动经验，提高识图能力.

在利用三角形全等和角的平分线的性质进行证明的过程中，初步形成数学证明的能力.

在综合运用全等三角形性质与判定和角平分线的性质解决有关问题的过程中，发展数学思维能力.

（3）情感、态度与价值观.

通过三角形全等条件的探究，获得成功的体验，发展数学创新意识，树立学好数学的信心，提高学习数学的兴趣.

在综合运用全等三角形性质与判定和角平分线的性质解决问题的过程中，发展数学应用意识.

在利用三角形全等和角的平分线的性质进行证明的过程中，养成独立思考和合作交流相结合的数学学习习惯.

8.3.6　教学课时分配

依据教学内容分析，为了突出重点、突破难点，更好地实现教学目标，现制订本章课时分配计划.

本章教学时间需 12 课时，具体分配为：

11.1 全等三角形	1 课时
11.2 三角形全等的判定	6 课时
11.3 角的平分线的性质	2 课时
数学活动	1 课时
小结	2 课时

9 高中数学教材分析

本章，我们对人教 A 版《普通高中课程标准实验教科书·数学》中的部分内容进行分析.

9.1 "基本初等函数 I"分析

9.1.1 教材内容简介

"基本初等函数 I"是人教 A 版数学必修 1 第二章的内容. 其中，指数函数、对数函数和幂函数是描述现实中某些变化规律的重要的数学模型，是高中阶段学习的三类重要且常用的基本初等函数，也是进一步学习数学的基础. 本章，学生将在第一章函数概念的基础上，通过三个具体的基本初等函数的学习，进一步理解函数的概念与性质，学习用函数模型来研究和解决一些实际问题的方法.

9.1.2 教材内容分析

（1）本章知识结构如图 9-1 所示.

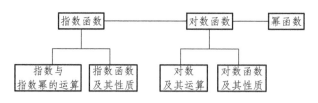

图 9-1 基本初等函数 I 知识结构

（2）主要内容分析.

本章首先介绍指数幂的扩充. 学生在初中学习了数的开平方、开立方、二次根式的概念，正整数指数幂、零指数幂、负整数指数幂，整数指数幂的运算法则，有了这些知识做准备，教材通过实际问题引出了分数指数幂，说明了扩张指数取值范围的必要性，因此先将平方根与立方根的概念扩充到 n 次方根，再将二次根式的概念扩充到一般根式的概念，然后进一步探究分数指数幂及其运算性质，最后通过有理指数幂逼近无理指数幂，即通过一个实例引出无理指数幂的概念，将指数的范围扩充到了实数.

指数函数是高中学习的第一个基本初等函数. 教材先给出了指数函数的实际背景，然后对指数函数概念的建立、指数函数图像的绘制、指数函数的基本性质的发现与指数函数的初步应用，做了完整的介绍. 指数函数是本章的重点内容之一.

教材从具体问题中引入对数概念，并从指数运算与对数运算的互逆关系来建立对数概念（这与历史上对数的发明先于指数不同），这为学生学习时发现与论证对数的运算性质提供了方便. 其中加强了对数的实际应用与数学文化背景.

对数函数同指数函数一样，是以对数概念和运算法则为基础讲授的. 对数函数的研究过程也同指数函数的研究过程一样，目的是让学生对建立和研究一个具体函数的方法有较完整的认识. 在学习了指数函数与对数函数后，通过两个底数相同的指数函数与对数函数介绍了反函数的概念.

幂函数是实际问题中较常见的一类函数. 教科书从具体问题中归纳了以 $1, 2, 3, \frac{1}{2}, -1$ 这五个数作为指数的幂函数：$y = x, y = x^2, y = x^3, y = x^{\frac{1}{2}}, y = x^{-1}$，并通过图像归纳出这五个幂函数的基本性质.

9.1.3 教材特色

本部分内容呈现出以下特色：

（1）以问题带动学生的学习，使他们在解决问题的过程中自主地建构数学知识.

问题是思维的动力，是生长新思想、新方法与新知识的种子. 课程内容"问题化"，实际上是将那种从概念到定理，再用概念和原理解决问题的"演绎式"教材体系，转化为以问题引导，体现知识发生发展过程，从大量、丰富的具体事例中通过归纳概括而获得数学的概念与命题的"归纳式"教材体系. 这样的转化有利于学生学习方式的改进，能促使他们积极主动地学习. 本章充分关注高中学生的心理发展和分析能力、思维能力明显增强的特点，强调以问题激发学生的学习动机和兴趣，引起学生的"认知冲突"，使他们带着问题进行学习. 例如，在"指数"与"指数函数"的内容中，教材先给出了两个实际例子：GDP 的增长问题、碳 14 的衰减问题．前一个问题是为了让学生回顾初中已经学习过的整数指数幂，体会其中的函数模型；后一个问题是为了让学生进一步感受指数函数的实际背景，激发学生探究分数指数幂、无理数指数幂的强烈欲望，为新知识的学习做铺垫．

又如，在 2.1.2"指数函数及其性质"的学习中，教材安排了问题："例 8 截止到 1999 年年底，我国人口约 13 亿．如果今后能将人口年平均增长率控制在 1%，那么经过 20 年后，我国人口约为多少（精确到亿）？"在学习"对数"概念时，教材首先提出问题："在 2.1.2 的例 8 中，我们能从关系式 $y=13\times1.01^x$ 中，算出任意一年的人口总数．反之，如果问题改为："哪一年我国的人口数将达到 18 亿，20 亿，30 亿……？"该如何解决呢？这样的问题可以使学生看到指数函数、对数函数的研究源于社会生活、生产的需要，还可以促进学生在解决问题的过程中理解知识．

（2）强调学生的动手操作和主动参与，让他们在观察、操作、探究等活动中归纳和发现知识与结论，使学生学习方式的改进落在实处．

为了促进学生主动学习，提高他们分析问题和解决问题的能力，教材充分重视为学生提供动手操作与主动参与的机会．例如，在"无理数指数幂"的学习中，教材不仅设计了让学生根据提供的数据表格观察无理指数幂 $5^{\sqrt{2}}$ 是怎样用有理指数幂来逼近的，同时还安排了"思考"，即让学生自己动手制表、观察并说明无理指数幂 $2^{\sqrt{3}}$ 的含义．又如，在绘制指数函数与对数函数图像的过程中，教材没有提供完整的自变量与函数值的对应表，而是让学生自己填充．再如，在"幂函数"的基本性质的处理上，教材设计了相应的探究活动，并要求学生将发现的结论填在下表内：

	$y=x$	$y=x^2$	$y=x^3$	$y=x^{\frac{1}{2}}$	$y=x^{-1}$
定义域					
值域					
奇偶性					
单调性					
定点					

（3）积极探索数学课程与信息技术的整合，适当体现信息技术的应用．

为了更好地发挥信息技术的作用，为学生进行自主探究、理解数学本质提供有力的认知工具，本章加强了信息技术与课程内容的整合．如"用有理指数幂逼近无理指数幂"中的近似计算，利用碳 14 含量测定生物体死亡时间等．特别是在利用指数函数与对数函数的图像发现指数函数与对数函数的基本性质的内容中，教科书安排了以下探究内容：

探究 选取底数 $a(a>0, a \neq 1)$ 的若干个不同的值，在同一直角坐标系内作出相应的对数函数的图像. 观察图像，你能发现它们有哪些共同特征？

上述探究活动，为学生使用信息技术发现指数函数与对数函数的基本性质提供了机会，可以让学生在信息技术构建的动态环境下，通过观察函数图像的连续变化，发现指数函数与对数函数的一些基本性质.

（4）重视数学知识与实际问题的联系，关注数学应用，让学生体会数学是自然的并且是有用的.

为了让学生感受指数函数、对数函数的现实和数学背景，感到引进和研究它们的必要性，在本章的每一个概念的产生过程中，都注意通过具体实例来展示函数模型的实际背景，同时让学生理解不同的变化现象应当用不同的函数模型来描述. 另外，在例题、练习题、习题与复习参考题中，安排了较多的实际应用问题，如人口问题、碳 14 考古问题、增长率问题、细胞分裂问题、地震震级计算问题、溶液酸度的测量问题、臭氧层保护问题等，以加强基本初等函数与现实的联系.

9.1.4 教学中需要关注的几个问题

为了能够充分体现教材特色，在具体的教学活动中，要关注以下几个方面：

（1）突出指数函数与对数函数是现实世界中的重要数学模型，强调它们的实际背景和应用价值.

把指数函数、对数函数等作为描述客观世界变化规律的重要数学模型来学习，要求学生结合实际问题，感受运用函数概念建立模型的过程与方法，强调指数函数、对数函数、幂函数是三类不同的函数增长模型. 因此，要加强让学生通过具体实例了解指数函数、对数函数模型实际背景的教学；要利用适当的事例，让学生体会并认识直线上升、指数爆炸、对数增长等不同函数类型的增长含义；另外，还可以要求学生通过收集现实生活中普遍使用的函数模型实例，去了解这些函数模型的广泛应用.

（2）引导学生体会数学知识结构的严谨性.

指数幂概念及其运算性质的拓展蕴涵了数学研究中对数学知识发展的逻辑合理性、严谨性的要求，教学时要引导学生认真体会. 指数幂的运算性质是在根式与分数指数幂的基础上，先将整数指数幂的运算性质推广到有理指数幂的运算性质；然后在有理指数幂逼近无理指数幂的思想指导下，再将有理指数幂的运算性质推广到实数范围. 指数幂的运算性质的每一次推广, 都需要考虑严谨性的要求.

（3）充分发挥函数图像的几何直观作用, 加强数形结合思想的教学.

数形结合、几何直观等数学思想方法是本章内容蕴涵的重要思想方法, 它们对于理解基本初等函数的性质（例如增长模式）是十分重要的. 同时, 信息技术又使得函数作图变得方便、快捷, 并且可以构建一种动态环境, 这为学生利用图像直观研究函数性质提供了有力工具. 因此, 教学时应充分注意发挥函数图像的作用, 让学生自己作出函数图像, 并通过观察图像变化规律来研究函数的性质.

（4）恰当使用信息技术.

教材虽然没有明确提出利用信息技术研究指数函数、对数函数和幂函数的图像与性质, 但本章有许多内容适合使用信息技术. 例如: 指数、对数值的计算; 借助计算工具, 比较指数函数、对数函数与幂函数增长的差异; 借助计算机画出具体的指数函数与对数函数的图像, 探索并理解它们的单调性与特殊点; 等等. 因此, 只要条件允许, 教学时就应当充分使用信息技术.

9.1.5 教学目标

本章主要介绍指数函数、对数函数、幂函数等基本初等函数的概念和性质, 通过本章学习, 应使学生达到以下学习目标:

（1）了解指数函数、对数函数模型的实际背景, 体会数学与现实世界的联系.

（2）理解有理指数幂的含义, 通过具体实例了解实数指数幂的意义, 掌握幂的运算, 并进一步体会数学的严谨性.

（3）理解指数函数的概念和意义, 能借助计算器或计算机画出具体指数函数的图像, 探索并理解指数函数的单调性与特殊点.

（4）在解决简单实际问题的过程中, 体会指数函数是一类重要的函数模型.

（5）理解对数的概念及其运算性质, 知道用换底公式能将一般对数转化成自然对数或常用对数; 通过阅读材料, 了解对数的发现过程以及对简化运算的作用.

（6）通过具体实例, 直观了解对数函数模型所刻画的数量关系, 初步理解对数函数的概念, 体会对数函数是一类重要的函数模型; 能借助计算器或计算机画出具体对数函数的图像, 探索并了解对数函数的单调性与特殊点.

（7）知道指数函数 $y = a^x$ 与对数函数 $y = \log_a x (a > 0, a \neq 1)$ 互为反函数.

（8）通过实例，了解幂函数的概念；结合函数 $y = x, y = x^2, y = x^3, y = x^{\frac{1}{2}}$，$y = x^{-1}$ 的图像，了解幂函数的基本性质.

（9）通过指数函数、对数函数、幂函数性质的探究，进一步深化对数形结合、几何直观等思想方法的理解.

9.1.6　教学课时安排

全章分为三节，教学需 15 课时，具体分配如下：

2.1 指数函数	6 课时
2.2 对数函数	6 课时
2.3 幂函数	1 课时
小结	2 课时

9.2　"函数的应用"分析

9.2.1　教材内容简介

"函数的应用"是人教 A 版数学必修 1 第三章的内容. 在本章，学生将在已学过的函数概念、指数函数、对数函数、幂函数的基础上，结合实际问题，感受运用函数概念建立模型的过程和方法，体会函数在数学和其他学科中的重要性，初步运用函数思想理解和处理现实生活和社会中的简单问题. 同时还将学习利用函数性质求方程的近似解，了解函数的零点与方程的根的联系.

9.2.2　教材内容分析

（1）建立函数模型解决问题的过程如图 9-2 所示：

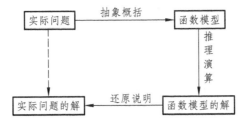

图 9-2　建立函数模型解决问题的过程

（2）本章知识结构如图 9-3 所示：

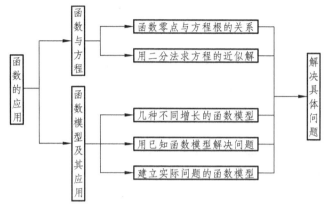

图 9-3　函数的应用知识结构

（3）主要内容分析.

本章的主要内容是方程的根与函数的零点的关系、用二分法求方程的近似解、几种不同的函数增长模型、函数模型的应用举例. 建立实际问题的函数模型，利用已知函数模型解决问题，作为一条主线贯穿了全章的始终，而方程的根与函数的零点的关系、用二分法求方程的近似解，是在建立和运用函数模型的大背景下展开的. 方程的根与函数的零点的关系、用二分法求方程的近似解中均蕴涵了"函数与方程的思想". 建立和运用函数模型中蕴含的"数学建模思想"，是本章渗透的主要数学思想，二分法是本章介绍的主要数学方法.

在初中一元二次方程和一元二次函数的基础上，教材通过比较一元二次方程的根与对应的一元二次函数的图像和 x 轴的交点的横坐标之间的关系，给出了函数的零点概念，并揭示了方程的根与对应的函数零点之间的关系. 然后，通过探究介绍了判断一个函数在某个给定区间存在零点的方法和二分法. 并且，教材在"用二分法求函数零点的步骤"中渗透了算法的思想，并为学生后续学习算法内容埋下伏笔.

教科书运用选自投资方案和制订奖励方案两个问题，引出函数模型增长情况比较的问题，接着运用信息技术从数值和图像两个角度比较了指数函数、对数函数、幂函数的增长情况的差异，说明了不同函数类型增长的含义.

函数基本模型的应用是本章的重点内容之一. 教科书分别以行程问题、人口增长问题、商品定价问题、未成年人的生长发育问题为例，在丰富的实际背景中对不同的变量关系进行了研究，分别介绍了分段函数、指数型函数、二次函数的应用，在这个过程中渗透了拟合的基本思想.

9.2.3 教材特色

（1）问题取材广、立意新，有利于增强学生的应用意识.

函数模型的应用主要围绕具体问题展开研究，问题的取材与设计是这部分内容的关键. 教科书注意结合不同学生的实际，选择大多数学生熟悉的背景，在例题、练习题、习题和复习参考题中，针对不同的函数模型，为学生设计了素材广泛、内容新颖的问题，有利于开阔学生的视野，让学生从中体会函数模型应用的广泛性和重要性. 在问题的立意上，教科书从函数模型的特点出发，从不同的侧面提出能激发学生兴趣的问题. 例如，行程问题是学生接触比较多的，但要说明速度与时间关系图中部分面积的实际含义，对学生来说却是新颖的；以前，学生主要是建立路程、速度、时间之间的关系式，对建立汽车里程表读数与时间的分段函数，却具有挑战性. 又如，人口问题涉及我国的基本国策，教科书上的例题要求根据过去一段时间的人口数据，对何时能达到我国现在的人口数量进行预测，学生就容易对预测结果进行评价，这对激发学生兴趣有好处. 又如，桶装水的定价问题，将学生置入一个现实环境中，让他们以一个经营者的身份对身边简单的经营问题进行决策，这有利于学生自觉地将所学的知识用于解决实际的问题. 再如，建立身高与体重的函数模型，由于学生会急于了解自己的身高与体重是否正常，所以能激起他们探求这个函数模型的欲望，将这一问题的解决过程变为主动的探求过程. 通过设计一系列这样的问题，将有利于增强学生的应用意识.

（2）以函数模型的应用为主线，多视点、宽角度地研究问题.

本章除了函数模型的应用之外，还要介绍函数与方程的一些关系，以及几种函数模型在增长上的差异. 教科书在处理上，以函数模型的应用这一主要内容为主线，以几个重要的函数模型为对象或工具，将各部分内容紧密结合起来，使之成为一个整体. 首先依托二次函数模型，通过研究几个具体的二次函数及其相对应的方程，得到方程的根与函数的零点的关系，然后将此结果划归为一般的结论. 在此基础上，进一步利用其他函数模型，研究其对应方程的解，将二分法融入函数模型的应用之中. 对不同函数模型在增长差异上的研究，教科书依然围绕函数模型的应用这一核心，结合具体实例展开讨论，让学生在应用函数模型的过程中，体验到指数函数、对数函数、幂函数等函数模型在描述客观世界变化规律时各自的特点. 有了这些铺垫，再来具体研究函数模型的应用，在内容上层次分明，系统性强，学生学习的目的也很明确. 全章起于函数模型，终于函数模型，函数模型的应用贯穿始终，使看似零散的内容浑然一体，从不同方面对典型问题，多视点、宽角度地进行了研究.

（3）渗透数学思想方法，关注数学文化.

本章不仅重视数学与实际问题的联系，还重视数学思想方法的渗透. 本章所涉及的数学思想方法主要包括：由实际问题抽象为函数模型这一过程所蕴涵的符号化、模型化的思想；研究函数与方程的关系时所蕴涵的函数与方程的思想；用二分法求方程近似解的过程中解法的程序框图所蕴涵的算法思想. 为体现函数建模思想在解决问题时的作用，教科书结合具体问题，从运用函数模型、比较常见函数模型的特点、介绍典型的函数模型、建立函数模型等多个侧面全面地做了体现. 为渗透函数与方程的思想，教科书一方面对函数的零点与方程的根进行专门研究，另一方面又在求方程的近似解和函数模型的应用中注意函数与方程的联系. 算法思想虽然是数学模块 3 的内容，但考虑到学生学习的螺旋上升、循序渐进的特点，在用二分法求方程的近似解时，教科书给出了解法的程序框图，渗透了算法的思想，同时也为选修系列 1 中框图的学习奠定了基础.

通过教科书来传承古今中外先进的数学文化，介绍数学的发展，反映数学的作用，体现科学的进步，使学生逐步认识数学的科学价值和人文价值，提高科学文化素养，这是本套教科书的一个特色. 本章在"阅读与思考"栏目专门介绍了方程求解在中外历史上的发展情况，这不仅给学生认识方程的解提供了更广阔的空间，同时还让学生了解到古今中外不少数学家在方程求解中所取得的成就，特别是可以了解我国古代数学家对数学发展与人类文明的贡献. 本章还在函数模型的应用实例和实习作业中，结合教学内容不失时机地介绍了马尔萨斯人口模型和牛顿冷却模型，将数学成果的介绍与学生的学习、实践融为一体，使学生通过本章的学习不仅在数学知识和能力方面可以得到提高，而且还能够得到数学文化的熏陶.

（4）重视信息技术应用.

如何运用信息技术是本章内容所考虑的一个重要问题. 信息技术的广泛应用正在对数学课程内容、数学教学、数学学习等方面产生深刻的影响，信息技术工具的使用能为学生的数学学习和发展提供丰富多彩的教育环境和有力的学习工具. 要让学生较为全面地体会函数模型的思想，特别是在运用函数模型研究广泛的社会实际中，就会遇到数据、图像等方面处理上的困难. 在以往，由于缺乏信息技术的支持，使得像求方程近似解这样一些更具普遍性的问题的解决寸步难行，像二分法这样一些重要的数学方法难以在教科书中呈现，函数的应用问题也常常局限在一些狭小的范围内，并且研究的问题陈旧，题目人为编造的痕迹明显，从而不能有效地激发起学生的学习兴趣，更不利于学生分析问题和解决问题能力的培养. 在本章, 教科书自始至终都充分运用计算器、计算机、数据采集器和传感器等信息技术工具, 并在两个不同地方设置了"信息技术应用"栏目, 这样不仅使处理复杂的数据和图像成为可能, 还使学生在运用信息技术解决本章问题时更加得心应手. 例如, 利用信息技术工具, 就可以在不同的范围内观察到指数函数、对数函数和幂函数的增长差异. 这样就使学生有机会接触到一些过去难以接触到的数学知识和思想方法, 也使教科书在问题的选择上更具广泛性, 更接近实际. 学生在学习中, 自然会感到耳目一新、亲切自然, 并在利用信息技术解决问题的过程中, 提高了对数学学习的兴趣, 加强了对数学知识的认识, 经历了更多的数学建模的过程, 增加了应用函数模型的机会.

（5）重视分析、解决问题能力的培养.

比较指数函数、对数函数以及幂函数间的增长差异, 结合实例体会直线上升、指数爆炸、对数增长等不同函数类型增长的含义, 是本章的一个重要内容, 但由于指数函数、对数函数和幂函数的增长变化复杂, 这就使得学生在研究过程中可能会遇到困难. 为了解决这一难点, 教科书分三个步骤, 创设问题情景, 并通过恰时恰点而又层层递进的问题串, 让学生在不断地观察、思考和探究的过程中, 弄清几个函数间的增长差异, 并培养分析问题和解决问题的能力. 第一步, 教科书先创设了一个选择投资方案的问题情景, 并在解决问题的过程中给出了解析式、数表和图像三种表示, 然后提出了三个思考问题, 让学生一方面从中体会直线上升和指数爆炸, 另一方面也学会如何选择恰当的表示形式对问题进行分析. 第二步, 教科书又创设了一个选择公司奖励模型的问题情景, 让学生在观察和探究的过程中, 体会到对数增长模型的特点. 第三步, 教科书提出了三种函数存在怎样的增长差异的问题. 先让学生从不同角度观察指数函数和幂函数的增长图像, 从中体会二者的差异; 再通过两个探究问题, 让学生对幂函数和对数函数的增长差异, 以及三种函数的衰减情况进行自主探究. 这样的安排可以引导学生积极地开展观察、思考和探究活动, 对分析问题、解决问题能力的培养将有积极的推动作用.

9.2.4 教学中应关注的几个问题

（1）注意由浅入深、循序渐进地建立函数与方程的关系.

对函数与方程的关系有一个逐步认识的过程, 教材遵循了由浅入深、循序渐进的原则, 并分三步来展开这部分内容. 第一步, 从学生认为较简单的一元二次方程与相应的二次函数入手, 由具体到一般, 建立一元二次方程的根与相应的二次函数的零点的联系，然后将其推广到一般方程与相应的函数的情形．第二步，在用二分法求方程近似解的过程中，通过函数图像和性质研究方程的解，体现函数与方程的关系．第三步，在函数模型的应用过程中，通过建立函数模型以及模型的求解，更全面地体现函数与方程的关系，进而逐步建立起函数与方程的联系．

（2）注意函数与实际问题的联系，体现数学建模的思想．

我们生活在一个充满变化的多彩世界，其中的大量问题可以通过体现变量关系的函数模型得到解决，这就为函数应用的教学提供了大量的实际背景．在本章，实际问题情境贯穿于教科书的始终，无论是对几种不同增长的函数模型的研究，还是对函数模型的应用举例的学习，都是在解决实际问题的过程中进行的，而且全章大多数内容都是围绕实际问题的讨论展开的，既反映了函数与现实之间的关系，又能提高学生对函数是解决现实问题的一种重要数学模型的认识．

利用函数模型解决实际问题是数学应用的一个重要方面．教材一方面注意让学生认识常见函数模型的特点，另一方面还注意选择贴近学生生活实际的各种问题，引导学生用已学过的函数模型分析和解决它们，使函数的学习与实际问题紧密联系，并在解决问题的过程中将数学模型的思想逐步细化，从更高的层面上认识函数与实际问题的关系．

（3）注意以函数模型的应用为主线，带动相关知识的展开．

本章除了函数模型的应用之外，还要介绍函数的零点与方程的根的关系，用二分法求方程的近似解，以及几种不同增长的函数模型．教科书在处理上，以函数模型的应用这一内容为主线，以几个重要的函数模型为对象或工具，将各部分内容紧密结合起来，使之成为一个系统的整体．教学时应当注意贯彻教科书的这个意图，这是学生经历函数模型应用的完整过程．

（4）恰当使用信息技术．

本章的教学中应当充分使用信息技术．实际上，本章的一些内容，因为涉及大数字运算、大量的数据处理、超越方程求解以及复杂的函数作图，如果没有信息技术的支持，教学是不容易展开的．因此，教学中应当加强信息技术的使用力度．

9.2.5 教学目标

通过本章的学习，学生应达到以下教学目标：

（1）结合二次函数的图像，判断一元二次方程根的存在性及根的个数，从而了解函数的零点与方程根的联系．

（2）根据具体函数的图像，能够借助计算器用二分法求相应方程的近似解，并了解这种方法是求方程近似解的常用方法.

（3）利用计算工具，比较指数函数、对数函数以及幂函数间的增长差异；结合实例体会直线上升、指数爆炸、对数增长等不同函数类型增长的含义.

（4）通过收集一些社会生活中普遍使用的函数模型（指数函数、对数函数、幂函数、分段函数等）的实例，了解函数模型的广泛应用，体会数学的应用价值.

9.2.6　教学课时安排

全章共有 2 节和一个实习作业，另外还有三个选学内容，教学时间需 8 课时，具体分配如下：

3.1 函数与方程　　　　　　　　　　　　　　2 课时

阅读与思考　中外历史上的方程求解

信息技术应用　借助信息技术求方程的近似解

3.2 函数模型及其应用　　　　　　　　　　　4 课时

信息技术应用　收集数据并建立函数模型

实习作业　　　　　　　　　　　　　　　　　1 课时

小结　　　　　　　　　　　　　　　　　　　1 课时

9.3　"空间几何体"分析

9.3.1　教材内容简介

"空间几何体"是人教 A 版数学必修 2 的第一章. 几何学是研究现实世界中物体的形状、大小与位置关系的数学学科. 空间几何体是几何学的重要组成部分，它在土木建筑、机械设计、航海测绘等大量实际问题中都有广泛的应用. 本章将在义务教育数学课程"图形与几何"的基础上，从对空间几何体的整体观察入手，研究空间几何体的结构特征、三视图和直观图，了解一些简单几何体的表面积与体积的计算方法.

9.3.2　教材内容分析

（1）本章知识结构如图 9-4 所示：

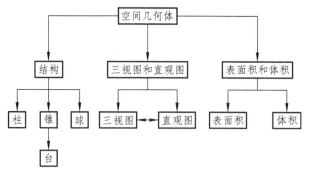

图 9-4　空间几何体知识结构

（2）主要内容分析.

"空间几何体的结构"，首先让学生观察现实世界中实物的图片，引导学生对观察到的实物进行分类，归纳、抽象、概括出柱体、锥体、台体和球体的结构特征，同时给出由它们组合而成的简单几何体的结构特征；然后要求学生列举生活中的几何体，并掌握它们的结构特征.

"空间几何体的三视图和直观图"主要包括在平面上表示立体图形，用三视图和直观图表示空间几何体，实现空间几何体与三视图、直观图之间的相互转化，利用三视图或直观图制作立体模型；通过空间几何体在平行投影和中心投影下的影像，使学生认识立体图形在平面上的不同表示形式.

"阅读与思考　画法几何与蒙日"主要介绍画法几何的内容，以及法国数学家蒙日在画法几何方面的贡献，使学生了解画法几何的历史背景及发展.

"空间几何体的表面积与体积"主要包括空间几何体的表面积、体积，简单几何体的表面积与体积.

"实习作业"的内容是画出建筑物的三视图和直观图，体会几何学在建筑方面的应用.

9.3.3　教材特色

（1）从生活中来，到生活中去，理论联系实际，培养学生的应用意识和应用能力.

三维空间是人类生存的现实空间，它为我们的学习提供了大量的现实素材. 在本章内容的呈现方式上，正文充分利用现实生活中的素材，使学生在观察的基础上，抽象出空间图形，然后归纳出它们的结构特征，把握图形的特点. 例题、习题中部分题目也注意与生产、生活的联系. 实习作业要求画出建筑物的三视图和直观图，这为学生综合应用本章知识进行实践提供了机会，对学生的应用意识和应用能力的培养有极大的帮助.

（2）强调学生的动手操作和主动参与，让他们在观察、操作、想象、交流等活动中认识空间几何体，提高空间想象能力.

学习方式的转变是课程改革的重要目标之一. 教材中设置了"观察""思考""探究"等学习活动栏目（如，柱体、锥体、台体的表面积与体积中的"探究"栏目：如何根据圆柱、圆锥的几何结构特征，求它们的表面积？），通过这些活动，引导和鼓励学生思考、动手、交流，参与课堂教学，养成良好的学习习惯.

（3）重视实物与图形、空间图形与平面图形的互相转化.

无论是空间几何体的结构，还是它们的三视图、直观图、表面积、体积，都涉及大量的空间图形和平面图形，以及它们之间的互相转化. 在研究这些图形时，始终注意与实物的联系，使抽象与具体结合起来. 要求学生能够从实物抽象出空间图形，从空间图形想象实物的形状；能够画出实物的三视图和直观图，能够从空间几何体的直观图画出它的三视图，从三视图画出它的直观图；等等. 这些数学活动是使学生掌握图形，提高识图能力的有效途径.

9.3.4　教学中需要关注的几个问题

（1）注意与义务教育阶段课程"图形与几何"部分的衔接.

空间几何体的结构、三视图、表面积、体积等都与义务教育阶段的学习内容相关，区别在于学习的深度和概括程度上. 义务教育阶段是对具体的棱柱（如正方体、长方体等）进行研究，对圆柱、圆锥和球的认识比较具体. 本章对它们的研究更加深入，给出了它们的结构特征. 同时，还要学习台体的有关知识，简单组合体涉及柱体、锥体、台体以及球体，比义务教育阶段数学课程"图形与几何"部分呈现的组合体多. 另外，如何在平面上画出空间几何体的直观图、空间几何体的直观图和三视图之间的关系以及通过空间几何体在平行投影和中心投影下的影像，都是学生需要学习的内容，从而使学生知道在平面上可以用多种方法来表示空间几何体.

（2）严谨适度，把握教学要求.

在教学中，要重视从实际出发，从具体到抽象，提供丰富的实物模型或计算机软件呈现几何体，在此基础上引导学生观察、归纳、抽象、概括出它们的结构特征，并能运用这些特征描述现实生活中简单物体的结构；巩固和提高义务教育阶段有关三视图的学习和理解，掌握斜二侧法画平面图形和立体图形的方法和技能，能够使用材料（如纸板）制作立体模型；通过平行投影和中心投影，使学生了解空间图形的不同表示形式；了解空间几何体的表面积和体积的计算公式（不要求记忆公式），能够计算基本几何体及它们的简单组合体的表面积和体积．在球的表面积和体积公式的推导过程中利用了极限的思想，但不作为教学要求．有兴趣的同学和学有余力的同学可以了解整个推导过程，了解极限的思想方法在处理这方面问题的作用．总之，教学要求定位在直观感知、操作确认、度量计算的层面．

（3）重视现代信息技术的应用．

利用信息技术工具，可以展现丰富多彩的图形世界，帮助学生从中抽象出空间图形．动态演示空间几何体的三视图和直观图，可以帮助学生认识立体图形与平面图形的关系，建立空间观念，提高空间想象能力和几何直观能力．学好立体几何需要学生多动手画一画、做一做，并从不同的角度观察空间图形，体会空间几何体在不同视角下的结构特征．因此，在教学中应尽可能使用信息技术，帮助学生更好地学习，达到较好的教学效果．

9.3.5　教学目标

通过本章的学习，学生要达到以下教学目标：

（1）利用实物模型、计算机软件观察大量空间图形，认识柱、锥、台、球及其简单组合体的结构特征，并能运用这些特征描述现实生活中简单物体的结构，发展空间想象能力．

（2）能画出简单空间图形（长方体、球、圆柱、圆锥、棱柱等的简易组合）的三视图，能识别上述三视图所表示的立体模型，会使用材料（如纸板）制作模型，会用斜二侧法画出它们的直观图，提高识图能力．

（3）通过观察会用两种方法（平行投影与中心投影）画出视图与直观图，了解空间图形的不同表示形式，体会学习数学的价值．

（4）完成实习作业，如画出某些建筑物的视图与直观图（在不影响图形特征的基础上，尺寸、线条等不作严格要求），发展数学应用意识．

（5）了解球、棱柱、棱锥、台的表面积和体积的计算公式（不要求记忆公式），深化对数形结合的理解．

9.3.6　教学课时安排

本章包括 3 节，需 8 课时，具体分配如下：

1.1　空间几何体的结构	2 课时
1.2　空间几何体的三视图和直观图	2 课时

9.4　"统计"分析

9.4.1　教材内容简介

"统计"是人教 A 版数学必修 3 第二章的内容. 统计学是研究如何收集、整理、分析数据的科学，它可以为人们做出决策提供依据. 在客观世界中，需要认识的现象无穷无尽，因此，要认识某现象的第一步就是通过观察或试验取得观测资料，然后通过分析这些资料来认识此现象. 如何取得有代表性的观测资料并能够正确地加以分析，是正确认识未知现象的基础，也是统计所研究的基本问题. 本章主要介绍最基本的获取样本数据的方法，以及几种从样本数据中提取信息的统计方法，其中包括用样本估计总体分布、数字特征和线性回归等内容. 通过实际问题情境，学习随机抽样、用样本估计总体、线性回归的基本方法，了解用样本估计总体及其特征的思想，体会统计思维与确定性思维的差异；通过实习作业，较为系统地经历数据收集与处理的全过程，进一步体会统计思维与确定性思维的差异.

9.4.2　教材内容分析

（1）本章知识结构如图 9-5 所示：

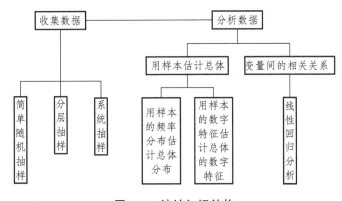

图 9-5　统计知识结构

（2）主要内容分析.

现代社会是信息化的社会，人们会面临形形色色的问题，因此，把问题用数量化的形式表示，便成为利用数学工具解决问题的基础. 对于用数量化表示的问题，需要收集数据、分析数据、解答问题. 统计学是研究如何合理收集、整理、分析数据的学科，它可以为人们做出决策提供依据.

在义务教育阶段已经介绍了一些有关抽样调查的知识，本章的侧重点在于如何能够得到高质量的样本，了解随机样本的简单性质. 教材首先通过大量的日常生活中的统计数据，通过边框的问题和探究栏目引导学生思考用样本估计总体的必要性，以及样本的代表性问题. 为强化样本代表性的重要性，通过一个著名的预测结果出错的案例，使学生体会抽样不是简单地从总体中取出几个个体的问题，它关系到最后的统计分析结果是否可靠. 通过对"广告中数据的可靠性"的思考，使学生能从样本代表性的角度思考日常生活中的数据统计结果的科学性问题.

在学生体会到样本的重要性之后，接下来以袋装牛奶的质量问题为情景，探讨获取能够代表总体样本的方法. 在这个过程中，利用"一勺汤来判断一锅汤的味道"的浅显道理，使学生认识到把总体"搅拌均匀"是取得具有代表性样本的关键所在. "搅拌均匀"的本质是使总体中的每个个体入选到样本的可能性相等，这样就自然地得到了随机样本的概念. 随后较详细地介绍了简单随机抽样方法，通过实际问题情景引入系统抽样和分层抽样方法. 最后通过探究的方式，总结三种随机抽样方法的优缺点.

当研究的对象为人时，获取样本数据变得更加复杂，涉及组织问题、心理学问题、道德问题等，教材通过阅读与思考"如何得到敏感性问题的诚实反应"，让学生体会到这一点.

在第 2 节，通过探究栏目引导学生思考居民生活用水定额管理问题，引出总体分布的估计问题，该案例贯穿本节始终. 通过对该问题的探究，使学生学会列频率分布表、画频率分布直方图、画频率分布折线图. 这里主要介绍有关频率分布的列表和画图的方法，而关于频率分布的随机性和规律性方面则给教师留下了较大的发挥空间. 教师可以通过初中有关随机事件的知识，也可以利用计算机多媒体技术，引导学生进一步体会由样本确定的频率分布表和频率分布直方图的随机性；通过初中有关频率与概率之间的关系，了解频率直方图的规律性，即频率分布与总体分布之间的关系，进一步体会用样本估计总体的思想.

由于样本频率分布直方图可以估计总体分布，因此可以用样本频率分布特征来估计相应的总体分布特征，这就提供了估计总体特征的另一条途径. 其意义在于：在没有原始数据而仅有频率分布的情况下，用此方法可以估计总体的分布特征.

教材还结合实例展示了频率分布的众数、中位数和平均数. 对于众数、中位数和平均数的概念，重点放在比较它们的特点，以及它们的适用场合上. 同时，通过思考栏目让学生注意到，直接通过样本计算所得到的中位数与通过频率直方图估计得到的中位数不同. 在得到这个结论后，可以举一反三地让学生思考：对于众数和平均数是否也有类似的结论？这样处理，可以给教师留下较大的发挥空间，根据学生的不同情况，采取不同的处理方法.

通过几个现实生活的例子，引导学生来认识：只描述样本平均程度的特征是不够的，还需要描述样本数据离散程度的特征. 通过对如何描述数据离散程度的探索，使学生体验创造性思维的过程. 通过例题向学生展示如何用样本数字特征解决实际问题，通过阅读与思考栏目"生产过程中的质量控制图"，让学生进一步体会分布的数字特征在实际中的应用.

变量之间的关系，是人们感兴趣的问题. 通过思考栏目"物理成绩与数学成绩之间的关系"，引导学生考察变量之间的关系. 在教师的引导下，可使学生认识到在现实世界中存在不能用函数模型描述的变量关系，从而体会研究变量之间的相关关系的重要性. 随后，通过探究人体脂肪百分比和年龄之间的关系，引入描述两个变量之间关系的线性回归方程（模型）. 在探索用多种方法确定线性回归直线的过程中，向学生展示创造性思维的过程，帮助学生理解最小二乘法的思想. 通过气温与饮料销售量的例子及随后的思考，让学生了解利用线性回归方程解决实际问题的全过程，体会用线性回归方程做出的预测结果的随机性，并且可能犯的错误.

在阅读与思考"相关关系的强与弱"中，进一步介绍了描述两个变量之间关系强弱的样本特征——相关系数的计算公式及统计含义，通过分析具有不同相关系数的数据的散点图，进一步加深学生对相关系数的直观理解.

9.4.3　教材特色

（1）强调典型案例的作用.

统计与现实生活的联系是非常紧密的，这一领域的内容对学生来说应该是充满趣味性和吸引力的. 教材特别注意选择典型的、学生感兴趣的问题作为例子，以便让学生体会其中的统计原理. 例如，通过1936年美国总统选举前的一次失败的民意调查，让学生体会简单样本所带来的问题，理解为什么要采用随机样本.

教材注意运用类比的方法，使学生更加深刻地理解统计方法的精髓. 例如，在引出简单随机样本之前，用如何品尝一锅汤的味道来类比.

这种利用典型案例编写统计内容的方式，可以使学生在解决实际问题的过程中，经历数据处理的全过程，并在这个数据处理的过程中学习有关的统计知识和方法，体会统计的思想，同时也使学生感受统计与实际生活的联系以及在解决现实问题中的作用.

（2）注意从案例中总结发现规律，培养学生从具体到抽象的创造性思维能力.

教材在各节的开头，都借助于一个具体的问题情节的探究或思考，引导学生从具体的问题中总结、抽象出一般规律，使学生体会其中的统计思想来源，培养创造性思维的能力.

（3）通过开放性问题给学生留下了宽广的探索空间，也给教师留下了更多的发挥余地.

教材中设置了思考、探究等栏目和阅读与思考等选学内容，还在边框中提出了一些关键性的问题；其中的一些问题并没有给出明确的答案，而在教师教学用书中说明了设置这些问题的目的、解答问题所需的知识点和需要注意的事项，以及参考答案. 这样的安排，是为了锻炼学生的创造性思维能力，同时为教师的教学留下更多的余地.

（4）注意与初中相关内容的衔接，为后面的学习打下基础.

教材既注意与初中学习的相关内容的衔接，也注意为后面的学习打好基础. 比如在介绍众数、中位数和平均数时，介绍了利用频率分布图来估计这些特征的另一条途径，并通过思考栏目使学生发现这里的方法与初中学过的方法之间的联系，进一步加深对这些概念的理解.

（5）注重对统计推断结论的正确理解.

教材通过探究和思考栏目等引导学生正确理解实际问题中的统计推断结论.

（6）对现代教育技术的应用说明.

计算机多媒体及仿真技术，能够很好地帮助学生理解随机现象，处理数据和画统计图. 因为教材是直接面向学生的书面材料，不同的软件其操作方法也不同，所以教材中并没有详细介绍利用现代信息技术进行教学的方法，而是把它放到教师教学用书中，并且配备了相应的光盘，以利于教师根据不同的情况，更好地展示自己的教学特色.

9.4.4 教学目标

通过本章内容的学习，学生应达到以下教学目标：

（1）理解随机抽样的意义和方法，会用简单随机抽样从总体中抽取样本．

（2）体会用样本估计总体的思想，理解样本估计总体的合理性，会用样本的频率分布、数字特征估计总体的基本数字特征，进一步发展搜集、分析、计算和整理数据的能力．

（3）了解现实问题中变量的相关性，了解最小二乘法的思想，能根据给出的公式建立简单的线性回归方程，从中体会研究变量之间的相关关系的重要性

（4）领会统计知识在实际生活中的应用，提高探索研究问题的能力和应用所学知识解决实际问题的能力，发展数学应用意识．

（5）通过统计内容的学习，享受到成功的喜悦，增强学习数学的兴趣，养成喜爱质疑、乐于探索、努力求知的良好品质，以及实事求是、为实践服务的科学态度．

9.4.5　教学课时安排

全章共安排了 3 个小节，教学需 16 课时，具体内容和课时分配如下：

2.1 随机抽样　　　　　　　　　　　　　　　5 课时

阅读与思考　一个著名的案例

阅读与思考　广告中数据的可靠性

阅读与思考　如何得到敏感性问题的诚实反应

2.2 用样本估计总体　　　　　　　　　　　　5 课时

阅读与思考　生产过程中的质量控制图

2.3 变量间的相关关系　　　　　　　　　　　4 课时

阅读与思考　相关关系的强与弱

实习作业　　　　　　　　　　　　　　　　1 课时

小结　　　　　　　　　　　　　　　　　　1 课时

9.5　"平面向量"分析

9.5.1　教材内容简介

"平面向量"是人教 A 版数学必修 4 第二章的内容．向量是近代数学中重要和基本的数学概念之一，有深刻的几何背景，是解决几何问题的有力工

具. 向量概念引入后，全等和平行（平移）、相似、垂直、勾股定理就可转化为向量的加（减）法、数乘向量、数量积运算，从而把图形的基本性质转化为向量的运算体系. 向量是沟通代数、几何与三角函数的一种工具，有着极其丰富的实际背景. 在本章，学生将了解向量丰富的实际背景，理解平面向量及其运算的意义，能用向量语言和方法来表述并解决数学和物理中的一些问题，发展运算能力和解决实际问题的能力.

9.5.2 教材内容分析

（1）本章知识结构如图 9-6 所示：

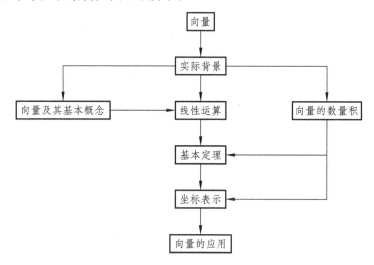

图 9-6　平面向量知识结构

（2）内容分析.

第一节，首先从位移、力等物理量出发，抽象出向量，并说明向量与数量的区别；然后介绍向量的几何表示、向量的长度（模）、零向量、单位向量、平行向量、相等向量、共线向量等基本概念.

第二节，先讲了向量的加法、向量加法的几何意义、向量加法运算律；再用相反向量与向量的加法定义向量的减法，把向量的减法与加法统一起来，并给出向量减法的几何意义；然后通过向量的加法引入实数与向量积的定义，给出实数与向量积的运算律；最后介绍两个向量共线的条件和向量线性运算的运算法则.

第三节，首先通过一个具体的例子给出平面向量基本定理，同时介绍基底、夹角、两个向量垂直的概念；然后在平面向量基本定理的基础上，给出了平面向量的正交分解及坐标表示，向量加、减、数乘的坐标运算和向量坐标的概念；最后给出平面向量共线的坐标表示．坐标表示使平面中的向量与它的坐标建立起了一一对应的关系，这为通过"数"的运算处理"形"的问题搭起了桥梁．

第四节，从学生熟知的功的概念出发，引出了平面向量数量积的概念及其几何意义，接着介绍了向量数量积的性质、运算律及坐标表示．向量的数量积把向量的长度和三角函数联系了起来，这样为解决有关的几何问题提供了方便，特别能有效地解决线段的垂直问题．

第五节，包括平面几何中的向量方法、向量在物理中的应用举例．由于向量来源于物理，并且兼具"数"和"形"的特点，所以它在物理和几何中具有广泛的应用．本节通过几个具体的例子说明了它的应用．

为了拓展学生的知识面，使学生了解向量及向量符号的由来，向量的运算（运算律）与几何图形形式的关系，本章安排了两个"阅读与思考"：向量及向量符号的由来，向量的运算（运算律）与图形性质．

9.5.3　教材特色

（1）突出向量的物理背景与几何背景．

在引言中通过日常生活中确定"位置"的位移概念，说明学习向量知识的意义；在 2.1 节，通过物理学中的重力、浮力、弹力、速度、加速度等作为实际背景素材，说明它们都是既有大小又有方向的量，由此引出向量的概念；引出向量概念后，又利用有向线段给出了向量的几何背景，并定义了向量的模、单位向量等概念．这样的安排，可以使学生认识到向量在刻画现实问题、物理问题以及数学问题中的作用，使学生建立起理解和运用向量概念的背景支持．

借助几何直观，并通过与数的运算的类比引入向量运算，以加强向量的几何背景．例如，关于向量的减法，在向量代数中，常有两种定义方法：一种是将向量的减法定义为向量加法的逆运算；另一种是在相反向量的基础上，通过向量的加法定义向量的减法．为便于学生接受，教科书先类比相反数给出相反向量，再把两向量之差定义为一个向量加上另一个向量的负向量，然后借助几何直观得出两向量之差的作法（向量减法的几何意义）．

（2）强调向量作为解决现实问题和数学问题的工具作用．

为了强调向量作为刻画力、速度、位移等现实中常见现象的有力的数学工具作用，教材特别注意联系实际．例如，在引入向量的概念时，联系了位移、物体在液体中的受力分析、弹簧受力分析等；向量的加法运算、平面向量的正交分解、平面向量的数量积等都与相应的物理问题建立联系；向量加法的三角形法则和平行四边形法则与位移的合成、力的合成相联系．另外，向量也是解决数学问题的有力工具．例如，和（差）角的三角函数公式、线段的定比分点公式、平面两点间距离公式、平移公式及正弦定理、余弦定理等都可以用向量为工具进行推导；向量作为沟通代数、几何与三角函数的桥梁，是一个很好的数形结合工具，教科书通过"平面几何中的向量方法"进行了介绍．

（3）根据数学知识的发展过程与学生的认知过程安排内容．

按照"课程标准"对向量内容的定位，并考虑到学生在数及其运算中建立起来的经验，本章的编排次序为：向量的实际背景及基本概念→向量的线性运算→平面向量基本定理及坐标表示→向量的数量积→向量应用举例．这种编排是完全根据数学知识的发展过程与学生的认知过程安排的．具体体现为：

第一，借助力、速度、位移等现实中的常见现象，让学生认识引进向量的必要性，并得出向量是既有大小又有方向的量，给出向量的概念．

第二，数学中引进一个新的量，自然要看看它的运算及其运算律的问题．向量运算可以与我们熟悉的数的运算进行类比，并从中得到启发，因此在引进向量概念后接着讨论向量的线性运算（加、减及数乘）是很自然的．只是要对向量与数之间不同的地方要非常小心，也即运算中除了考虑大小，还要考虑方向问题．这里，为了便于学生理解，还要借助于物理中力的合成来定义向量的加法．

第三，受到数轴上的点表示数的启发，向量能不能用类似于数轴上的点的形式来表示呢？根据这个想法，以向量的加法运算为基础，得出平面向量基本定理，就可以引进向量的坐标表示．

第四，从运算的角度看，自然要研究两个向量是否可以相乘，如果可以，那么结果怎样？从向量的物理背景中得到启发，可以定义两个向量的数量积运算，并讨论运算律的问题．至于向量是否可以作其他运算，以及如何定义，可以作为悬念留待今后解决．

第五，学习的目的在于应用，应用的过程中可以加深对相关知识的理解，因此安排了"向量的简单应用"．

这里需要说明：向量的坐标表示的引入，由于目的不同而有不同的处理方式．高等数学中，往往采取先介绍向量的概念及各种运算，并直接用向量解决有关几何问题，然后再引进坐标，并用向量和坐标方法讨论空间直线、平面、二次曲面及一般的曲面，其目的是突出向量的工具性．本章为了尽早让学生知道处理几何问题的两种方法——向量法和坐标法，突出数形结合的思想，在平面向量基本定理、平面向量的正交分解后就引进向量的坐标，并把向量的线性运算及向量的共线等用坐标表示．

（4）强调向量法的基本思想，明确向量运算及运算律的核心地位．

向量具有明确的几何背景，向量的运算及运算律具有明显的几何意义，因此涉及长度、夹角的几何问题可以通过向量及其运算得到解决．另外，向量及其运算（运算律）与几何图形的性质紧密相连，向量的运算（包括运算律）可以用图形直观表示，图形的一些性质也可以用向量的运算（运算律）来表示．这样，建立了向量运算（包括运算律）与几何图形之间的关系后，可以使图形的研究推进到有效能算的水平，即向量运算（运算律）把向量与几何、代数有机地联系在一起．

几何中的向量方法与解析几何的思想具有一致性，不同的是几何中用"向量和向量运算"来代替解析几何中的"数和数的运算"．这就是把点、线、面等几何要素直接归结为向量，并对这些向量借助于它们之间的运算进行讨论，然后把这些计算结果翻译成关于点、线、面的相应结果的原因．

教材特别强调了向量法的上述基本思想，并根据上述基本思想明确提出了用向量法解决几何问题的"三步骤"．为了使学生体会向量运算及运算律的重要性，教材注意引导学生在解决具体问题时及时进行归纳，同时还明确使用了"因为有了运算，向量的力量无限；如果没有运算，向量只是示意方向的路标"的提示语．

（5）通过与数及其运算的类比，向量法与坐标法的类比，建立相关知识的联系，突出思想性．

向量及其运算与数及其运算既有区别又有联系，在研究的思想方法上可以进行类比．这种类比可以打开学生讨论向量问题的思路，同时还能使向量的学习找到合适的思维支点．为此，在向量概念的引入、向量的线性运算、向量的数量积运算等内容的展开上，都注意与数及其运算（加、减、乘）进行类比．例如，向量概念的引入用了这样一段话：我们可以从一支笔、一棵树、一本书……抽象出只有大小的数量"1"．类似地，我们可以对力、位移……这些既有大小又有方向的量进行抽象，形成一种新的量．又如，在学习向量的运算及运算律时，也是从数谈起的："数能进行运算，因为有了运算而使数的威力无穷．与数的运算类比，向量是否也能进行运算呢？"再如，在向量的坐标表示中，先提出问题："在平面直角坐标系中，每一个点都可用一对有序实数（即它的坐标）表示．对于直角坐标平面内的每一个向量，如何表示呢？"然后再利用平面向量基本定理得出向量的坐标表示，并把向量（有向线段）的坐标与点的坐标对应起来，实现向量的运算到数的运算的转化．

（6）用适当的问题引导学生的数学思维．

教材通过利用"观察""思考""探究"等栏目设置的大量问题，启发学生独立思考，加强数学知识的形成过程，提高学生的数学思维水平．例如，引进向量加法运算时，通过"探究"栏目，创设从力的合成到向量加法的问题情景；讨论向量加法的运算律时，提出"数的加法满足交换律与结合律，向量的加法是否也满足交换律与结合律？请画图进行探索．"

9.5.4　教学中应关注的几个问题

（1）引导学生用数学模型的观点看待向量内容．

在向量概念的教学中，要利用学生的生活经验、其他学科的相关知识，创设丰富的情景，例如物理中的力、速度、加速度，力的合成与分解，物体受力做功等，通过这些实例使学生了解向量的物理背景、几何背景，引导学生认识向量作为描述现实问题的数学模型的作用．同时还要通过解决一些实际问题或几何问题，使学生学会用向量这一数学模型处理问题的基本方法．

（2）加强向量与相关知识的联系性，使学生明确研究向量的基本思路．

向量既是代数的对象，又是几何的对象．作为代数对象，向量可以运算，而且正是因为有了运算，向量的威力才得到充分的发挥；作为几何对象，向量可以刻画几何元素（点、线、面），利用向量的方向可以与三角函数发生联系，通过向量运算还可以描述几何元素之间的关系（例如直线的垂直、平行等），另外，利用向量的长度可以刻画长度、面积、体积等几何度量问题．教学中，教师应当充分关注到向量的这些特点，引导学生在代数、几何和三角函数的联系中学习本章知识．

值得特别注意的是，本章在教学之初，应引导学生通过与数及其运算的类比，体会研究向量的基本思路；在学完本章内容后，还要引导学生反思，重新概括研究思路，这样可以使学生体会数学中研究问题的思想方法，提升学生的数学思维水平．

（3）引导学生认真体会向量法的思想实质．

向量集数与形于一身，既有代数的抽象性又有几何的直观性，用它研究问题时可以实现形象思维与抽象思维的有机结合，因而向量方法是几何研究的一个有效的强有力工具．教学时应当通过实例，引导学生认真体会通过建立向量及其运算（运算律）与几何图形之间的关系，利用向量的代数运算研究几何问题的基本思想，掌握向量法的"三步骤"：

第一，建立平面几何与向量的联系，用向量表示问题中涉及的几何元素，将平面几何问题转化为向量问题；

第二，通过向量运算，研究几何元素之间的关系，如距离、夹角等问题；

第三，把运算结果"翻译"成几何关系.

其中，由于向量的数量积集距离和角这两个刻画几何元素（点、线、面）之间度量关系的基本量于一身，因而它在解决几何问题中的作用更大，应当通过适当的问题引起学生的注意.

（4）注意与数及其运算、解析几何的思想方法的类比.

前面已指出，向量及其运算与数及其运算可以类比，这种类比使学生体会向量研究中的问题与方法，使向量的学习有了一个好的思维固着点. 这样的类比是教学中提高思想性的有效手段，因此教学中应当予以充分的关注. 另外，从思想实质来说，向量法与解析法是完全一致的，教学中可以引导学生回顾数学 2 中归纳的解析法的"三步骤"，然后让学生自己概括出向量法的"三步骤"。

顺便指出，作为向量数量化依据的平面向量基本定理，教科书是通过具体的例子来说明同一平面内任一向量都可表示为两个不共线向量的线性组合，这种表示是学生所不熟悉的. 教学时应当充分用好具体例子，使学生形成对基本定理的直观理解，但不要加以证明. 在进入平面向量的坐标表示以及平面向量的坐标运算后，可以引导学生通过例题，在解决线段的定比分点、平移、平面上两点之间的距离等问题的过程中，使学生看到结果与在数学 2 中得到的一样，从而进一步体会平面向量基本定理的内涵.

9.5.5 教学目标

通过本章的学习，学生应达到下列目标：

（1）通过实例，了解向量的实际背景，理解平面向量和向量相等的含义，理解向量的几何表示.

（2）通过实例，掌握向量加、减法的运算，并理解其几何意义. 掌握向量数乘的运算，并理解其几何意义，以及两个向量共线的含义.

（3）了解向量的线性运算性质及其几何意义和平面向量的基本定理及其意义；掌握平面向量的正交分解及其坐标表示；会用坐标表示平面向量的加、减与数乘运算. 理解用坐标表示的平面向量共线的条件.

（4）通过物理中"功"等实例，理解平面向量数量积的含义及其物理意义；体会平面向量的数量积与向量投影的关系；掌握数量积的坐标表达式，会进行平面向量数量积的运算；能运用数量积表示两个向量的夹角，会用数量积判断两个平面向量的垂直关系.

（5）经历用向量方法解决某些简单的平面几何问题、力学问题与其他一些实际问题的过程，体会向量是一种处理几何问题、物理问题等的工具，发展运算能力和解决实际问题的能力.

（6）通过"平面向量"的学习，体会数学的应用价值，并进一步发展抽象、概括、类比等能力；体会向量法的思想实质，深化对数形结合的理解，全面提高数学思维能力.

9.5.6　教学课时安排

本章共安排了 5 个小节及 2 个选学内容，需要 12 个课时，具体分配如下：

2.1 平面向量的实际背景及基本概念	2 课时
2.2 平面向量的线性运算	2 课时
2.3 平面向量的基本定理及坐标表示	2 课时
2.4 平面向量的数量积	2 课时
2.5 平面向量应用举例	2 课时
小结	2 课时

9.6　"数列"分析

9.6.1　教材内容简介

"数列"是人教 A 版数学必修 5 第二章的内容. 数列作为一种特殊的函数，是反映自然规律的基本数学模型. 本章是通过对一般数列的研究，转入对两类特殊数列——等差数列、等比数列的通项公式及前 n 项求和公式进行研究的. 首先通过三角形数、正方形数的实例引入数列的概念，然后将数列作为一种特殊函数，介绍了数列的几种简单表示法（列表、图像、通项公式）. 作为最基本的递推关系——等差数列，是从现实生活中的一些实例引入的，然后由定义入手，探索发现等差数列的通项公式. 等差数列的前 n 项和公式是通过 $1+2+3+\cdots+100$ 的高斯算法推广到一般等差数列的前 n 项和算法的. 与等差数列呈现方式类似，等比数列的定义是通过细胞分裂个数、计算机病毒感染、银行中的福利，以及我国古代关于"一尺之棰，日取其半，万世不竭"问题的研究探索发现得出的，然后类比等差数列的通项公式，探索发现等比数列的通项公式，接着通过实例引入等比数列的前 n 项求和，并用错位相减法探索发现等比数列前 n 项求和公式. 最后，通过"九连环"问题的阅读与思考以及"购房中的数学"的探究与发现，进一步感受数列与现实生活中的联系和具体应用.

9.6.2　教材内容分析

（1）本章的知识结构如图 9-7 所示：

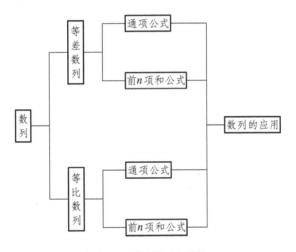

图 9-7　数列知识结构

（2）内容分析.

人们对数列的研究有的源于现实生产、生活的需要，有的出自对数的喜爱. 教材从三角形数、正方形数入手，指出数列实际就是按照一定顺序排列着的一列数. 随后，又从函数的角度，将数列看成定义在正整数集或其有限子集上的函数. 通过数列的列表、图像、通项公式的简单表示法，进一步体会数列是一种函数，是刻画离散过程的一种重要数学模型. 教科书的这种编排和呈现方式，一方面可以让学生体会数列是一种特殊函数，加深对函数概念和性质的理解，并对数列的本质有清晰的认识和把握；另一方面，通过数列概念引入以及数列应用的过程，体会数列问题的实际应用，提高对本章内容的学习兴趣，为下面将要开始的有关等差数列与等比数列的学习做好铺垫.

等差数列在日常生活中有着广泛的应用，并且大量存在于学生周围. 首先从学生熟悉的四个实例入手，引出了等差数列的概念，并且结合实例（衬衫的尺码）对等差数列做了说明．随后由等差数列的概念导出等差中项的概念，然后推导出了等差数列的通项公式．这种通过对日常生活中大量实际问题的分析、建立等差数列模型的过程，加强了对等差数列基本概念、性质的理解，初步培养了学生运用等差数列模型解决问题的能力．

用函数观点去看等差数列，可以帮助学生理解等差数列的本质：它是在特殊定义域上的一次函数，通项公式就是这个特殊函数的解析式．2.2 节例 3 和探究问题展示了等差数列与一次函数（包括代数式和图像）之间的联系．另外，有关等差数列的概念、通项公式的推导都是由归纳得到，对培养学生观察、分析、探索、归纳等能力提供了很好的素材．

对等差数列前 n 项和公式的推导及应用，体现了特殊到一般、一般到特殊的思想．教材是从求 $1+2+3+\cdots+100$ 的高斯算法出发，并以 $1+2+3+\cdots+n$ 求和为过渡，目的是让学生发现"等差数列任意的第 k 项与倒数第 k 项的和等于首项与末项的和"这个规律．教材给出的探究题就是为了让学生在前面基础上，把数列 $1+2+3+\cdots+n$ 内在的这种规律性推广到一般的等差数列，获得一般的等差数列求和思路．2.3 节的例 1 突出了等差数列求和公式的实际应用；例 3 强调了等差数列前 n 项和公式与二次函数之间的关系，探究题是为了进一步认识等差数列前 n 项和公式是一个常数项为 0 的二次函数；例 4 是对等差数列前 n 项和公式性质（二次型）的一个应用．从特殊到一般，可以帮助学生获取一般等差数列求和思路；从一般到特殊，可以使学生应用等差数列求和公式解决一些实际问题，使其来于实际，用于实际．

与等差数列类似，等比数列概念的引入也是通过日常生活中的实例抽象出了等比数列的模型．2.4 节所列的 4 个背景实例和所传达的思想如下表：

1. 细胞分裂模型	生命科学中的数列模型；类似的有人口增长的模型
2.《庄子》中"一尺之棰"的论述	中国古代学者的极限思想
3. 计算机病毒的传播	计算机科学中的数列模型；计算机病毒的危害；"指数爆炸"的例子
4. 储蓄中复利的计算	日常经济生活中的数列模型

这 4 个实例，既让学生感受到等比数列是现实生活中大量存在的数列模型，也让学生经历了从实际问题抽象出数学模型的过程．紧跟在实例之后的"观察"栏目，为学生提供了一定的思考和探索的空间，让他们自己通过观察、归纳、猜想等数学活动，认识等比数列的特性．等比数列的通项公式类比于等差数列通项公式的得出过程，用不完全归纳法得出．

"为什么要求等比数列的前 n 项和呢？" 2.5 节开篇用 "麦粒数的计算问题——在棋盘的第 1 个格子里放上 1 颗麦粒，第 2 个格子里放上 2 颗麦粒，第 3 个格子里放上 4 颗麦粒，依此类推，每个格子里放的麦粒数都是前一个格子里放的麦粒数的 2 倍，直到第 64 个格子" 来引入这个问题．等比数列前 n 项和公式的推导采用了 "错位相减" 的方法，其中体现了等比数列与指数函数、方程、程序框图中的循环结构等内容的前后联系．有关 "九连环" 的阅读与思考，进一步体现了从具体问题中抽象出数列模型，借助数列的相关知识解决问题的思想．

9.6.3　教材特色

（1）体现了 "现实问题情境—数学模型—应用于现实问题" 的数学研究特点．

数列作为一种特殊函数，是反映自然规律的基本数学模型．通过日常生活中大量实际问题（存款利息、放射性物质的衰变等）的分析，建立起等差数列与等比数列这两种数列模型．通过探索和掌握等差数列与等比数列的一些基本数量关系，进一步感受这两种数列模型的广泛应用，并利用它们解决了一些实际问题．教材的这一特点，具体体现在五个方面：

① 三角形数、正方形数→数列概念→数列的三种表示→回归到实际问题（谢宾斯基三角形、斐波那契数列、银行存款等）．

② 4 个生活实例→等差数列概念→等差数列通项公式→等差数列基本数量关系的探究（出租车收费问题等）．

③ 前 100 个自然数的高斯求解→等差数列的前 n 项和公式→等差数列数量关系的探究及实际应用（校园网问题）．

④ 细胞分裂、古代 "一尺之棰" 问题、计算机病毒、银行复利的实例→等比数列概念→等比数列的通项公式→等比数列基本数量关系的探究及实际应用（放射性物质衰变、程序框图等）．

⑤麦粒数问题→等比数列前 n 项和公式→等比数列基本数量关系探究及实际应用（商场计算机销售问题、九连环的智力游戏、购房中的数学等）．

这种内容的呈现方式，一方面可以使学生感受数列是反映现实生活的数学模型，体会数学是来源于现实生活，并应用于现实生活的；同时还使学生认识到数学不仅仅是形式的演绎推导，还是丰富多彩的；另一方面，这种通过具体问题的探索和分析建立数学模型以及应用于解决实际问题的过程，有助于学生对客观事物中蕴涵的数学模式进行思考并做出判断，进而提高数学地提出、分析和解决问题的能力，提高学生的基本数学素养，为后续的学习奠定良好的数学基础.

（2）加强数学知识内容之间的相互联系.

数学学习绝不是孤立的学习. 数学学习的联系性表现为两个方面：一方面是数学与现实生活的联系；另一方面是数学内部之间的联系，表现为数学知识内容之间的相互联系. 数列与其他知识内容的联系，主要体现在两个方面：一方面是数列与函数知识内容的联系；另一方面是数列与"算法""微积分"内容的联系.

（3）加强学生的数学探索活动.

根据现代建构学习理论，学生的数学学习是在已有认知的基础上，经过学习主体的主动建构产生的. 数学学习不是简单的镜面式反映，而是经过观察、实验、猜测、归纳、类比、抽象、概括、交流、反思、调整等过程完成的. 本章内容的设计，充分体现了学生是学习的主体这一特点.

等差数列的概念就是在对日常生活中大量实际问题分析的基础上，通过学生的观察、分析、猜想、归纳给出的. 同时，为学生的自主性学习提供了一定时间和空间（在给出大量的生活实例之后，没有立刻给出等差数列的概念，紧跟在实例之后的"观察"栏目，是为了给学生一定的思考和探索的空间，让他们自己通过观察、归纳、猜想等来认识等差数列的特性. 通过对四个数列共同特点的探索，学生可以发现这几个数列的前后项的差值都是一个常数，从而总结出等差数列的一般概念）.

等差数列前 n 项和公式的导出也给学生留有了充分发挥和自主学习的空间. 教材是从求 $1+2+3+\cdots+100$ 的高斯算法出发，并以 $1+2+3+\cdots+n$ 求和为过渡，启发学生发现等差数列任意的第 k 项与倒数第 k 项的和等于首项、末项的和这个规律，并通过探究题把数列 $1+2+3+\cdots+n$ 内在的这种规律性推广到一般等差数列，从而获得一般等差数列的求和思路. 随后的思考题进一步给学生提供了反思、回味的空间和余地，对知识内容之间的相互联系以及深入理解公式，回顾、调整前面的思考过程，起到了很好的启发和引导作用.

（4）突出了数学思想方法.

本章内容设置，突出了数学思想方法的教学，尤其突出了一般到特殊、特殊到一般，以及函数思想、类比思想等.

有关等差数列前 n 项和公式的推导及应用，就体现了特殊到一般、一般到特殊的思想：从特殊到一般，可以由前 100 个自然数求和的高斯算法过渡到一般等差数列求和思路的获得；从一般到特殊，可以使学生应用等差数列求和公式解决一些实际问题，使其来于实际，用于实际.

函数思想、类比思想几乎贯穿整章内容. 本章开始对数列概念的介绍, 突出了数列的函数背景. 对具体内容的展开, 也充分体现了函数思想、类比思想: 对两类特殊数列——等差数列与等比数列的概念、通项公式, 求和公式的研究, 是类比函数展开的; 类比于实数的加、减、乘、除运算, 等差数列与等比数列实际是对数列中的项实施加法、乘法运算得到的; 类比等差数列的通项、性质、前 n 项和, 可以得出对等比数列相应问题的研究; 类比函数概念、性质、表达式, 可以得出对数列、等差数列、等比数列相应问题的研究. 函数思想、类比思想的运用, 是本章设计的主要特色.

另外, 数形结合的思想、方程思想等在本章也有体现.

9.6.4　教学中应注意的问题

（1）重视学生自主性学习能力和创新意识的培养. 自主性学习能力是一个人今后生存和发展的前提和先决条件, 而适应未来社会发展要求的创新意识的培养又是现代社会培养人才的方向和目标.

本章内容的设计, 考虑到了培养学生的自主性学习能力和创新意识的社会要求, 提供了可供学生自主探索的空间和余地. 实际教学中, 要让学生充分体验数学知识的形成过程, 要尽可能地让学生经历观察、分析、猜想、抽象、概括、归纳、类比等发现和探索的过程, 鼓励学生说出各种可能的设想和猜测. 教师在教学中是组织者、引导者, 要把人类已发现的这些"现成的数学", 经过教学法的加工, 变为学生在教师指导下亲自"发现"的结论, 也就是学生自己"做出来的数学". 这种亲身体验和经历的过程, 如同是重新经历数学的发现过程, 也就是学生的"再发现"过程, 可以启迪学生发现问题、再创造地解决问题, 为以后适应社会发展, 解决面临的新问题、新情况做好基础的铺垫.

教师要善于挖掘教材内容的延伸和拓广. 如有关等差数列的前 n 项求和和等比数列的前 n 项求和, 可以鼓励学生探索其他可能的解答思路. 对教材中有关探索等差数列、等比数列的基本数量关系的题目, 也可以有相应的问题拓展. 这种已有资源的挖掘和拓广, 对学生自主性学习能力的培养是很有好处的.

（2）重视探究题、练习题、阅读与思考、探究与发现等内容的学习. 本章的探究题、练习题、阅读与思考、探究与发现的内容素材很多是来源于古代或现实生活情境的题目, 一方面加强了与实际生活的联系, 另一方面可以提高学生学习本章内容的兴趣, 教学中要注意相关内容的知识准备和问题解答的拓广.

（3）重视数列与其他学习内容的联系，重视信息技术的运用.

数列与函数、一次函数、指数函数、算法、微积分等内容都有直接联系，与物理、化学、生物、经济、天文、历法等领域也有关联. 教学中既要注重数学知识内部的联系，也要结合其他学科，使学生体会到数列在现实生活中有着非常广泛的应用.

为更好地理解教学内容，教师可充分运用现代信息技术，除课本提供的有关信息技术的内容，还可借助多媒体等展示例题、习题中的内容，以便给学生展示一个更加丰富多彩的"数列"内容.

9.6.5 教学目标

本章的主要内容是数列的基本概念、等差数列和等比数列以及它们的一些基本数量关系. 通过本章的学习，学生要达到如下目标：

（1）了解数列的概念、几种简单的表示方法和数列是一种特殊的函数；通过实例，理解等差数列、等比数列的概念；探索并掌握等差数列、等比数列的通项公式与前 n 项和的公式；能在具体的问题情境中，发现数列的等差关系或等比关系，并能用有关知识解决相应的问题. 体会等差数列、等比数列与一次函数、指数函数的关系；获得一定的数学活动经验.

（2）在数列的学习过程中，进一步掌握"从一般到特殊"和"从特殊到一般"的问题解决方法，深化对函数思想、类比思想、数形结合思想、方程思想的理解，进一步发展数学自学能力.

（3）在数列的学习过程中，进一步发展数学的应用意识和创新意识；深化对数学及数学的科学价值、应用价值和文化价值的认识；提高学习数学的兴趣，增强学好数学的自信心，养成良好的数学学习习惯.

9.6.6 教学课时安排

本章共有 5 节内容，教学时间需 12 课时，具体安排如下：

2.1 数列的概念与简单表示法	2 课时
2.2 等差数列	2 课时
2.3 等差数列的前 n 项和	2 课时
2.4 等比数列	2 课时
2.5 等比数列的前 n 项和	2 课时
小结与复习	2 课时

参考文献

[1] 中华人民共和国教育部. 义务教育数学课程标准（2011 版）[M]. 北京：人民教育出版社，2012.

[2] 中华人民共和国教育部. 普通高中数学课程标准（实验）[M]. 北京：人民教育出版社，2003.

[3] 教育部基础教育课程教材专家工作委员会. 义务教育数学课程（2011 版）解读[M]. 北京：北京师范大学出版社，2012.

[4] 欧阳新龙. 义务教育数学课程标准（2011 版）解读[M]. 武汉：湖北教育出版社，2012.

[5] 数学课程标准研制组. 普通高中数学课程标准（实验）解读[M]. 南京：江苏教育出版社，2004.

[6] 杨光伟. 数学课程标准研修与教材分析[M]. 杭州：浙江大学出版社，2011.

[7] 褚远辉，等. 教育学新编[M]. 武汉：华中师范大学出版社，2006.

[8] 曹才翰，蔡金法. 数学教育学概论[M]. 南京：江苏教育出版社，1989.

[9] 钱珮玲，等. 高中数学新课程教学法[M]. 北京：高等教育出版社，2007.

[10] 冯国平. 数学教学论[M]. 兰州：甘肃教育出版社，2009.

[11] 中学数学课程教材研究开发中心. 义务教育教科书·数学[M]. 北京：人民教育出版社，2012.

[12] 中学数学课程教材研究开发中心. 普通高中课程标准实验教科书·数学[M]. 北京：人民教育出版社，2007.